国家自然科学基金项目
国家特色油料产业技术体系养分管理和高效施肥岗位 资助
甘肃省科技计划

胡麻生长发育模拟模型研究

李 玥 高玉红 编著

中国农业科学技术出版社

图书在版编目(CIP)数据

胡麻生长发育模拟模型研究 / 李玥，高玉红编著. —北京：中国农业科学技术出版社，2020.6

ISBN 978-7-5116-4782-5

Ⅰ.①胡… Ⅱ.①李…②高… Ⅲ.①胡麻-生长发育-研究 Ⅳ.①S565.9

中国版本图书馆 CIP 数据核字(2020)第 097422 号

责任编辑 崔改泵
责任校对 李向荣

出 版 者 中国农业科学技术出版社
北京市中关村南大街 12 号 邮编：100081
电　　话 (010) 82109194 (出版中心) (010) 82109702 (发行部)
(010) 82109709 (读者服务部)
传　　真 (010) 82106650
网　　址 http://www.castp.cn
经 销 者 各地新华书店
印 刷 者 北京建宏印刷有限公司
开　　本 787 mm×1 092 mm 1/16
印　　张 12.25 彩插 6 面
字　　数 305 千字
版　　次 2020 年 6 月第 1 版 2020 年 6 月第 1 次印刷
定　　价 80.00 元

内容提要

本书综合运用系统工程、数学模型、农业生态学和信息技术，从实际农业生产和作物生长模拟出发，以胡麻生长发育生理生态过程为主线，根据胡麻生长发育及其产量形成的动态变化，系统地介绍有关农业模型的基本概念、基本原理，并针对中国胡麻的生产情况，利用已有的长期定位试验研究结果，结合气象数据、土壤数据，形成了胡麻在APSIM模型中的具体生长发育模拟过程与模拟结果，并进行适应性分析，为胡麻的实际生产奠定专业理论基础。本书在内容编排及结构体系上注重知识的先进性和系统性，理论分析与实例介绍相结合，内容易于理解和掌握，既可以作为相关专业本科生的专业教科书，也可以用作胡麻作物科研和技术人员的参考书。

前 言

作物生长模拟模型是综合利用系统分析方法和计算机模拟技术，以作物生长发育的生理生态过程为主线，结合气象、土壤、水肥、农学等学科的研究资料，定量描述和预测作物生长发育过程及其与环境的动态关系。作物模型利用计算机强大的信息处理和计算功能，对不同生育过程进行系统分析和合成，在理解作物生理生态过程及其变量间关系的基础上，进行量化分析和数理模拟，建立算法方程，即以过程为主线，如作物的发育、生物量同化与分配、生长和产量等，运用计算机语言，按功能设置模拟模块，从而促进对作物生育规律由定性描述向定量分析的转化过程，深化对作物生育过程的定量认识。作物模型的研究和应用有利于科学研究成果的综合集成利用，是作物种植管理决策现代化的基础，对农业生产和作物管理具有重要意义。

本书分 10 章内容，从农业模型的基本概念出发，介绍了国内外作物模型发展概况及进展，重点介绍了作物阶段发育模拟、器官发育模拟、碳同化和物质积累模拟、同化物分配与产量形成模拟、作物水分平衡模拟、作物养分效应模拟 6 个作物模拟模型的技术原理。介绍了本书所用模型 APSIM。介绍了胡麻的生产概况。重点介绍了以胡麻生长发育的生理生态过程为主线，基于 APSIM（The Agricultural Production Systems Simulator）农业生产系统模拟器，利用已有的长期试验研究结果，结合气象参数、土壤参数和胡麻属性资料构建基于 APSIM 的胡麻生长发育模型 APSIM-Oilseed Flax，包括胡麻物候期模拟模型、叶面积指数模拟模型、光合生产与干物质积累模拟模型、干物质分配与器官生长模拟模型、产量形成模拟模型 5 个子模型的构建与验证。介绍了基于 SIMPLE 模型胡麻作物生长模拟的适应性。全书内容的组织安排体现了一定的基础性和系统性，以有利于读者更好地理解和掌握作物模拟模型的原理和过程。全书主要面向农业工程专业的本科生和研究生，以及从事胡麻作物模拟模型研究与应用的教学、科研和管理人员。

本书的编写人员在其相关领域做了大量的研究工作，从而确保了各章内容的先进性和科学性。在本书的准备和写作过程中，得到了同业学者的大力支持和帮助，并提出了宝贵的建议和意见，在此，一并表示诚挚的感谢。

由于受时间和精力的限制，特别是受学识水平的限制，本书还有许多需要改进之处，恳切希望同行批评指正，以共同推进作物模拟模型的研究工作。

编著者

2020 年 2 月

目　录

缩略语中英文对照表

（根据出现顺序排序）

英文全称	缩写词	中文名称
Eicosapentemacnioc acid	EPA	二十碳五烯酸
Doco-sahexaenoic acid	DHA	二十二碳六烯酸
Secoisolariciresinol diglucoside	SDG	木酚素
The agricultural production systems simulator	APSIM	农业生产系统模型
United Nations Educational, Scientific and Cultural Organization	UNESCO	联合国教科文组织
Decision support system for agro-technology transfer	DSSAT	农业技术转移决策支持系统
Agricultural production systems research unit	APSRU	农业生产系统研究单位
Expert system	ES	专家系统
Decision support system	DSS	决策支持系统
Weather generation	WG	天气发生器
General circulation model	GCM	大气环流模型
Erosion-productivity impact calculator	EPIC	土壤侵蚀模型
GPS-Global positioning pystem, GIS-Geographic information system, RS-Remote sensing	3S	全球定位系统/地理信息系统/遥感系统
A simulation of cotton growth and yield	SIMCOT	棉花生长与产量模型
Gossypium simulation model	GOSSYM	棉花模拟模型
Crop environmental resource synthesis	CERES	作物—环境资源综合系统
Basic crop growth Simulator	BACROS	基本作物生长模拟器
Simple and Universal Crop growth Simulator	SUCROS	简单和通用概要作物模拟模型
World food studies	WOFOST	世界粮食研究模型
FAO Crop Model to Simulate Yield Response to Water	AquaCrop	作物水分驱动模型
Nitrogen	N	氮

（续表）

英文全称	缩写词	中文名称
Phosphorus	P	磷
Kalium	K	钾
Density	D	密度
Control	CK	对照
Treatment	T	处理
Phosphorus pentoxide	P_2O_5	五氧化二磷
Potassium superoxide	K_2O	氧化钾
Drainage upper limit	DUL	田间最大持水量
Bulk density	BD	土壤容重
Crop lower limit	LL	作物有效水分下限
Plant available water content	PAWC	作物需水能力
Klneed calibrating for each crop and soil type	KL	根水分提取值
Exploration factor for root growth	XF	根探索因子
Soil chlorine ion	CI	土壤氯离子
Exchangeable sodium percentage	ESP	交换性钠
Electrical conductivity	EC	电导率
Annual average ambient temperature	tav	年均环境温度
Annual amplitude in mean monthly temperature	amp	年均月气温变幅
Volumetric water	SAT	体积含水量
Soil and Water Conservation	SWCON	土壤导水率
Organic carbon	OC	有机碳
Root mean square error	RMSE	均方根误差
Determination coefficient	R^2	决定系数
Mean absolute error	MAE	平均绝对误差
Projection pursuit auto-regression based on error back propagation	BPPPAR	基于神经网络的投影寻踪自回归模型
Real coded accelerating genetic algorithm	RAGA	基于实数编码的加速遗传算法
Carbon nitrogen ratio	C：N	碳氮比
Leaf area index	LAI	叶面积指数
Potential leaf area index	LAIP	潜在叶面积指数
Senesced Leaf area index	SLAI	衰落叶面积指数

（续表）

英文全称	缩写词	中文名称
Radiation use efficiency	RUE	辐射利用率
Carbon dioxide	CO_2	二氧化碳
Transpiration efficiency	TE	蒸腾效率
Steam pressure difference	VPD	蒸气压差
Physiological development time	PDT	生理发育时间
Harvest index	HI	收获指数
Relative error	RE	相对误差
Modelling lowland rice	ORYZA	水稻生长模型
International Benchmark Sites Network for Agro-technology Transfer	IBSNAT	基于生理生态机理技术转移国际基准网
Crop Computer Simulation Optimization Decision Making System	CCSODS	作物计算机模拟优化决策系统
Rice Computer Simulation Optimization Decision Making System	RCSODS	水稻模型

绪　论

油用亚麻，又名胡麻，属于亚麻科（Linaceae）、亚麻属（*Linum*）、普通亚麻种的一个变种，学名 *Linum usitatissimum* L.，是一年生或多年生草本植物。胡麻是世界油料作物中位于油菜、花生、大豆之后的第 4 大油料作物，因其在工业及国防等方面的广泛用途，越来越受到世界各国的重视。

胡麻栽培面积最大的是亚洲和欧洲，在世界 40 多个国家均有种植，种植较多的有加拿大、印度、俄罗斯、美国、中国和中亚一些国家等，其中加拿大的单产较高。在我国，胡麻较适合种植在气候冷凉的地区，如西北和华北北部的十旱、半十旱高寒地区，主产区主要分布在甘肃、内蒙古、山西、宁夏、河北、新疆、陕西等省（自治区）。据统计，2013 年我国胡麻栽培面积为 3.179×10^5hm^2，总产量 3.905×10^5t，平均单产 1 228.50kg · hm^{-2}。其中，甘肃省播种面积为 9.70×10^4hm^2，约占全国总播种面积的 30.5%，总产 1.51×10^5t。

胡麻是我国五大油料作物之一，在我国至少有 1 000 年栽培历史，从原茎到种子都能加工利用，是重要的油料作物之一，也是主要韧皮纤维作物。进入 20 世纪 90 年代，随着食品安全问题的提出，世界各国开始重视胡麻籽的医疗保健价值，包括亚麻酸、亚麻籽膳食纤维、亚麻籽木酚素及亚麻籽胶等在医疗保健方面的利用。胡麻籽中含有丰富的（约 60%）人体必需的不饱和脂肪酸（α-亚麻酸为主）及油脂、蛋白质、非淀粉多糖、不溶性纤维、矿物质、维生素等营养成分，并含有丰富的膳食纤维。对于现代高压力下的多发病高血脂、冠心病等具有很好的预防作用，同时还有抗癌功效。在国防及工业方面，胡麻籽和胡麻纤维均发挥了较重要的利用价值。

作物生长模拟模型综合利用系统分析方法和计算机模拟技术，以作物生长发育的生理生态过程为主线，结合气象、土壤、水肥、农学等学科的研究资料，定量描述和预测作物生长发育过程及其与环境的动态关系。已开发的作物模型，从宏观到微观分子水平的作用过程，几乎涉及所有的领域，研究范围从全球到全国或地区、群体到个体生长等不同层次。宏观上，作物模型进一步和专家系统、决策支持系统、3S 技术、网络技术等高新技术，以及大气环流模型、土壤侵蚀模型等其他领域模型有机结合，在优化作物管理措施、指导作物生产管理决策、建立作物环境资源及苗情监测、农作物病虫害预测预报、遥感信息反演、全球性作物产量预测预报、世界粮食和环境安全等方面将发挥越来越重要的作用。微观上，对不同的作物、不同的品种、生理生化过程、个体、器官、甚至组织、细胞，作物模拟模型都可以进行模拟，其研究进一步趋向机理化、具体化。中国是世界农业大国，农业发展落后于发达国家及很多发展中国家。中国农业的发展滞后受管理措施、气候条件等多方面因素的影响。为此，我国农业要实现优质、高产、安全与生态的发展目标，必须走数字农作的发展道路。其中，作物生长模拟模型是数字农作的基础和核心内容。作物模型的成功开发和应用是作物生产管理优化决策数字化的基础，特别为农业生产的精确农作和优化管理提供有力的科学工具。

本书基于 APSIM（The Agricultural Production Systems Simulator）农业生产系统模拟器，根据水旱地胡麻生长发育生理生态过程和栽培管理技术，以胡麻生长发育的生理生态过程为主线，根据胡麻生长发育及其产量形成的动态变化，利用已有的长期试验研究结果，结合气象参数、土壤参数和胡麻属性资料构建基于 APSIM 的胡麻生长发育模型 APSIM-Oilseed Flax，包括胡麻物候期模拟模型，叶面积指数模拟模型，光合生产与干物质积累模拟模型，干物质分配与器官生长模拟模型，产量形成模拟模型 5 个子模型的构建与验证，为数字化农作系统的构建奠定基础，有助于决策者和管理人员获得更加有用的信息，从而为作物品种选择、播种时间安排、轮作系统以及施肥措施等方面制定有效的管理措施，为全球气候变暖大背景下我国干旱半干旱地区的胡麻生产管理提供科学指导。

第1章　农业模型概述

农业是国民经济的基础，粮食生产是农业的关键。人们在千方百计提高粮食产量的同时，也希望提前知道未来一段时间粮食产量的变化情况，以便为科学决策提供依据。随着计算机与信息技术的发展，很多学者根据不同的理论和方法开始进行农业模型的研究。农业模型研究的兴起是建立在以下技术基础之上的：一是计算机与信息技术的迅速发展；二是植物生长发育过程的模拟模型陆续形成；三是一些经济学模型（如投入产出模型）与数学优化模型（如线性规划、非线性规划等）在农业上的应用；四是系统理论与系统方法的形成与发展。

农业模型是国际上近二三十年以来逐步形成的概念，是模仿各种农业物体或农业过程的一种替代物，主要是指农业数学模型与农业计算机模型。农业模型的主要功能是对于农业领域的各种过程（作物与畜禽生长发育、病虫害与疫病的发生与发展、农业环境的变化等）进行数字与计算机的模拟，还可以对各种农业问题进行决策支持。农业模型是数字农业和农业信息技术的理论依托。

1.1　模拟模型的有关概念及原理

1.1.1　模型和模拟

1.1.1.1　模型与模拟的概念

模型是通过主观意识借助实体或者虚拟表现构成客观阐述形态结构的一种表达目的的物件，是人的思维构成的意识形态，通过表达从而形成的物件。模型构成形式分为实体模型（拥有体积及重量的物理形态概念实体物件）及虚拟模型（用电子数据通过数字表现形式构成的形体以及其他实效性表现）。

对客观事物构建模型的过程称为“模拟”（Simulation）。模拟是对真实事物或者过程的虚拟。模拟要表现出选定的物理系统或抽象系统的关键特性。模拟的关键问题包括有效信息的获取、关键特性的表现的选定、近似简化和假设的应用，以及模拟的重现度和有效性。

1.1.1.2　模拟步骤

进行模拟的步骤包括确定问题、收集资料、制订模型、建立模型的计算程序、鉴定和证实模型、设计模型试验、进行模拟操作和分析模拟结果。这里所说的模型必须是模拟模型，一般地说，随机模型比确定性模型、动态模型比静态模型、非线性模型比线性模型更多地使用模拟方法来分析和求解，而成为模拟模型。模拟模型比较灵活，不求最优解，可以回答如果在某个时期采取某种行动对后续时期将会产生什么后果一类的问题。除模拟模型外，进行模拟还需要电子计算机程序、模拟语言、实验设计技术等必要的知识。

1.1.1.3　模型类型

模型大体有以下几种类型：

（1）直观模型

在展览会上展出的一些模型，如飞机、轮船、建筑等。它只要求与客观实物的外观相似。不涉及事物的内在机理。

（2）思维模型

人们通过对同类的客观事物的反复接触，从而在头脑中形成了对该类客观事物的共同特征与内在规律的了解。这样，就产生一种思维模型。事实上，思维模型的形成往往是构建其他类型模型的前提。但是，思维模型不可能一下子建成。它一般是在建立其他类型模型的过程中，逐步修正并完善。

（3）物理模型

这类模型要求以某种物理实体反映客观事物的某些（不是全部）物理性能与内在机理。通过物理模型可以深入研究客观事物在不同条件下的性能、特征及其运动规律。如飞机模型可以在风洞中进行模拟试验，以测定其空气动力学特性。其他如地震模拟装置、核爆炸模拟设备等。

（4）图形或符号模型

这类模型用图形或特定的符号来表示客观事物的内在结构与性能。如机器结构图、工程设计图、电路图、化学结构图等。

（5）数学模型

这是模型中最重要的一种类型。数学模型是针对参照某种事物系统的特征或数量依存关系，采用数学语言，概括地或近似地表述出的一种数学结构，这种数学结构是借助于数学符号刻划出来的某种系统的纯关系结构。从广义理解，数学模型包括数学中的各种概念，各种公式和各种理论。因为它们都是由现实世界的原型抽象出来的，从这个意义上讲，整个数学也可以说是一门关于数学模型的科学。从狭义理解，数学模型只指那些反映了特定问题或特定的具体事物系统的数学关系结构，这个意义上也可理解为联系一个系统中各变量间内的关系的数学表达。

（6）计算机模型

这是当代最先进的一种模型。指利用计算机大量、高速处理信息的能力，在计算机内设置一定环境，以程序来实现客观系统中的某些规律或规则并高速运行，以便观察与预测客观系统状况的一种强有力的概念模式。

1.1.2　农业模型概述

农业模型是20世纪国际农业科学发展的一项十分重要的成就。它起始于20世纪60年代，当时，有一些农业科学家还将信将疑。但到今天，至少在西方发达国家的农业科学界，农业模型已经被公认为农业科学研究的一个重要的新方法。当前，农业上几乎所有的领域都在应用农业模型这个新方法，来提高它们的研究质量与效率。农业模型由于将农业过程数字化，使农业科学从经验的水平提高到理论的水平；它可以进行许多传统的农业试验无法进行的研究，可以大大节省农业研究的经费与时间，可以使农业研究的成果在更大的地理范围、更长的时间范围内推广应用。如果说19世纪与20世纪之交，生物统计是农业科学在方法论上的一个突破，那么20世纪与21世纪之交，农业模型则是农业科学在方法论上的一个突破。要实现农业数字化，如果不以农业模型为基础，就只能停留在农业问题的表面，而不能深入到农业的各种过程，就不可能对农业做出各种优化决策。因此，农业模型可以认为是“数字”农业的科学基础与核心技术。

1.1.2.1　农业模型的概念

农业模型是指：以农业问题的整体（或以农业系统）为对象，应用系统的观点与方法，进行农业结构与功能的分析，可以反映、模拟并指导各种农业过程的计算机程序或软件。农业模型与纯粹的动植物生理模型有一定区别，后者可以反映动植物的各种生理过程，但不要求能指导生产。生理模型是农业模型的重要基础。农业模型与经验模型（或经验方式）也有区别，经验模型一般是针对一个局部现象或局部问题；而农业模型一般要求针对一个农业系统，采用系统的观点与方法，反映该农业系统的整体规律。

1.1.2.2　农业模型的发展

农业模型于20世纪60年代中叶开始创立，至今有50多年的历史。纵观农业计算机模型的发展过程，可以分为准备阶段、创始阶段、奠基阶段和发展阶段。

18世纪是农业数学模型的准备阶段。在这一阶段，法国科学家莱蒙（Reaumur）在1735年提出的积温学说假定植物或作物完成其发育期的逐日平均温度的累计之和是一个常数。英国科学家彭曼（H. L. Penman）提出关于计算自由水面或植物覆盖面的蒸腾量的一个十分出色的数学模型，即蒸腾公式。

20世纪60年代是农业计算机模型的创始阶段。荷兰科学家de Wit在1965年发表了“Photosynthesis of leaf canopy”一文，这是一篇农业计算机模型的开创性论文，1969年，他又提出了一个作物生长过程中碳素平衡的计算机模拟模型：ELCROS（Elementary Crop Simulation），这是国际上第一个农业计算机模拟模型。Duncan在1967年发表了题为《玉米叶面积与叶片角度对群体光合作用影响的模型》的论文，这是美国最早的作物计算机模拟方面的学术论文，在美国有很大的影响。

20世纪70~80年代为农业模型的奠基阶段。这一阶段，农业模型主要集中在研究农业生理过程和物理过程的模拟上，如Thornley（1970，1971，1977）建立了作物呼吸过程模拟的模型，Ritchie（1972）提出的土壤蒸发模型，Chanter（1976）对生长曲线的概括性研究，Charles-Edwards（1976）研究了作物干重分配模型。在模拟简单农业机理过程的基础上，人们开始关注农业系统模型，旨在反映环境条件和作物生长之间的关系，为农业作物管理服务。如在美国许多科学家的努力下，研制出一个重要的作物模型系列，即CERES模型（Crop Environment Resource Synthesis，作物环境资源综合系统）。1987年，荷兰政府与菲律宾国际水稻研究所（IRRI）合作建立一个复合亚洲各国自然环境条件的水稻模型，即SARP（Simulation of Asia Rice Program）。

20世纪90年代至今是农业模型的发展阶段，在90年代以后，世界范围内的农业模型研究在机理性、广泛性、应用性、综合性和高技术性等方面都得到长足的发展。

在机理性方面，深度进一步发展，如澳大利亚科学家 J. R. Evans，G. D. Farquhar 等（1991）对光合作用的模拟已经深入生物化学的领域。

在广泛性方面，农业模型在农业的多方面得到发展，大大超出作物模型的范围，农业模型研究几乎遍及农业的各个领域，除作物生长发育与栽培管理外，还包括农业资源环境、昆虫学、植物病理学、畜牧学、草原管理学、兽医学、水产学、林学、农产品加工储存保鲜、农业经济学、农业宏观规划等。

20 世纪 90 年代以来，农业模型的应用性进一步加强，如我国科学家研究出的 CCSODS 系统（Crop Cultivational Simulation Optimization Decision-making System，作物栽培模拟优化决策系统），能给出各种栽培决策。CCSODS 已经完成的四个模型在我国 15 个以上省份得到推广应用，取得良好的经济效益。

在综合性方面，20 世纪 70—80 年代的作物模型，一般比较单纯，只限于模拟作物的生长发育。到了 90 年代，有一些科学家致力于将农业模型的各个环节结合起来，形成一种综合性的农业模型系统，如澳大利亚的 CSIRO 科学家研制的 APSIM（Agricultural Production System Simulator）系统就由若干子模块组成（如气候模块、土壤模块、水分模块、养分模块、作物模块等），其功能是模拟气候与土壤管理与作物、种植制度、土壤资源的影响。

20 世纪 90 年代以来，国际上高新技术，如电子信息技术、生物技术等得到迅速的发展。农业计算机模型与高新技术的结合成为农业模型研究的一个新趋势。突出的例子是 GRASS（Geographic Resources Analysis Support System，地理资源分析支持系统）。GRASS 是美国 Purdue 大学与 Baylor 大学的科学家研制的一个模拟各种农业资源的模型。

1.1.2.3 农业模型的建模方法

农业模型的建立过程一般如下：

（1）根据农业问题确定系统结构

在某个研究问题进行分析基础上，提出我们所要研究的系统对象，并分析每个部分之间的相互影响，进行一些定性的分析。为了使研究的问题简单化，开始时我们确定的系统可以比较粗，结构较简单，它包括的部分可能较少，当建立了适当的模型之后，再对系统进行不断的扩充或提炼，逐步达到分析研究复杂系统的目的。

（2）建立数学模型和计算机模型

在对系统进行分析定性的基础上，提出一些假设，并采用实践中得到的数据，对系统的各个部分进行定量的描述，按照其相互之间的关系建立方程式，用一系列的数学方程式将系统中的各个部分联系在一起。数学模型可以从基本资料中建立，也可用逻辑演绎法建立，也可两者结合起来建立。

（3）模型的分析与检验

在构造出数学模型之后，进行运算分析，有时可能发现模型的效果较差，即模型尚不能将系统的真实情况反映出来，这时就需要进一步提炼、收集资料，或重新确定系统结构。对模型的有效性检验是非常重要的，模型只有通过了有效性检验，才能用于指导生产实践，否则建立模型也就失去了意义。

（4）模型的不断改进

初始的模型结构往往是很粗的，需要不断改进。模型的改进必须依据农业生态系统的实际情况。一般对模型的改进可能是无限制的，因为情况是不断地变化、改进，这样才能使模型更为准确有效。

（5）模型的运用

一旦构造了一个有效的模型，它就可以应用于模拟自然系统，以及应用于检验系统的行为和确定各参数的最佳值，从而按照确定的最佳值组织生产，达到优化、高效的目的。

1.1.3　作物模型概述

1.1.3.1　作物模型的定义

作物生长发育模拟模型简称作物模型，是综合信息技术和系统分析技术进行精确农作的有力工具，标志着农业生产研究的巨大进步。它利用系统分析方法分析作物生长发育及其与环境效应、生产技术的相互动态作用关系，结合植物生理学、生态学、作物栽培学、农学、农业气象学、土壤肥料学等学科的理论和研究成果，构建作物生长发育物候期、光合作用与物质生产、器官建成与物质分配，以及产量构成等生理过程的数学模型，并定量分析其环境效应，将模型对作物系统模拟的过程和结果与作物系统的试验资料对比，对模型进行校正、调试和检验，是一种基于作物生理生态和栽培管理技术的过程模型。作物模型的构建是各学科研究成果的综合集成利用，同时也是作物种植优化决策和数字化的基础，对农业生产管理和指导作物生产具有重要意义。

1.1.3.2　作物模型的分类

依据研究内容不同，作物模型可分为作物生长模型和作物形态模型。依据模型建立的理论基础和功能特征可分为经验模型与机理模型，描述模型与解释模型，统计模型与过程模型，应用模型与研究模型，功能模型与结构模型。依据作物模型本身是否考虑时间因素可分为静态模型与动态模型。作物生长模型以作物生长发育过程及群体质量为主要内容，强调作物生理生态等功能的表达；作物形态模型则以作物生长发育过程及作物形态质量为主要内容，强调作物个体与群体结构的表达。经验模型仅表达系统各成分间存在的关系而不能给出解释的模型。这类模型主要是基于因果之间的经验性统计关系建立，模型结构简单，主要侧重于模型的预测性和应用性。机理模型不仅能表达系统各成分间存在的定量关系，而且能解释系统行为，是基于作物生长发育过程的生理生态机理建立的模型。这类模型强调模型的解释性和研究性。功能模型是对系统结构和行为的数字描述，模拟过程和结果均定量化表达。结构模型主要模拟植物的拓扑结构和几何形态及其变化规律，模拟过程与结果采用虚拟现实技术、真实生动的三维图像进行可视化表达。

1.1.4　作物模型的功能和应用

作物模型是很好的教学工具。作物模型是对作物生长发育的相关知识进行综合才得以建立，作物生长发育的相关知识不仅涉及作物生理生态，还涉及作物栽培管理与环境调控等技术知识。因此，作物模型可以让农民在短时间内了解作物一生的生长和形态发育，通过作物模型的运行，让农民了解生产管理措施对作物生长发育各主要过程的影响。同时，作物模型利用计算机和数学工具对作物系统的行为进行定量分析，是很好的教学工具。

作物模型是作物研究的重要手段。作物模型是利用系统分析理论、模拟技术和计算机强大的计算能力，对作物整个生长发育过程及其与影响因子的关系进行系统分析与合成。在作物研究中，如转基因作物的基因漂移等类的试验不允许在大范围设置；如气候变化，尤其 CO_2 上升对作物生产的影响等的试验在大范围无法设置，而通过作物模型则可解决此类问题。进行实际生产中无法或没条件开展的试验和研究，在农业研究经费与时间得到节省的同时，也可在更长时间范围内推广农业研究成果在更大区域的适用性。另外，随着作物模型进入应用发展阶段，拓展了其应用范围：进一步和专家系统、决策支持系统、3S 技术、网络技术等高新技术，以及大气环流模型、土壤侵蚀模型等其他领域模型有机结合，在优化作物管理措施、指导作物生产管理决策、建立作物环境资源及苗情监测、农作物病虫害预测预报、全球性作物产量预测预报等方面将发挥越来越重要的作用。

①作物模型与专家系统 ES 耦合，可以向用户推荐各种作物管理措施方案，包括播期安排、品种选择、肥料品种及用量、灌溉、各种生长剂的使用和病虫害防治等。

②作物模型与决策支持系统 DSS 结合，由于作物生产中采取的栽培管理与调控措施的时间和强度直接影响作物的产量和品质，从而影响作物生产的经济效益。例如，过去人们种地，只要知道什么时候种、怎么种就行了，而现在可以直接在作物生长模型平台上，设计并检验多因素、多水平处理的模拟试验，确定最优的播期、作物品种、种植密度、施肥量和灌溉量等管理措施，在短时间内提供初步的田间栽培试验方案，并指导大田生产。

③与天气发生器 WG 耦合，能够实时预测作物生长季内的生长发育状况，可以分析和评估气候风险引起的作物生产效应，评估气候变化对作物产量和土地利用的影响。

④与大气环流模型 GCM 嵌套，可以预测不同气候变化对作物产量、水分利用和管理措施的影响，以及不同对策对作物的生理作用。

⑤与土壤侵蚀模型 EPIC 嵌套，可以定量计算地表作物覆盖情况和作物生产力，来评价由于土地退化造成的土地生产力下降状况。

⑥与 3S 技术结合，可大范围监测和预报农情，进行农业预警，可研究和实施精准农作。

1.2 国内外作物生长模拟模型研究进展

1.2.1 国外作物生长模拟模型研究进展

荷兰 Wageningen 作物模型的开创者 C. T. de Wit 于 1965 年提出了玉米等作物叶冠层的光合作用，后期该学派开发出了一系列模型；随后，美国学者 Duncan 于 1967 年利用计算机模拟技术研究作物群体光合作用，两者共同奠定了作物生长动态模拟模型研究领域的基础。根据前人关于作物模型研究的综述，可将作物模拟模型研究分为 3 个发展阶段。

1.2.1.1　探索阶段

作物模型研究的探索阶段主要构建了描述作物生长发育过程的模拟模型，模拟作物光合生产、呼吸消耗、蒸腾作用等重要生理生态过程。20 世纪 60 年代，在对作物生理生态过程进行熟练数学描述的基础上，开始研究作物生长动态模拟模型，促进了作物模型研究的迅速发展；同时，作物模型的极大推动离不开同时期联合国教科文组织（UNESCO）的国际生物学计划（IBP，1964—1974）的实施和大型计算机的出现。

荷兰是较早开始作物模拟模型研究的国家之一，de Wit 学派发表的第一个模型是作物生长动力学模型 ELCROS。该模型以系统动力学理论为基础，主要研究不同条件下作物生产潜力。在此基础上，深入研究了生长和呼吸作用、以及作物微气象形成了 BACROS 模型，用于模拟大田作物的潜在生长和蒸腾。由 BACROS 模型导出的 PHOTON 模型，把气孔行为考虑进计算光合与蒸腾的影响因子。1975 年，以 ELCROS 和 BACROS 为基础，de Wit 发表了 ARID CROP 模型，主要采用经验式模拟地中海地区牧草的生长状况。

20 世纪 70 年代，作物模拟模型研究取得重大进展的另一个国家是美国。Stapleton 等于 1970 年最先开始棉花生长模拟模型的研究，在此基础上，于 1971 年由 Duncan 等建立了 SIMCOT 模型，SIMCOT II 模型由 Mckinion 等于 1975 年成功开发，构成著名的棉花模型 GOSSYM 的核心。GOSSYM 模型本质上是一个描述植株体内碳和氮的物质平衡与植物根际土壤中水分和氮素的动态模型，基于棉花的生理生态过程模拟其生长发育和产量构成，由光合生产与物质分配、器官建成、水分平衡、氮素平衡和碳平衡等子模型组成。70 年代中期，CERES 系列的小麦和玉米模拟模型由 Ritchie 为首的科学家开发完成最初版本。

探索阶段的模型主要基于作物的重要生理生态过程，由于过程描述过于详尽，所需参数数量过大，其获取途径和计算过程烦琐且费时，加上不能用传统的方法获得运用于农业生态区划所需的资料，进而影响诸如产量预报和定量的土地评价等重要研究的实施。因为以上分析的限制阻碍了此阶段作物模型在实际当中的应用，这就推动了下一阶段概要模型的进一步发展。

1.2.1.2　面向实际应用阶段

这一阶段主要注重模型的实际应用方面，要求模型既理论上可行，又参数相对较少且简单实际，提出了考虑各种生长限制因子构建模型的重要思想，开发完成了许多被称为基于过程（Process-based）的有重要影响的作物模拟模型，既包含生理学或动力学过程，同时也包含一些基于经验公式或参数的过程模型。

de Wit 学派的第一个概要模型于 1982 年由荷兰科学家 Van Keulen 等在 BACROS 基础上开发，SUCROS（Simple and Universal Crop growth Simulator）模型是以 1d 为时间步长，能详细描述作物生长过程的简单和通用概要作物模拟模型。SUCROS 的最早版本在自然条件下具有通用性，主要模拟作物从出苗到成熟的潜在干物质生产。Seligman 等根据 ARID CROP 模型于 1981 年推出了牧草生长模型 PAPRAN，并于 1987 年开发春小麦模型 SWHEAT；Penning 等于 1989 年开发完成适用于小麦、玉米、水稻等一年生作物的模拟模型 MACROS。

在美国，第三代棉花生长模型 GOSSYM 系统于 1983 年，基于 SIMCOT Ⅱ与土壤根系模拟模型 RHIZOS 结合研发，进一步完善了对棉花系统动态过程的模拟。1985 年棉花生产管理软件 GOSSYM/棉花管理专家系统 COMAX 开发完成。20 世纪 80 年代中后期，最有代表性的是 Ritchie 研究组相继完成的 CERES 系列作物模拟模型。首先发表的是 1980 年开始研制，1986 年正式出版的 CERES-玉米模型，此后，CERES-小麦模型、CERES-高粱模型等相继问世。CERES 系列作物模型具有相似的模拟过程，基于积温法模拟生育时期，利用叶片数、叶面积指数、光截获及辐射、器官建成及干物质分配等模拟作物生长，包括土壤水平衡、氮平衡、作物生长等。上述荷兰及美国的代表性模型是 20 世纪 80 年代开发的最重要的作物模型，已在世界各地得到广泛的推广应用，对国际间推广农业技术、促进作物模拟研究具有不可磨灭的贡献。

在这一阶段发展起来的大量概要模型很快被推广到实际运用。典型的应用领域包括社会经济变化对农业的影响、农业生态区划、区域环境评估及区域产量预报等。

1.2.1.3 实际可操作阶段

在此发展阶段，作物模型开始与 3S 技术、专家系统、决策支持系统、网络技术等高新技术有机结合，迈向综合性管理系统的研发。

1992 年，荷兰瓦赫宁根（Wageningen）学派的 SUCROS 模型的改进版本完成，van Laar 等开发了用于模拟作物潜在生产的 SUCROS Ⅰ模型和水分限制生产的 SUCROS Ⅱ模型。90 年代中前期，水稻生长系列模型 ORYZA 在 SUCROS/MACROS 模型基础上成功研制。2001 年，由 Bouman 等将 ORYZAI、ORYZA - N 和 ORYZA - W 整合形成 ORYZA 2000。

20 世纪 90 年代，美国农业部农业研究署（USDA-ARS）主持开发了作物根际水质模型 RZWQM，初始版本于 1992 年完成，目前版本为 RZWQM98，用于模拟各种栽培管理措施下作物的生长发育及根系养分、水分的运行。90 年代末，Pan 等研制了面向对象的植物生长模型 OW Simu，主要基于互联网完成作物生长的模拟研究。

澳大利亚农业生产系统研究小组 APSRU（CSIRO 和昆士兰州政府联合组建）在 90 年代历经 10 多年开发了 APSIM（Agricultural Production Systems simulator）模型；农业技术推广决策支持系统 DSSAT（Decision Support System for Agrotechnology Transfer），由美国基于生理生态机理技术转移国际基准网 IBSNAT 资助研发，两者都是把零散的模拟模块组建集成到模型之中，把各种不同的作物模型集成到一个公用的平台，实现学科领域成果的交叉应用。

早在 20 世纪 70—80 年代，遥感信息就被 Wiegand 等和 Arkin 等指出，可以用来改进作物模拟模型的精度。遥感 RS 和地理信息系统 GIS 无疑为作物模拟模型的研究提供了新的研究热点和广阔的前景。其利用大量遥感数据定量描述植物群体的实际生长状况，不仅使模型中的参数或变量较易获得，而且能够调整或订正作物生长模拟过程，较常规试验或观测数据具有显著优势。

这个阶段发表的作物模型已成功应用于精确农作生产及资源环境的管理中，作物模拟模型的预测性和机理性进一步得到改进和提高，农业系统模拟也继续朝着应用多元化方向发展，从而在社会经济发展中发挥日益重要的作用。目前已开发的模型中以小麦模型最多，其他包括豆类、谷类、块茎类、根茎类作物以及蔬菜、水果等的模型有至少100 种不同的模拟模型，其中，还有许多作物没有模拟模型。

1.2.2　国内作物生长模拟模型研究进展

与国外相比，我国的作物生产模型研究起始于 20 世纪 80 年代后期，由于起步晚、规模小、研究力量薄弱，我国主要通过吸收、借鉴国外优秀模型的建模思想开展作物生长模拟研究工作，进而陆续研发了一系列作物生长动态模拟模型。

20 世纪 80 年代末，高亮之等研制的水稻钟模型是我国自己推出的首个作物模型，在此基础上研制了影响巨大且应用于各种作物的作物计算机模拟优化决策系统 CCSODS 系列模型；进入 90 年代后，我国作物模拟研究更加活跃。1992 年，水稻生长日历模型 RICAM 在江西农业大学研发成功；1993 年，我国最重要的作物模拟研究成果计算机水稻模拟模型 RSM 在华南农业大学构建。1989 年 12 月，成立了以中国农业大学为中心的全国作物生产调控系统科研协作组，进一步加速了作物模拟研究与应用的进程；1996 年，潘学标等借鉴国外作物模型组建了棉花模型 COTGROW，并于 1997 年 10 月成立了以江苏省农业科学院为中心的作物模拟研究协作组。1997 年、1999 年以中国农业大学冯利平等为首的学者在借鉴吸收“水稻钟”模型和 CERES-Wheat 模型的思想方法基础上，分别构建了基于析因指数形式的小麦发育期动态模拟模型 WDSM 和棉花栽培计算机模拟决策系统 COTSYS，对不同品种小麦的发育与光、温、水等主要环境因子的数量关系进行了定量分析，在全国种植范围内，该模型检验的模拟误差绝大多数在 2~4d。2000 年，玉米生理生态模拟模型 MPESM 由中国科学院植物研究所尚宗波研发构建；2003 年，马铃薯生长发育模拟模型 HPOTAT 在浙江大学初步建立，黄冲平博士发表相关研究成果；2004 年，水稻氮素行为模拟模型 RNDSM 由浙江大学的陈杰博士构建完成。

1.3　国内外代表性模型简介

1.3.1　通用模型及系列模型

1.3.1.1　美国 DSSAT 系列模型——CERES 系列模型

美国农业技术推广决策支持系统 DSSAT 是在由 Uehara 和 Tsuji 领导的 IBSNAT 计划的资助下研发出来的。IBSNAT 计划的主要目标之一是立意为保护环境、有效利用自然资源以及小型农户的经济持续性做出有益的成果，并以系统分析的方法帮助提高发展中国家的农业生产水平。模型由 3 部分构成：①分析程序群，用以评估生长季内不同管理措施及大田内的空间变异性，分析和显示农学模拟试验；②数据库管理系统，用于接收土壤、气候数据的输入及输出；③作物模型，包括模拟作物营养生长和生殖生长、光合生产与物质分配等过程的程序集。IBSNAT 的主要研究成果之一就是 DSSAT 模型，其集成了多个作物模型，比如囊括了美国著名的 CERES 系列模型。CERES（Crop-Environmental Resource Synthesis，即作物—环境资源综合系统）是根据系统工程原理、动力学方法和计算机技术而构建的作物—土壤—大气系统模拟模型。该模型从 20 世纪 70 年代初开始立题研究，主管部门是美国农业部农业研究局，课题负责人是密歇根大学的 T. J. Ritchie 教授。经过几年的协作研究，于 20 世纪 70 年代中期推出了 CERES-小麦 1.0 版本的模拟模型。又经过几年的努力，逐渐形成了不同作物的 CERES 系列模型。该系列模型覆盖了水稻、小麦、高粱、木薯、大豆、花生、干豆、马铃薯、粟等多种作物。同早期的作物模型相比，CERES 系列在综合性与应用性两方面都有所加强，可用于模拟不用品种、密度、气候、土壤水分、氮素对作物生长发育及产量的影响，评价栽培管理技术对产量形成过程和最终产量的影响，并对农场在一年之内的作物决策和多年的风险决策进行分析。美国 CERES 模型不仅能模拟小麦、高粱、玉米等主要粮食作物的生理和生长过程，还能模拟水分平衡（蒸腾、蒸发、有效降水、径流、土壤水分的垂直流动与渗漏等）与土壤养分平衡（硝化、矿化、反硝化、淋溶、固氮、利用、吸收等）。在 IBSNAT 项目的协调下，CERES 模型被用于传播一些先进的农业技术，已广泛应用于许多发展中国家并得到验证。

主要功能与特点：

①气候变化方面考虑 CO_2 浓度的影响。

②能够进行作物轮作处理。

③可以利用月均值模拟逐日天气数据。

但在进行后效分析时，缺乏有关作物间作的程序。

1.3.1.2 通用模型 SRCROS

SUCROS（Sinyole and Universal Crop Growth Simulator，简单和通用作物生长模拟器）是第一个概要模型，是由荷兰 Wageningen 大学的科学家研制成的。最早版本的 SUCROS 模拟潜在生产条件下作物从出苗到成熟的干物质生产，时间步长为 1d。通过改变作物参数，SUCROS 可用于不同种类的作物，如小麦、马铃薯、大豆等。1989 年推出的更新版 SUCROS87 包含有春小麦、冬小麦、玉米、马铃薯和甜菜等的作物参数。此后，SUCROS 成为开发特定面向目标模型的前导模型。

WOFOST（World Food Studies，世界粮食研究）模型是从 SUCROS 导出的最早面向应用的模型之一。该模型由作物发育、生长、蒸散、土壤水分平衡等几个主要模型组成，起初用于评价一年生作物的生产潜力。之后又被广泛应用于产量风险评估，年际间的产量变异、生长关键因子的确定，播种期决策，气候变化影响评估，确定农业机械使用关键期等。此外，还用于灌溉和施肥的产量效益估算、产量预测等，以及用于森林、牧草的相关研究。

1994 年，Hijmans 等建立了世界粮食研究模型 WOFOST，是基于 SUCROS 模型开发的著名的面向应用的通用作物模拟模型，通过定量估价土地生产力和预测作物产量，旨在探索增加发展中国家农业生产力的可能性，适用于不同作物种类及作物品种。WOFOST 模型是基于过程的动态解释模型，着重研究其在定量评价土地生产力、预测作物产量、风险评估和年际间产量变化，以及气候变化对作物产量影响等方面的实际应用。模型包括作物发育、叶面积指数 LAI 增长、光合作用与呼吸消耗、作物蒸腾、干物质分配、土壤水分平衡与氮平衡等过程。模型遗传参数涉及完成不同发育阶段所需要的积温、光周期影响因子等气象参数，影响水分传输过程的土壤参数，以及比叶面积、最大光合速率、干物质分配指数等作物参数。

20 世纪 90 年代，WOFOST 成功应用于土地选择的政策研究和利用遥感监测农业计划 MARS。

①在土地选择的政策研究中，运用 WOFOST 模型探索不同管理措施下欧洲区域产量潜力，将模拟结果产生的不同作物轮作的技术系数输入线性程序模型 GOAL，用于优化 4 种经济情景对比下的土地利用和生产系统。这些模拟结果在生产价值、土地需求、肥料与杀虫剂的使用等方面有很大的差异。

②在 MARS 计划中，WOFOST 与地理信息系统集成为作物生产监测系统 CGMS，运作欧洲产量预报。

1.3.1.3 综合性农业模型系统

澳大利亚 CSIRO 科学家研制了 APSIM（Agricultral Production System Simulator）系统。

APSIM 实际上是一个农业生态系统的模型。它的功能是模拟气候与土壤管理对作物与种植制度对土壤资源的影响。它由若干子模块组成：气候模块、土壤模块、水分模块、养分模块、作物模块等。它可以应用于不同的环境条件，应用于不同的作物。在土壤管理与作物种植制度两方面帮助决策咨询。P. J. Dolling 等科学家在 1996—2001 年应用 APSIM 研究西澳大利亚苜蓿在不同水分条件与不同收割条件下的干重产量，得到与实际数据吻合很好的模拟数据。M. E. Probert 等（1997）应用 APSIM 的水分、氮素与残留模块（SOILWAT，SILN，RESIDUE）模拟在休闲制度中不同土壤的水分与氮素动态，达到良好的模拟结果。由此可知，APSIM 不是一个单一的作物模型，而是可应用于多种作物与多种目的的农业综合性模型。

GRASS（Geographic Resource Analysis Support System，地理资源分析支持系统）是美国 Purdue 大学与 Baylor 大学的科学家研制的一个模拟各种农业资源的模型。到 2001 年，已有 GRASS5.0 问世。GRASS 模型与 20 世纪 70~80 年代的农业模型有很大的区别，主要是 GRASS 与电子信息技术的密切结合：

GRASS 是模拟模型与 GIS（Geographical Information System）的结合。GRASS 的模拟结果全部可用 GIS 的电子地图来表示。

GRASS 是模拟模型与 INTERNET-WWW 技术的结合。用户可以在网上安装与运行 GRASS，并浏览其模拟结果。

APSIM 是由隶属澳大利亚联邦科工组织和昆士兰州政府的农业生产系统组 APSRU 开发研制，可以用于模拟不同种类作物及不同品种作物的生长发育过程，也可用于旱作农业生产系统中各主要组分的机理模型模拟。

APSIM 的优点之一是可以在平台上组建新的作物模型，用户通过构建作物模块并载入系统，选择土壤、肥料、灌溉等子模块进行配置，模块之间的逻辑联系主要通过模块拔插来实现，即“即插/即用”的方法。因而，APSIM 能够实现把某一学科或领域的成果应用到别的学科或领域去。APSIM 模型的组成部分包括：①生物物理模块，用于模拟农业系统中生物和物理过程；②管理模块，用于模拟种植管理措施和控制模拟过程；③中心引擎，用于控制输入输出和驱动模拟过程。APSIM 系统区别于其他作物模型的核心是注重土壤而非植被，通过模拟土壤特征变化确定农业系统，比如气象及管理措施的反映，而作物、牧草或树木生长发育模拟也离不开对土壤属性改变的模拟。

由于 APSIM 的可操作性和灵活性，不应该仅仅利用它模拟某一特定作物系统模型，而是一个灵活的软件环境，用于开发研制模型系统。APSIM 研发早期主要借鉴 CERES 和 GRO 模型的优点，并在后期补充了这两者欠缺的关于模拟作物轮作、有机质流失、地表留茬、土壤结构衰退、土壤侵蚀和土壤酸化等的能力。APSIM 平台目前已嵌入作物模型包括玉米、小麦、加拿大油菜、紫花苜蓿、棉花、豆类作物以及杂草等。在平台中已有的模拟模块有灌溉、施肥、土壤氮素和磷素平衡、土壤侵蚀、土壤水分平衡、土壤温度、地表留茬、溶质运移等过程。目前 APSIM 模型主要在作物生产管理、土地利用、种植制度决策、气候变化风险评估、区域水氮平衡和作物育种等方面有较广泛应用。

该模型具有以下特点：

①模型能够较好地在大区域范围内进行如产量预测、气候风险评估等的预测行为。

②在区域内进行不同耕作方式和种植制度的模拟。

③对于模拟环境资源的利用具有较好性能，尤其是水氮资源的利用。

④对于模拟干物质积累和叶面积生长具有更好性能。

⑤输入参数较少。

1.3.1.4 FAO-Aquacrop 模型

AquaCrop（FAO Crop Model to Simulate Yield Response to Water）是由联合国粮农组织（FAO）研制与推出的水分驱动模型。国际上其他作物模型，或是科学家所推出，或是某个国家的大学或科研机构所推出。AquaCrop 由 FAO 推出，由来自美国、意大利、西班牙和比利时的国际科学家共同研制的成果，这是它的特色之一。

国际上作物模型大体有 3 种基本思路，一是光能驱动，如美国的 CERES 模型，是由太阳辐射驱动光合生产而形成作物产量；二是 CO_2驱动，如荷兰的 WOFOST 模型，由 CO_2 驱动光合生产而形成作物产量；三是水分驱动，如 FAO 的 AquaCrop 模型，由可供应的土壤水分决定作物产量。FAO 的主要服务对象是非洲、亚洲等地区的发展中国家，这些地区的作物产量受到雨量和水分的严重限制，水分驱动型的作物模型可以良好地反映有关地区的作物生产规律。AquaCrop 模型工作的基本原理是将作物蒸腾量 Tr 经由水分生产率 WP 计算出作物的生物量，再经由收获指数 HI 计算成产量。

AquaCrop 模型与其他作物模型相比，有如下特点：

①它以实用为主要目的。一般的作物模型（特别是荷兰科学家研制的模型）都比较重视模型的机理性，即要求能解释作物生长发育的内在机理。AquaCrop 模型则以实用为主要目的。它要求能为农业技术推广人员、农业技术咨询工程师、政府或非政府的服务机构、农业协会、经济学家、政策专家，以至于农民、农场技术人员所应用。

②AquaCrop 模型需要输入的参数较少，共 33 个；而 CropSys 模型需要 40 个，WOFOST 模型需要 49 个。参数少意味着校准（Calibration）的工作量较少，使用比较方便。

③AquaCrop 模型可以应用于许多不同的气候与土壤条件、不同的栽培管理条件、不同的灌溉制度等。

④AquaCrop 模型很重视面向用户的界面设计。

1.3.1.5　国内典型成熟模型

我国农业生产模型研究工作起始于 20 世纪 80 年代，呈现规模小、起步晚、研究力量薄弱的境况。我国自己推出的首个作物模型是高亮之等于 1988 年推出的水稻钟模型 RICEMOD。作物计算机模拟优化决策系统 CCSODS（Crop Computer Simulation，Optimization，Decision MakingSystem）系列模型是将作物生长模型、专家系统与栽培优化模型/知识模型相结合形成的，包括小麦、玉米、水稻和棉花 4 种主要农作物，其中以水稻模型 RCSODS 最著名，目前在中国得到广泛的应用，具有机理性强、通用性和综合性的特点。CCSODS 系列模型能深刻反映作物生长的生理生态机理，包括作物物候期与叶龄动态、叶面积与茎蘖动态、光合生产与呼吸消耗、水氮平衡，以及产量形成的内在机理，同时还能反映作物生产中的栽培学机理，实现高产高效与安全。

1.3.2　具体作物模型

1.3.2.1　棉花模型

棉花是我国的重要经济作物。20 世纪 80 年代以来，棉花生长发育模拟模型研究内容不断扩充，模型的机理性与应用性等方面有了较大的改善。同时在棉花叶龄，光合和呼吸作用，花、蕾、铃、果、枝，营养与氮平衡，病虫害等的计算机模拟也有一定进展。我国的棉花模拟模型研究始于 20 世纪 80 年代末，经过多年努力，已经取得可喜进展，但多数模型在生产上的可应用性还需进一步研究。棉花生长发育模型是用计算机程序模拟棉花在自然环境条件下的光能资源利用，把水和 CO_2 结合生成的有机物、组织、器官的建成和凋亡及产品的形成等过程，包括棉花生长发育所需的水分和矿物质在土壤中的分配、移动和被吸收过程，同时考虑各种环境因子，特别是气象条件的制约。棉花生长发育模拟模型的主要内容有：碳素平衡模块，棉花发育与形态发生模块，水分平衡模块，营养平衡模块，栽培管理模块等。

（1）美国 GOSSYM-COMAX

国外经历 30 多年的发展历程，已经建立了 10 余个棉花模型，其中最著名的是美国的 GOSSYM 和澳大利亚的 OZCOT 模型。模型 GOSSYM-COMAX 系统从开始研制到完成，花了近 20 年的时间，早在 1970 年，Stapleton 等在亚利桑那州就建立了棉花生长的第一个计算机模拟模型，并于 1971 年将完善后的模型命名为 COTTON。几乎在同时，Duncan 等也花大力投入了棉花模拟模型的研究，并于 1972 年在密西西比州组建了另一个影响较大的棉花模型 SIMCOT，模型以气象资料和土壤特征资料为输入，模拟棉花单株的生长发育过程；尔后，McKinion 和 Hesketh 等于 1975 年以 Stapleton、Duncan、Baker、Hesketh、James 等的研究为前提，继续对 SIMCOT 进行改进，开发了 SIMCOT Ⅰ。1976 年以后，Baker 等将模拟土壤过程和根系生长的模拟模型 RHI-ZOS（Rhizosphere）与 SIMCOT Ⅰ 结合，于 1983 年开发出 COSSYM（Cossypium Simulation Model），用 10 个可控温度的 SPAR 系统研究棉花的生育规律和生理过程，引入植物营养学理论来考虑碳素平衡和蕾铃脱落，利用土壤学原理对土壤中水和氮运送移动进行详细的描述。1984 年开始与棉花管理专家系统 COMAX（Cotton Management Expert System）结合，成为以棉花发育模型为基础的生产管理系统。GOSSYM-COMAX 包括知识库、推理器、气象站和生长模型及其他数据文件，其核心是 GOSSYM 生长发育模拟模型，特点是运行 COMAX 所需的数据是由执行 GOSSYM 所提供的，即 GOSSYM 给 COMAX 提供信息。GOSSYM 根据输入的气象数据、出苗期、施肥等有关信息，可以在计算机模拟棉花生长发育、光合作用、呼吸作用、蒸腾作用、根系生长、形态构造、物质生产和分配等的日变化以及季节性变化动态，再把结果作为事实存入知识库；COMAX 解释模拟结果并作为决策，如灌溉日期和灌溉量、施肥时间和用量、施用除草剂、化学生长调节剂和收获期等决策。该模型本质上是一个表达植物根际土壤中水分和氮素与植株体内碳和氮的物质平衡的模型，包括了水分平衡、氮素平衡、碳平衡、光合产物的形成与分配、植株的形态建成等子模型。运行 GOSSYM 时，必须提供每天的气候资料，包括日辐射、最高最低气温、降水量，同时，还需输入灌溉水量、出苗日期、群体密度、行株距、施氮量、纬度和土壤数据等。模型运行后的输出结果是株高、营养枝和果枝数、蕾铃数、结果和果实脱落、植株含氮量、干物质生产量、土壤水势、植株图、产量等。该模型最大的特点是机理性、通用性、复杂性，其主要功能是模拟棉花各器官的生长发育状况、预报生理胁迫情况，为管理系统提供事实数据。由于 COMAX 能获得比专家系统的经验更为全面、更富有机理性的信息，故它比专家推理的建议要客观、准确得多。

该模型是目前世界上最完善的棉花生长发育模型，在用于棉花产量预报后又增加了普通昆虫模型和化学药物对棉花生理影响模型。GOSSYM 模拟模型建成后，在美国各州进行了广泛的验证，并逐步完善，在美国的 14 个州的棉花生产应用了 10 余年，至 1993 年已有 300 多个农场使用它，模拟效果比较好。利用该系统指导棉花生产，每英亩可净增收入 190 美元。另外，GOSSYM-COMAX 还成为政府决策部门开展农业决策的一个重要工具，如美国农业部经济统计合作局利用 GOSSYM 模型进行产量预报，以协调各相关部门下一步的工作重点和提供相应的配套服务。在我国，研究人员对棉花生长发育的计算机模拟模型起步较晚，但大都以 GOSSYM 模型为基础建立的。如中棉所的研究人员针对我国棉花生产管理、品种、气候、土壤特性，对此模型参数进行调整，在黄淮海平原针对中棉 12、中棉 16、中棉 17 进行了验证、修改，对棉花的株高、主茎节数、单株总果节数、单株蕾数、单株铃数、叶面积系数、产量进行了模拟，模拟值基本上与实测值相吻合。邱建军等对该模型进行部分修改，建立起适合新疆棉花生长发育的 GOSSYM 模型，整体模拟效果较理想，能较好地模拟新疆中、早熟棉花的生长、发育和产量形成过程以及生育期土壤水分动态。

为了更适应干旱区棉花生长发育的特点，Marani（1995）等针对加利福尼亚干旱区的情况发展了 GOSSYM 的更新——CALGOS，主要在模型机理上对水分关系、氮关系和植物生理作了修改，系统整体有改观，已发展为 Windows 版本。进入 20 世纪 90 年代后，随着个人计算机存储容量的不断加大和运算速度的不断加快以及计算机语言 C++

的普及和作物模型的发展，经过近十年的努力，Lemmon 和 Ning Chuk 于 1997 年推出了 GOSSYM 的新版本 CottonPlus。CottonPlus 和 GOSSYM 一样也是一个系统动力学模型，具有强机理性和实用性的特点。其机理性表现在模型中的各种关系是从 SPAR 装置中获得的，具有较高的可靠性和代表性。模型能够模拟植株地上部分的光合、呼吸、物质积累和分配、器官建成等生理过程；同时能够模拟植株根际 2m 深土壤的水分、氮素的移动、作物根系的生长等物理和生理过程，还可以模拟棉株对各种环境变量的反应。

（2）中国 COTGROW

20 世纪 80 年代以来，我国棉花模拟模型主要经历了 3 个阶段，分别是以建立回归方程为主的统计学方法描述棉花生长、发育、产量形成与某一特定变量间关系的阶段，以消化国外棉花模型为主，进行校验和参数修改的阶段和借鉴国外棉花模型，尝试建立自己的棉花生长发育模拟模型的阶段。1996 年潘学标等建立的 COTGROW（Cotton Growth and development simulation model for culture management）模型利用了作物生理生态学、土壤物理学、植物营养学、农业气象学的理论知识和棉花生产管理经验，以天气条件为驱动变量，土壤条件为基础，栽培管理为影响因素，碳素平衡为核心，综合考虑水分和矿物质营养平衡对棉花生长发育、形态发生与脱落和产量品质的影响，着重描述土壤—大气系统中的主要生理和生物过程的棉花生长动态解释性模型。

COTGROW 的总体结构由输入、输出和模拟部分构成，模型的模拟步长为 1d，主要参考美国 GOSSYM 模型中的物质平衡、单个器官生长发育及按器官潜在生长进行干物质分配的原理，荷兰 MACROS 模型的水分平衡和按器官物质构成确定生长呼吸的原理及澳大利亚 OZCOT 模型的单株截铃反馈控制原理，在我国的田间试验结果和生产背景的基础上，着重详细地描述土壤—棉花—大气系统中的主要生理和物理过程，力求使模型具有“适应性广、适应性强”的特点。该模型的核心部分由碳素平衡、发育与形态发生、水分平衡、氮素平衡、磷钾吸收和栽培措施构成，能较详细地描述棉株光合作用与碳水化合物分配转化、形态发生与各个器官的生长、土壤水氮运移等。

COTGROW 是考虑了气候、土壤、栽培措施对棉花生理和生长发育过程影响的较为复杂的过程模型，因而可根据土壤和气候数据模拟棉花播种期、密度、地膜覆盖、去早蕾、打顶、喷缩节胺、乙烯利、灌溉和施肥等单个和组合措施条件下的棉花生长发育、产量和品质形成；可模拟 2m 土层内各土层的土壤水分状况、氮素状况及植株各部分的含氮量和棉株对氮、磷、钾的吸收量；模拟不同年型气候条件对棉花产量的影响；进行棉花生产优化管理模拟与决策推荐及棉花生产的气候风险评估。利用模型在安阳 1985—1994 年不同气候条件下不同组合栽培措施与实际产量具有很好的一致性，与美国 GOSSYM 模型相比，模拟的产量误差相近。

1.3.2.2　水稻模型

目前，水稻生长动态模拟研究主要集中在气候变化对水稻生长影响的模拟、水稻生产潜力的估算、生育期预测、氮肥的优化管理、水稻群体质量指标的模拟与优化以及水稻干物质生产模拟等 6 个方面。国外研制过多种水稻生长模型，如 Penning de Vries（1989）提出的适于几种一年生作物生长的模型 MACROS，Angus 和 Zandstra（1980）提出的气象因子与水稻生长与产量模型，Williams（1994）提出的温带水稻产量模型

TRYM 及 Stansel（1980）的水稻生长概念性模型等。我国这一领域起步较晚，但也取得了一些进展。骆世明（1992）、戚昌瀚等（1991）、高亮之等（1989）分别建立了水稻生长与产量形成的模拟模型，并向水稻栽培决策方向发展。以下主要介绍几种被广泛应用的模型。

（1）荷兰 ORYZA1

由荷兰瓦赫宁根大学、荷兰农业生物和土壤肥力研究所和国际水稻所共同主持并组织的“水稻生产模拟和系统分析”项目，从作物系统中的作物生长潜力、氮肥管理、病虫害和农作系统 4 个方面对水稻在不同气候和土壤条件下进行了深入的模拟研究，在 MACROS 和 SUCROS 的基础上建立了一系列各具特色的水稻模拟模型，总称 ORYZA1，在评估某地水稻产量潜力、分析试验结果、株型设计及评价气候变化对水稻生产的影响等方面有较好的应用。1997 年曾用于与大气环流模型 GCMs（General Circulation Models）结合评估气候变化对亚洲水稻生产的影响。

（2）日本 SIMRIW

水稻气候变化模拟模型 SIMRIW 是针对水稻生长的生理和物理过程的简化作物生长过程模型，可用于灌溉稻与气候关系的生长和产量模拟，由日本京都大学农学院研制。该模型只需要一套有限的资料即可以运行。SIMRIW 不仅可以预测某一气候条件下特定品种的产量潜力，而且通过技术系数的校正可获得某地或某一地区农民得到的实际产量。应用结果表明，模型能很好地解释美国和日本相应气候条件下水稻产量的地区间差异和日本不同地区由气候影响产生的地区间产量年度变化，还能用来评估全球气候变化对不同地区水稻生长和产量的影响。

（3）中国 RICOS

RICOS 是一个支持用户的水稻生产经营决策行为的信息系统。由江西农业大学农业系戚昌瀚教授等研制成功。RICOS 是以 RICAM 模型为基础，在专家知识系统和实时信息收集处理系统的支持下，能够帮助用户完成生产与经营决策等半结构化的决策任务的一种智能软件，该系统不但能支持和加强用户的判断，提高决策效率，并具有较强的适应性和灵活性。RICOS 的基本功能是给决策者提供有关水稻生长发育和产量形成进程及其环境因素分析，优化生产方案建议及其技术经济评价等的水稻生产经营上的常年情况，当年表现及其诊断和预测的信息、分析、评价和建议。

RICOS 系统由数据库、模型库、知识库及其推理机、总控系统和人机界面 4 部分组成。其中，数据库包括内存信息库（含常年或历年的水稻生长发育、产量形成、气象因素和技术经济数据）、外部实时信息库（含当年生产各个时期收集的苗情及其环境因素、生产资料和产品价格的即时信息）和数据库管理模块（负责管理和维护数据库内各类数据）。模型库包括 RICAM 的 3 个子模型：“多喜回归库模型库”子模型，“生长发育”子模型和“物质生产能力”子模型。这些子模型能综合分析在相似生态地区进行的多年、多点的试验资料，提供不同条件下的优化农艺方案，还能逐日模拟体现主要器官同伸关系的生长发育和产量形成进程，比较源产量和库产量及其库源关系，进而能预测产量。知识库储存的是在理论上和实践上相对成熟、在学术界没有争议的公理性知识，主要是有关水稻生长与环境的关系及其决策的描述。推理机用于调用知识库中规则和数据库中的有关数据，并对决策问题进行求解和逻辑推理，提出相应的建议，总控系统通过人机界面接受决策问题，并对问题进行分解；同时还具有确定相应的模型、运算求解等功能，最后将结果返回人机界面。

1.3.2.3　小麦模型

由于小麦在农业生产中的重要性及其形态发生的规律性（如叶片和分蘖出现的序列性），小麦生长模拟已成为作物模拟研究的热点之一。根据小麦生理学和生态学原理，通过对小麦生长发育过程中获得的实验数据加以理论概括和数据抽象，建立关于小麦物候发育、光合生产、器官建成和产量形成等生理过程与环境因子之间关系的动态模型，充分发挥预测、监测、动态、目标、定量与优化控制功能，最终实现小麦生产的高产、优质、高效与可持续发展。在国外特别是美国已经发展了多个小麦生长模拟模型。经过田间测试，预测性较好的分别是美国的 CERES-Wheat 模型、ShootGro 模型和英国的 AFRCWHEAT 模型。CERES-Wheat 和 AFRCWHEAT 能模拟小麦生长发育的主要过程，而 ShootGro 则主要模拟其阶段发育、穗发育及籽粒生长过程，它们的共同特点是具有动态性，一定的机理性、预测性和通用性，都能模拟氮素与水分生长的调节。

目前小麦生长模型已进入成熟期，发展成熟的小麦生长模型有数十种，其中具有代表性且应用广泛的有美国的 CERES-Wheat 模型、荷兰的作物模型、澳大利亚的 APSIM-Wheat 模型和中国的 WCSODS。它们在小麦的生长发育、水分与氮素平衡、干物质积累以及气候变化响应等应用方面有重要作用。

CERES-Wheat 模型是 1983 年美国 IBSNAT 开发的 DSSAT 模型 CERES（Crop environment resource synthesis system）系列下专门为小麦类作物开发的生长模拟模型。它将小麦的生长发育分为 9 个阶段，分别为休耕期、种子萌芽期、出苗期、幼穗期、穗发育期、灌浆早期、灌浆期和成熟收获期。每个阶段有相应的生长部分，如当小麦处于灌浆期时，主要是根、茎和籽粒生长。该模型要求输入小麦种植地的土壤资料与所处纬度、播种深度、播种日期和逐日气候资料。姚宁等用 CERES-Wheat 模拟陕西冬小麦在不同生育期不同水分胁迫条件下的生长情况，结果表明灌水充分的条件下 CERES-Wheat 具有较高模拟精度。但当水分胁迫发生在生长阶段前期时，该模型的模拟精度较低。Thorp 等（2010）在美国亚利桑那州基于 CERES-Wheat 对四种不同密度和两种氮素水平下的冬小麦土壤含水量进行了模拟，结果显示该模型可以模拟土层 210cm 以下的含水量。Langensiepen 等（2008）分析了在德国北部利用 CERES-Wheat 在不同氮素水平下对小麦生长发育进行模拟，结果表明 CERES-Wheat 在德国北部模拟效果较差，其在水分与土壤关系、水分与氮素吸收方面还有待改善。

荷兰的作物侧重于生物学机理研究及表达，以冠层光合作用为基础，改变作物参数即可应用于不同作物。SUCROS 是 de Wit 学派的第一个概要模型，它可以模拟时间步长为 1d 的作物生长情况，WOFOST（world food study）由世界粮食研究中心开发，主要用于模拟一年生作物在特定气候和土壤条件下的生长，MACROS 是为半湿润热带作物开发的模拟模型。在氮素受限条件下产生了 PAPRAN（production of aridpastures limited by nitrogen）模型。PAPRAN 适用于模拟在半干旱环境降水量和氮素受限条件下牧草或粮食作物每年的生长情况。20 世纪 80 年代以来，作物模型在实践中得到了广泛应用，期间产生了 LINTUL（light interception and utilization）模型，该模型是空间尺度扩大时的简化模型。其中应用最多的是 WOFOST，朱津辉等（2014）使用 WOFOST 模型对河北保定冬小麦不同灌溉方案进行了模拟，模拟表明冬小麦最佳灌溉时期为拔节—孕穗期和抽穗—灌浆期。Mishra 等（2013）利用 WOFOST 在印度西部地区对 4 种不同品种小麦的生长和产量进行模拟，结果表明该模型可以用来模拟和预测小麦的产量。

APSIM-Wheat 模型是 1991 年以来澳大利亚联邦科工组织（CSIRO）和昆士兰州政府的农业生产系统研究组（APSRU）开发研制的农业生产系统模拟模型 APSIM 中涉及小麦的模块。APSIM 中，作物生长模块、土壤水分分层模块和氮肥运移模拟都分别借鉴了 CERES 系列相应模块的程序并进行改进。APSIM 与其他模型不同的是，它的核心是土壤而不是作物，作物、气候和农业管理措施只是引起土壤属性变化的因素。另一个不同是 APSIM 中作物生长模块可以置换，这种“插拔”功能可以模拟耕地轮作、连作和混作。Kouadio 等（2015）使用 APSIM 研究了气候变化对加拿大西部春小麦产量的影响。雷娟娟等（2015）利用该模型研究了甘肃不同光照强度和 CO_2 浓度下小麦产量的变化，表明甘肃光照可以满足旱地春小麦产量的变化和需求。Zhang 等（2013）、戴彤等（2015）分别探索了 APSIM 模型对华北平原和重庆小麦产区的适应性，确定了各个小麦品种的作物参数，结果表明该模型可以较好地模拟小麦生育期、地上部生物量和产量。

WCSODS 是中国江苏省农业科学院高亮之等研制的一种大型小麦栽培计算机软件系统。它考虑了小麦生长发育和栽培技术的数量规律，结合实际地区的知识库，同时具有向用户开放的特定数据库，因此在应用中具有普遍的指导性。石春林等（2003）为了模拟渍害条件下小麦的生长和产量变化而增加了过量土壤水对光合作用、干物质分配、叶片衰老等影响模块，完善了 WCSODS。

1.3.3 土壤—作物系统过程模型

国内外学者对土壤—作物系统模型进行研究已经有半个多世纪的历史，早在 20 世纪 60 年代初国外学者已经开始对农业中的过程和功能进行研究，许多经典过程模型一直沿用到现在，如水流运动模型（Brooks and Corey，1966）、土壤溶质运移模型（Biggar and Nielsen，1962）、蒸腾模型（Monteith，1965）、植物生长模型（de Wit et al.，1970）等。自 20 世纪 70 年代以来，随着节水农业的不断深入，从土壤—作物—大气连续体（SPAC）出发，建立了两类模型，一是以土壤水分运动和平衡原理为中心，建立了从简单的水均衡模型到复杂的水动力学机理模型（Gardner，1960；Feddes and Zaradng，1978），并逐步应用于农田作物灌溉管理（Ahuja et al.，1999）。此类模型在模拟土壤水分运动和作物根系吸水方面的机理性较好，在模拟作物生长和蒸腾作用与土壤水分有效性的关系方面较差，且基本不考虑地上部作物生长及光合作用对地下部根系生长和吸水的影响。二是以作物生长模型为中心，研究作物生长发育和耕作栽培措施，特别是土壤水分条件对作物生长的影响。此类模型在模拟作物对水分吸收方面一般运用水均衡法模拟根层土壤水分运动及平衡，对根系吸水及水分在土壤中运动模拟的机理性较差。20 世纪 90 年代以后，随着 SPAC 系统理论研究的深入，同时计算机的计算能力增强，使得建立复杂的土壤—作物系统模型成为可能，国外学者先后建立了一些比较成熟的土壤—作物系统模型，包括了 EPIC（William et al.，1984）、CENTURY（Parton et al.，1987）、WOFOST（Penning et al.，1989）、DAISY（Hansen et al.，1990）、DNDC（Li et al.，1992）、DSSAT（Tsuji et al.，1994）、HERMES（Kersebaum，1995）、APSIM（McCown et al.，1996）、RZWQM（Ahuja et al.，1999）、WNMM（Li et al.，2007）、HYDRUS - 1D（Šimůnek et al.，2008）、AquaCrop（Steduto et al.，2009）等。

由于构建的模型侧重点不同，各模型都具有各自的假设和应用条件，如 HYDRUS-1D 基于一系列的偏微分方程和动力学方程联合求解，参数较多，物理意义明确，已经在水盐运动及农药、重金属和病原微生物等污染物运移等方面进行了广泛的应用，但由于田间条件复杂，HYDRUS-1D 中的动力学过程均没有考虑环境因素的影响，如氨挥发与土壤 pH 值的关系、反硝化作用与土壤含水量和质地等的关系，这使得 HYDRUS-1D 很难运用于农田尺度下的氮素转化水肥管理措施。有学者将 HYDRUS-1D 模型与 WOFOST 进行了耦合（Zhou et al.，2012），但仅用来研究水循环过程，未考虑碳氮循环过程。DAISY 模型是一个较为系统的动力学模型，最初用于定量化评价农家肥对土壤—作物系统的影响，考虑了碳氮循环过程和各种管理措施（秸秆、农家肥等）对模型输出的影响，并耦合了 MIKE SHE 水文模型实现了区域化（Styczen and Dtorm，1993），虽然其碳氮模块被后来的许多模型所引用，但其输入输出文件复杂，没有用户交互式友好界面，影响了模型的推广运用，至今实际应用并不多见。RAWQM 模型是一个综合的土壤—作物系统模型，首先由美国农业部于 1992 年发布，之后经过 20 多年的发展，其功能不断扩展，目前包括有土壤水模块、溶质运移模块、农药模块、碳氮循环模块、氮肥管理模块、作物生长模块、暗管排水系统等，并耦合了 DSSAT-CERES 作物模型（Ma et al.，2006）和 SHAW 能量平衡模块（Flerchinger et al.，2000）；模型允许设置多种农业管理措施和多种情景模式，包括施肥方式、灌溉方式、有机与无机肥料、农药、耕作方式、暗管排水系统等，但主要适用于美国粗放管理模式下的作物生长过程，未考虑一些高度集约化的栽培管理措施（如覆膜、高密度种植等）。DNDC 是基于农田水平衡的一款土壤—作物系统模型，在温室气体排放和有机质动态模拟方面处于国际领先地位，但是其作物生长模型过于简单，对作物叶面积指数和干物质动态的模拟能力较差（Li et al.，1992）。WOFOST 和 DSSAT 模型拥有强大的作物数据库（Penning et al.，1989；Tsuji et al.，1994），在作物管理决策方面有优势，但是这两个模型对土壤水碳氮过程考虑得比较简单。澳大利亚的 APSIM 模型近年来发展较快，它的特点允许将描述农业系统中关键组成部分的独立模块（模型开发者开发、使用者选择）“插入”到平台中，可以用来预测不同气候、品种、土壤和管理因素下的作物产量，同时可分析长期水资源管理问题。APSIM 模型具有很好的软件框架结构，通过中心模拟引擎与其他模块进行沟通，模块可以采用混合语言编程，可以用于在不同的模拟中选择不同的模块组合配置 APSIM（McCown et al.，1996）。这种处理方法吸引了多个国家农业、灌溉、土壤等不同领域、不同机构的专家按照该平台提供的标准开发相应的模块，并无缝地连接到该平台上，有效地避免了该领域的代码重复。

我国在这方面的研究起步较晚，发表的模型以水氮管理方面的居多，其中黄元仿和李韵株（1996）建立了小麦与玉米地水氮联合运移模型；张瑜芳等（1997）和唐昊冶等（2006）分别建立了稻田土壤氮素的转换迁移模型；李保国等（2000）建立了农田水分运动与作物生长耦合模型。在耦合国外模型方面，胡克林等（2007）将 HYDRUS-1D 模型与 PS123 作物模型耦合用于农田土壤的水氮优化管理；王相平等（2011）将 HYDRUS-1D 模型与 EPIC 作物模型耦合，建立了土壤水氮迁移转化与作物生长耦合模型，并将其运用到北京通州区的冬小麦水氮管理中；Zhou 等（2012）将 HYDRUS-1D 模型与 WOFOST 作物模型耦合对农田灌溉进行了优化；徐旭等（2013）将 SWAP 水盐模型与 EPIC 作物模型耦合，实现了土壤融化期的水盐运动模拟；朱焱等（2016）将 EPIC 作物模型与土壤氮素迁移转化模型耦合，成功模拟了作物生长过程中的土壤水氮迁移转化过程。上述模型虽然在一定程度上能够分析农田土壤水分溶质（盐分、污染物等）的去向，实现土壤水氮的优化管理，但是在描述土壤碳氮循环过程方面机理性比较差，不能适应当前中国广泛推广的保护性耕作措施和有机无机肥料配施的农业技术特点。因此，迫切需要研发适合我国气候环境条件和农艺管理措施的土壤—作物系统模型。

1.3.4 土壤水溶质运移模型

土壤溶质运移所研究的是溶质在土壤中的过程、规律和机理。20 世纪 60 年代初，Nielson 和 Biggar（1962）从实验和理论上进一步说明了土壤溶质运移过程中质流、扩散和化学反应的耦合性质，并应用数学模型来说明和解释溶质运移过程，确立了土壤溶质运移的对流—弥散方程（Convection Dispersion Equation：简称 CDE，或 Advection Dispersion Equation：简称 ADE），作为土壤溶质运移研究的经典和基本方程的主导地位。

根据模型的构成原理，可分为 3 类：确定性机理模型、确定性函数模型和随机模型。确定性机理模型实质是体现了过程的最基本的机理，是经典的溶质运移机理性模型，是诸多溶质运移转化模型的主体构成，比如 LEACHM、RZWQM、HYDRUS-1D 等。Coats 和 Smith（1964）建立了可动与不可动相“两域”（two-regions）的 CDE。考虑到土壤颗粒表面物理化学反应特征的不同，van Genuchten 和 Wagenet（1989）据此建立了结构土壤中的两域/双点位（two-sites）的土壤溶质运移模型。近几十年来许多学者还注意到土壤结构体之间因大孔隙的存在等产生优先流。Gerke 和 van Genuchten（1993）提出了优先流双孔隙体系的概念模型。Ahuja 等（1996）和 Cameira（1995）应用 RZWQM 模型模拟了化学溶质在大孔隙中的运移。确定性函数模型对溶质和水流进行了简化处理，大多用质量守恒原理来估算土壤溶质的行为。常见的函数模型如活塞流、半解析模型、分层平衡模型和其他简单方法等。分层平衡模型简单易于求算，模拟结果相对较准确，许多土壤养分运移转化模型都以该模型作为首选模型，可以说该模型是目前水肥管理研究中较实用的工具。随机模型其一是在确定性模型中引入随机参数，例如 Amoozegar 等（1982）应用偏斜斜率分布拟合孔隙水流速率和扩散系数以代替 CDE 中使用单一 V 和 D 值。杨金忠等（2000）对均匀和非均匀多孔介质中水分及溶质运移的随机理论进行了详细介绍，在理论上将溶质的宏观弥散与介质的统计特征相联系，克服和解决了宏观弥散系数的求解问题。其二是完全随机模型，也就是当制约溶质迁移的机理不清楚时，在某一时刻从给定土壤容积输出的溶质质量速率可看作前一时刻输入的随机函数。Jury（1989）应用 TFM 随机分析了在土壤类型和气候变化条件下农药对地下水的污染潜力。Zhang（1995）同时应用确定性机理模型和 TFM 预测了溶质运移，并比较了它们的结果。任理（2001）应用 TFM 分别模拟了非均质饱和土柱中的盐分、土壤剖面中的 NO_3^--N、均质饱和土柱中的农药阿特拉津的运移以及冬小麦生长条件下土壤 NO_3^--N 的淋失。

目前国内外土壤溶质运移模型的应用主要集中在以下几个方面。

1.3.4.1　盐碱土的改良及水盐运动的监测预报

国外从 20 世纪 70 年代就开始了土壤盐分运移的研究，并建立了盐化与碱化模型。Bresler（1982）所著的《盐化与苏打化土壤》一书总结了有关盐分运动的原理与模型，代表了当时国际上在盐碱土的改良及盐渍化的监测预报方面的成果。自 20 世纪 80 年代以来，陆续研制了一系列水盐运动模型和软件，包括 LEACHM 和美国盐渍化实验室推出的一维盐分运移模型软件 HYDRUS-1D（雷志栋等，1988）、WATSUIT，二维盐分运移模型软件 HYDRUS-2D、SWMS-2D、SWMS-3D，以及多组反应性溶质运移模型软件 CHAIN、CHAIN2D、UNSATCHEM-2D、UNSAT-CHEM 等（Simunek 等，2005；张世熔，2002）。

国内从 20 世纪 80 年代才开始土壤溶质运移的研究。张蔚榛（1983）提出了土壤水盐运移模型的初步研究结果。李韵株（1985）研究了非稳定蒸发条件下夹黏土层的水盐运动。左强（1991），Chen 等（1990）分别对饱和—非饱和条件，排水条件及多离子的水盐运动规律进行了研究。石元春、李保国等（1986，1991）建立了黄淮海平原区域水盐运动监测预报的模型，并开发了相应的 PWS1.0 软件。

1.3.4.2　土壤成土过程的模拟分析

土壤溶质运移理论应用于土壤形成过程的模拟，可定量揭示环境作用的影响，反演或重建过去的气候与环境变化，从而有助于预测土壤发育的未来趋势。Hoosbeek 和 Bryant（1992）从土壤发生学的角度对已有的成土过程模型根据其空间尺度和复杂性进行了分类。土壤 $CaCO_3$ 的淋溶淀积过程是成土过程中物质运移和转化的一个非常重要的过程。Mayer（1985）考虑了土壤中 $CaCO_3$ 的溶解和沉淀反应以及 CO_2 和 pH 值的影响建立了 CALSOIL 模型。

国内周志军（1998）研究了北京地区褐土和潮土中 Ca 的运移和 $CaCO_3$ 淋溶淀积的规律。Li Xuyong 和 Li Baoguo 等（1999）建立了土壤 $CaCO_3$ 动态平衡的分层模型，对末次间冰期洛川剖面土壤 $CaCO_3$ 淋溶的过程进行了反演。段建南和李保国等（1999）建立了以土壤 $CaCO_3$ 化学热力学平衡体系和 $CaCO_3$ 变化量模型为主的土壤 $CaCO_3$ 淋溶淀积过程模型，对干旱地区土壤剖面 $CaCO_3$ 的长期动态变化进行了预测，并针对黄土高原不同地形部位的 $CaCO_3$ 剖面分布状况及成因做了探讨，建立了人类活动作用下的土壤发育变化过程的定量化模拟系统 SOLDEP。

1.3.4.3　土壤养分管理

从 20 世纪 80 年代开始，土壤 N 素转化与运移的研究就成为了一个热点，并且建立了许多模型，如GLEAMS、HYDRUS-1D、LEACHM、DAISY、NLEAP、RZWQM等。de Willigen（1991）比较了土壤—作物系统中14种N转化的模型。比较内容包括涉及的模型的程序、实现方法以及在相同的数据设定下运行的模拟结果。

国内虽然从20世纪90年代中期才开始土壤N素运移的研究，但进展很快，黄元仿和李韵株（1994）研究了不同灌水条件下土壤N素的淋洗渗漏。另外一些学者分别就室内土柱、旱地农田、菜地以及稻田排水条件下的土壤N素转化和运移规律进行了研究。王凤仙等（1999）考虑了作物生长过程，对土壤水氮资源的利用、损失和周年利用效率进行了分析与模拟。王凤仙等（2000）应用了非线性目标规划模型，对冬小麦—夏玉米种植制度下，不同降雨年型的水氮管理措施进行了优化。胡克林（2000）考虑了表层土壤饱和导水率空间变异性的影响，随机模拟了农田水分渗漏和N素淋失的特征。

1.3.4.4 环境污染过程与控制

国外对污染物农药、重金属、细菌和病毒在土壤中的运移已经进行了系统的研究。Wagenet和Huston（1989）研究了非挥发性和挥发性农药在非饱和土壤中的转化和运移。Ahuja等（1996）应用RZWQM模型预报了农药在田间土壤中的运移。Selim和Amacher（1997）系统地应用各种模型（平衡模型、动水—不动水模型、两点模型、多离子组分竞争交换模型等）模拟了Cr、Cd、Pb、Hg、Cu、Zn等重金属在土壤中的运移与转化过程。Selim和Amacher等（2001）研究了多组分的重金属（Cu、Zn）在室内土柱中的竞争运移。McGowen和Basta（2001）研究了采矿和冶炼区被重金属污染的土壤对周围地表水和地下水的迁移污染潜力。

国内从20世纪80年代中期逐渐开展了这方面的研究，陈秋芳（1986）模拟了农药在土壤中的移动和降解。杨大文和杨诗秀（1992）研究了杀虫剂在室内土柱中的迁移及其影响因素，结果表明：对流、弥散、吸附作用对农药运移影响大，而降解作用影响小。任理和毛萌（2002，2004）开展了农药阿特拉津在室内饱和土柱中运移和田间非饱和情形下运移建模与模拟的研究。李桂华等（2002）研究了生长和死亡条件下，大肠杆菌在室内饱和砂土柱中的运移。

1.4 作物模型与遥感、地理信息系统的结合

20世纪60年代以来，随着计算机技术的发展，作物生长模型也得到了很大发展，作物生长机理模型不断完善。传统的作物模型受到多种因素（如空间数据资料的收集和整理、空间数据的处理等）的限制，大多数在单点尺度上模拟作物的生长过程。遥感（Remote Sensing，RS）和地理信息系统（Geographical Information System，GIS）等新技术手段的崛起，无疑为作物生长模型的应用和发展提供了广阔的前景。借助于RS和GIS技术，可以将作物模型的应用提升为区域尺度，所以RS、GIS技术与作物模型结合是作物模型发展的重点趋势之一，有助于解决单独使用作物模型无法解决的许多问题。因此RS信息的实时性、宏观性，GIS技术的强大空间分析功能与作物生长模型的连续性、机理性构成了良好的互补性关系。如何将RS信息和GIS分析功能与作物生长

机理模型相结合，实现农作物长势监测和进行大面积作物估产是近年来国内外比较关注的研究课题。作物模型与 RS、GIS 等其他学科或技术相结合，如农业资源、土壤学、畜牧学以及遥感技术等，并在农业生产决策管理、作物生长监测和产量预测以及区域和全球尺度的环境、资源、可持续发展、气候变化影响等方面得到广泛应用。

近年来作物模型还被用于评估全球气候变化对农业生产的影响，为全球粮食安全、农业可持续发展提供策略建议。20 世纪 90 年代初期，随着气候变化对农业影响的研究逐渐深入，作物模型被尝试用在评估气候变化中。1989—1992 年由美国环境保护署资助，27 个国家参见了以“气候变化对国际农业的影响”为主题的项目研究，作物模型被开始尝试应用在预测不同气候变化情景下 CO_2 浓度增加对作物的影响中（Cynthia et al.，1994）。在此基础上，21 世纪以来，各国利用作物模拟模型与气候模式结合开展气候变化对农业生产影响模拟的研究进一步增多，气候学家和农业气象学家发展了一系列作物模型与气候模式嵌套的方法，使作物模型在评估气候变化对农业的影响的应用方面更加方便。美国、加拿大、澳大利亚、法国等国应用这些成果预测未来气候背景下农作物产量的变化、气象成果预测未来气候背景下农作物产量的变化、气象灾害的变化和农作物种植制度或种植结构的变化等，并根据模型的结果制定适应与减缓气候变化战略和粮食安全策略。

1.4.1　RS 技术与作物模型结合以及应用

RS 能够即时获取大范围、周期性的地球表面信息，已经在农业、气象、水文、环保等领域广泛应用，其中农业是应用较早的领域之一。近年来，遥感技术的快速发展进一步促进了农业遥感的应用，包括农业资源调查、农作物种植面积的监测、反演农作物叶面积指数、旱涝监测、农作物估产、作物物候监测等。关于 RS 与作物模型的结合，早在 20 世纪 70—80 年代有研究者就指出，遥感信息可以被用来改进作物模型的精度。它的主要优点是可以利用大量数据定量描述植物群体的实际生长状况，从而不仅可用来代替作物模型中一些较难获得的参数或变量，而且能对生长模拟过程进行调整或订正。RS 数据与常规试验或观测数据相比，具有信息量大、省时、省力的优势。Maas（1998）利用植被指数 NDVI（Normalized Difference Vegetation Index）估算了有效光合辐射和叶面积指数，用于作物模型，同时提出了用遥感信息对模拟过程进行重新初始化和参数化的方法，以提高模型精度。RS 与作物模拟模型相结合，可以在大范围尺度上较容易地获取上述宏观数据，更好地掌握大范围空间尺度上农作物的生长状况，提升作物模型的应用尺度。RS 和作物模拟结合，优势互补，可以得到单独利用 RS 或者单独运用作物模型模拟无法得到的效果。

早在 20 世纪 80 年代，美国在进行农业和资源的空间遥感调查（AGRISTARS）时，就开始尝试将作物模型和 RS 数据相结合（Pinter et al.，1992）。遥感与作物模型结合主要用于农作物估产，宇振荣（2003）利用 RS 数据和 PS-n 模型相结合估测玉米产量，估测值与测量值的误差较小。张黎（2005）在水分胁迫下将 MODIS 数据与作物模型相结合，使监测精度得到提高。王人潮等（2002）将 RS 和 Rice_SRS 模型结合进行水稻估产，结果精度比只用 RS 数据提高了很多。目前，作物模型和 RS 数据相结合进行粮食估产已经取得了巨大的成功。如欧盟通过将作物模型和 RS 数据相结合的 MARS 项目进行作物检测和产量预测，取得了巨大的社会效益和经济效益（Vossen，1995；刘海启，1999）。通过作物模型和 RS 相结合，美国不仅对国内的作物长势进行监测，而且对阿根廷、澳大利亚、加拿大、中国、印度等国进行监测，这使得美国在粮食贸易中获得巨大的经济效益，从而占据贸易中的主导地位。欧盟 MARS 计划（Monitoring Agricultural Resource S）是遥感技术应用于农业的 10 年研究项目，以期快速得到农作物早期统计信息。1989 年项目开始开展，经过 10 年的研究，MARS 计划成功地综合了遥感数据和作物模型，进行了农作物种植面积清查，农作物总产量清查和农作物产量预报（CGMS）（刘海启，1997）。

1.4.2　GIS 技术与作物模型结合以及应用

GIS 是能够收集、管理、查询、分析、操作以及表现与地理相关的数据信息的计算机信息系统，能够为分析、决策提供重要的支持平台。GIS 独特的空间数据管理、处理功能，使得 GIS 在农业等行业中有着广泛的应用。作物模型在空间尺度上，如构建空间数据库、空间制图、空间分析等方面，存在自身的不足。一些作物模型（如 DSSAT 模型）在单点尺度上得到了很好的模拟、校准、验证，但应用在区域尺度上模拟会遇到很多问题。通过将作物模型和 GIS 相结合，能够发挥作物模型和 GIS 技术各自的优势，从而使这些问题得以解决。Lal 等（1993）将作物生长模型与 GIS 技术结合，分析了区域生产力，并提出优化的生产措施，如良种选择、最佳播种日期确定、灌溉计划制定等。因为 GIS 技术不仅可以定量表征区域环境特性，而且能够揭示生产力的区域分布特征以及存在的问题，通过与作物模型的结合，不仅可以扩大作物模型的应用范围，而且能评估不同管理情景下的生产力，为农业管理或区域规划提供科学依据。

作物模型和 GIS 技术的结合一般分为 3 个层次：①连接（Linking）：是利用成熟 GIS 软件显示和分析作物模型的模拟结果，更为复杂一些的连接是利用 GIS 技术构建作物模型空间数据库或者其中的子数据库。连接并不需要对 GIS 软件进行 2 次开发，只是利用 GIS 软件进行空间数据处理。优点是建设周期短，使用效果好，缺点是需要购买 GIS 软件和作物模型。②结合（Combining）：是作物模型可以自动直接调用 GIS 的部分工具函数库，数据可以在作物模型中较容易的实现转换，在作物模型中也能够实现显示和分析空间模拟结果。结合是连接向集成的过渡时期，优点是可以在作物模型中直接调用函数库，缺点是源代码的获取并不容易，不仅要熟悉作物模型的源代码，而且要将 GIS 的一些函数库程序调用语言模型封装到模型源代码中。③集成（Integrating）：是将作物模型封装到 GIS 软件中或者将所需的 GIS 软件具备的函数嵌套到作物模型中，使作物模型和 GIS 成为一个整体，优点是二者形成一个整体，操作方便，问题的针对性较强；缺点是开发难度大，针对不同的具体问题，开发的结果并不能保证很好的普适性。国外很多发达国家综合利用 GIS、作物模型进行农业生产管理。美国的 DSSAT 与 ArcView（一种 GIS 软件系统）结合，形成了 AEGIS（农业模型地理信息系统），进行农场级的生产管理、气候变化影响评估和区域农业生产的宏观管理。许多国家利用基于 GIS 支持下的农业气象灾害监测系统，可综合各种信息，定量监测农业气象灾害区域、危险程度，对受害作物面积进行分析、计算、评估，并进行灾害演变规律的预测研究。2000 年在法国业务化运行的 ISOP（Information et SuiviObjectif des Prairies）系统，就是整合土壤、气象、作物等多种数据信息的成功范例，该系统设计将 STICS 作物模型和 GIS 运行结果存储在一个数据集中，灾害发生时可以方便地合成精细化的灾害预警地图，实现农业气象灾害的风险管理。

目前，RS 和 GIS 技术与作物模型结合虽然还存在许多技术难点，但从总体上看，这种结合既充分利用了作物模型的机理性，又考虑了 RS 的宏观性、GIS 的空间分析处理能力，将作物模型的应用提升至大范围的区域尺度，从而使作物模型的应用有着更加广阔的发展前景。随着空间插值算法的不断完善，作物模型输入参数的插值结果会更加精确。随着 RS 技术的发展，模型模拟单元的空间分辨率也将逐步提高。近年来，随着遥感的发展，利用遥感数据直接估测土壤水分、养分以及气象参数等成为可能，利用遥感技术估算的这些面状数据简化直接驱动模型，也将极大促进作物模型的发展。因此遥感数据和作物模型的结合，对于提高作物估产、作物品质预报的精度，提高模型的普适性，挖掘其应用潜力，指导作物变量施肥、精确灌溉以及保护环境、节约水资源等有着广阔的应用前景。

1.5　全球作物模型领域研究态势分析（引自——苏农信-2019）

1.5.1　概况分析

全球关于作物模型的研究始于 1972 年，从 1991 年开始相关研究逐步增多，至今可分为萌芽期（1972—1990 年）、形成期（1991—2002 年）、成长期（2003—2017 年）3 个发展阶段，目前该领域的相关文献量、机构数、学者数总体均呈快速增长的状态（图 1-1，见书末彩图）。我国关于作物模型的研究始于 1993 年，从 2006 年开始相关研究逐步增多，至今可以分为萌芽期（1993—2005 年）、形成期（2006—2013 年）、成长期（2013—2017 年）3 个发展阶段，目前我国该领域的相关文献量、机构数、学者数总体均呈快速增长状态（图 1-2，见书末彩图）。

可以看出，我国关于作物模型的研究比国外晚了 22 年，在国外相关研究快进入形成期时，我国才有相关研究萌芽出现，但我国萌芽期和形成期相对较短，起步后发展迅速。

1.5.2　国家竞争力分析

全球共有 132 个国家开展了与作物模型相关的研究。其中，发文量排在首位的国家是美国，共计 2 717 篇，远远超过其他国家；中国和澳大利亚分别以 956 篇和 933 篇的发文量排在前三位；另外，法国、荷兰、德国、英国、印度、意大利、加拿大等国的发文量均在 400 篇以上（图 1-3，见书末彩图）。

全球作物模型领域共有 126 个国家的相关文献被引用。其中，美国以 72 888 次的总被引频次远远超过其他国家，排在全球首位；澳大利亚和法国分别以 24 988 次和

21 232次排在前三位；另外，荷兰、英国、中国、德国、意大利、加拿大等国的总被引频次在10 000次以上（图1-4，见书末彩图）。

1.5.3 机构合作分析

机构合作网络整体可以分为四大合作群体：

①以美国农业部为核心的合作群体，该合作群体包括美国农业部、佛罗里达大学、得克萨斯A&M大学、爱荷华州立大学、佐治亚大学等机构。

②以联邦科学与工业研究组织为核心的合作群体，该合作群体包括联邦科学与工业研究组织、瓦赫宁根大学、西澳大利亚大学、昆士兰大学等机构。

③以法国农业科学院为核心的合作群体，该合作群体包括法国农业科学院、法国农业发展研究中心、波恩大学、意大利国家研究委员会、天主教鲁汶大学等机构。

④以中国科学院为核心的合作群体，该合作群体包括中国科学院、中国农业大学、中国农业科学院、新罕布什尔大学、加拿大农业与农业食品部等机构。

四大合作群体之间主要通过美国农业部、联邦科学与工业研究组织、中国科学院、法国农业科学院、佛罗里达大学、瓦赫宁根大学、中国农业大学等核心机构建立合作关系（图1-5，见书末彩图）。

1.5.4 研究重点分析

全球作物模型领域大致分为“产量、气候变化与作物模型”“光合辐射与生长指标”“土壤、养分与温室气体”“水、蒸散与灌溉”“作物杂草、虫害及疾病管理”“遥感与数据处理技术”“温度、环境与遗传”“作物生物量与能源要素”等8个主题方向(图1-6，见书末彩图)，且不同主题方向间的关系十分密切。

由作物模型的主题重点图（图1-7，见书末彩图）可以看出，产量是作物模型领域研究追求的最终目标；小麦和玉米是作物模型领域研究最深入和实践最广泛的作物；APSIM模型是作物模型领域研究最深入和实践最广泛的模型；气候变化是作物模型领域研究最多的外界环境要素；温度、土壤、水分、氮是作物模型领域研究较多的外部环境要素；遥感技术与植被指数是作物模型领域使用最多的数据获取技术及指标。

1.5.5 研究热点分析

对比2007年以前、2008—2012年、2013—2017年三个时间段的主题分布图和主题重点图（图1-8，见书末彩图）发现：

①产量是作物模型领域研究持续追求的目标。

②气候变化是作物模型领域研究持续重点关注的要素；温度是近年来作物模型领域研究重点关注的要素。

③水、土壤、养分、温室气体是作物模型领域研究持续较关注的要素；蒸散与灌溉技术是近年来作物模型领域研究较关注的要素。

④近年来对生物量与能源要素的研究热度逐步提升。

⑤小麦、玉米、水稻、大麦是作物模型研究领域持续重点研究的作物，APSIM模

型、CERES 模型是作物模型研究领域持续重点研究的作物模型。

⑥近年来对 DNDC 模型、DSSAT 模型、植物功能结构模型、AQUACROP 模型、WOFOST 模型、SICTS 模型等模型的研究热度越来越高。

1.5.6　小结

①全球作物模型领域研究处于成长期，我国起步较晚但发展迅速。

②各国在作物模型领域的学术竞争力差距悬殊，我国生产力和影响力较高。

③全球作物模型研究领域机构间形成四大合作群体，我国形成以中国科学院为核心的合作群体。

④作物模型研究领域 8 个主题方向间的关系十分密切，产量、小麦、玉米、APSIM 模型、气候变化、温度、土壤、水分、氮、遥感技术、植被指数等是作物模型领域的研究重点。

⑤APSIM 模型、CERES 模型是作物模型研究领域持续重点研究的作物模型；近年来对 DNDC 模型、DSSAT 模型、植物功能结构模型、AQUACROP 模型、WOFOST 模型、SICTS 模型等模型的研究热度越来越高。

1.6　作物模拟模型中存在的问题

1.6.1　模型研究中的问题

随着科技的不断进步，越来越多的国家和学者投入研究农业生产系统模型，并取得卓越成果，但仍存在许多不足。

①模拟深度和广度还不够。现有的大多数作物模型在模拟的过程中由于受部分试验参数获取困难和本身考虑不周的限制，并没有将所有影响模拟目标的因素都考虑在内，仅限于第一、第二生产水平。

②参数繁多且部分数据获取较困难，计算方法难以统一。现有的作物模型中不乏机理性强、模拟精度高的模型，但因为涉及参数过多而影响其应用推广，参数校正是影响作物模拟准确性的重要环节，而目前参数的获取与计算方法由于缺乏生态学物质循环及生理学机制的逻辑推断，作物模拟研究学者们还在不断的探索。

③模型的模拟效果和可靠程度受到限制。模型运行所需的起码的输入数据包括气候、土壤和作物品种等资料，由于这些数据空间变异性较大，试验地区不同，获得数据各有差异，从而影响模型的构建和验证结果，很难取得可靠的模拟结果。目前的许多模型都是经验模型，模型运行的部分资料来自经验值。

④作物模型的研发需要制定统一的方法与标准。目前大多数模型的构建起源于大田试验单因素试验设计，属于较理想的生产情形，如本研究的潜在叶面积指数及潜在光合生产都属假设理想条件下的数据，而在实际田间种植中可能多种因素同时起作用，模型模拟与实际生产存在差距。

在实际中广泛推广应用作物模型的出路之一是：用长时间序列和多区域的田间观测

资料，以及遥感等信息源定时对作物模型构建和验证过程中的参量进行校正和率定。

1.6.2 模型应用中的问题

美国、荷兰、澳大利亚等国在现代科技研究应用方面，都有相对稳定的团队或机构集中在某一专题领域持续研究，并不断将成果在农业生产中推广应用。而我国无论是研究机构还是高校，虽有许多农业学者在作物模型、遥感、GIS 等农业科研领域进行研究，但团体化、规模化程度不够，研究成果难以得到集成，导致总体水平很难有层层递进式的突破，很难形成规模的、实用性非常强的农业生产服务应用系统。

国外无论在作物模型还是遥感、GIS 等现代科技的研究应用过程中，都有大量的基础理论研究作为支撑，同时有大量的本地化试验验证和应用检验，作物模型、遥感模型等参数经过不断优化调整，模拟结果越来越接近实际情况。而国内研究或应用的模型，大多是借鉴国外模型或利用国外模型修改参数，由于模型机理不清楚、试验验证数据缺乏，影响了模型的构建和参数的选择，模型的准确性很难满足农业生产服务的实际应用需求。

第 2 章　作物模拟模型原理与技术

农业信息技术是随着信息技术及农业科学的发展而出现的一个新兴学科领域，作物系统模拟则是农业信息技术领域的研究热点。近 20 年来，作物模拟研究获得了重大发展，并已成功地应用于生产实践。本章首先介绍作物模拟模型的技术原理，本书模拟胡麻作物所用模型，为了解胡麻作物生长模拟奠定基础。

2.1　作物模拟原理与技术

作物模拟模型的研究涉及作物学、农艺学、气象学、土壤学、生态学、系统学、计算机科学以及数理统计等多学科原理和知识的综合运用。因此对模拟科学家的专业领域提出了较高的要求。对于一个面向过程的作物生长模型而言，最重要的技术基础是作物生理生态学原理、系统分析方法和计算机编程技术。其中作物生理生态知识是建立作物生长系统的概念模型直至量化模型的关键，系统分析方法是作物模拟研究的基础，而计算机编程技术是模拟研究的辅助工具。

（1）模拟原理

作物模拟模型着重利用系统分析方法和计算机模拟技术，对作物生长发育过程及其与环境和技术的动态关系进行定量描述和预测。因此作物模型以作物生育的内在规律为基础，综合作物遗传潜力、环境效应、技术调控之间的因果关系，是一种面向作物生育过程的生长模型或过程模型。

作物模型利用计算机强大的信息处理和计算功能，对不同生育过程进行系统分析和合成，在理解作物生理生态过程及其变量间关系的基础上，进行量化分析和数理模拟，建立算法方程，即以过程为主线，如作物的发育、生物量同化与分配、生长和产量等，运用计算机语言，按功能设置模拟模块，从而促进对作物生育规律由定性描述向定量分析的转化过程，深化对作物生育过程的定量认识。

（2）环境因子

作物的生育过程往往由多个环境因子所控制，包括温度、光照、水分和养分等。定量这些因子的互作主要是通过单个因子的系数互作而非复合因子的多元回归。以系数的形式分别建立不同单因子的响应模型或效应因子模型，然后以一定的数学方法定量这些系数间的互作，即将多因子响应模式进行简化处理。系数化将效应因子的特征值一般设定为 0~1。

（3）遗传参数

是描述非逆境下物种或品种基本遗传性状的一组特征值。一个品种的遗传系数一般以 10~15 个为最适，最多不超过 20 个。遗传参数既要符合作物生理学的认识和规律，又要为作物育种学家所理解和接受，主要是量化品种间最基本的遗传性状差异。一般依据田间试验数据通过试错法、最小二乘法等确定。有条件，也可直接通过控制环境下的试验研究获得。

（4）模型检验

包括对模型的敏感性分析、校正、检验、评估等 4 个主要过程。敏感性分析是对模型的灵敏度和动态性的测验，分析模型对主要参数和变量反应的灵敏度，测验模型的结构与过程、系统的成分，可以看成为某种形式的假设模拟试验。结果通常以±值来表示模型的反应程度。校正是调整模型的参数和关系，使得模型符合模拟特定的环境和资料参数，主要检验模型系统的综合表现及对综合变量的反应。检验是决定模型是否适用于模型研制以外的完全独立的资料，是多年、多点、多试验观测值与模拟值的比较。其差异可用差平方和的均方根 RMSE 量化表示。另外也可用 1：1 作图及回归方程来直观地展示模型的符合度和可靠性。评估是比较各种环境下的模拟值与预测值，可看作是一个持续的模型检验过程。如果在评估过程中发现明显的偏差，可能还得重复模型校正和检验的整个过程。曹卫星和罗卫红（2003）就作物的阶段发育、器官建成过程、光能利用与同化物生产、物质分配与产量形成、作物的水分及养分平衡等方面模拟进行了描述，本书的原理描述引自此处。

2.1.1 作物阶段发育与物候期模拟

在作物的生育过程中发生许多量和质的变化，对于数量上的变化如生物量和叶面积等相对容易定量模拟，而对于质量上的变化如植株的生理年龄和物候期的量化模拟则比较困难。由于植株的发育时期或生理年龄直接影响作物的器官发生及生物量分配等生理过程，因此对作物阶段发育与物候学进行量化预测是作物模拟中一项非常重要的工作。

2.1.1.1 阶段发育与器官发育的关系

作物的发育总体上包括阶段发育与器官发育。阶段发育指受温光反应驱动的植株茎顶端发育的质量性变化，主要是一种生殖发育过程，导致茎端发育阶段的变化，表现为穗发育期。器官发育指在植株发育过程中，不同器官的发生和形态建成过程，导致植株外部形态学上的变化，构成物候期。可以说阶段发育是植株内在的本质性生理变化，通常以器官发育为形态标志。因此，形态发育是阶段发育的外部表现。作物个体发育的核心是茎顶端的发育，其不仅决定作物阶段发育的进程，而且关系到各种营养器官和生殖器官形成的数量和质量以及时空分布。作物生殖模拟必须以茎顶端发育为主线，以温光反应为基础，将阶段发育与形态发育的生理生态过程进行系统分析，以建立茎顶端发育与器官形成的机理调控模型。

对于冷季作物而言，春化作用和光周期反应是制约阶段发育的主要生态生理过程，即所谓的春化阶段和光周期阶段。研究表明，春化作用和光周期反应是自出苗后就同时存在的两个生理过程。发育首先依赖于春化作用和光周期反应的相互作用，春化作用结束后则依赖于光周期反应。从遗传角度来看，凡是温光要求严格，温光互作效应较为明显的品种，其最短苗穗期和最长苗穗期差异值较大，故器官数目的可变性较大。通过一定的阶段发育过程，凡是能够抽穗的作物都具备了正常成熟的内在素质。因此，抽穗期可视为作物温光反应的终止期。

禾谷类作物生长锥的发育与植株外部形态特别是叶片发育具有一定的对应关系。这是因为植株器官的发生和形态特征的变化是内部生理过程的外在反应，在发生的时间和空间上有着密切的联系。例如，小麦叶片分化的速率与数量受幼穗发育的进程所调节，特别是春化和光周期环境对叶龄影响很大。叶龄与穗发育进程的对应关系并非是一种生理上的因果关系，真正调控叶片发育的基础应该是茎顶端阶段发育的速率，其生理机制主要是春化作用和光周期反应的进程。其他过程诸如器官的发生与衰落都与茎顶端的发育相协调，以保证其生长发育的有效性。而通过主茎顶端的系统发育，作物器官间有一信号传递，以确定总体发育的速率。由此可见，以作物基因型为内因，温、光环境为主要外因，决定了作物的茎顶端发育速率，以此为基础顺序出现各种器官，完成作物个体发育的一生。

2.1.1.2 阶段发育的模式

（1）发育阶段的定义与划分

植株的发育阶段可以根据茎顶端的阶段发育时期来划分，称为发育期；也可根据植株的外部形态学变化来划分，称为物候期。一般可将发育期分为营养发育期和生殖发育期，以茎顶端的显著伸长开始生殖器官（如穗）的发育为标志。物候期可以分为出苗期，分蘖（分枝）期，开花期，成熟期等。然而，不同的作物类型具有不同的阶段发育特点和形态建成过程，因此发育阶段的划分也不尽相同。对于胡麻这种冷季作物来说，其阶段发育的划分如下：胡麻播种后，从种子开始萌动即进入春化阶段。几乎所有的品种都能在2~12℃范围内，经过10~15d即可通过春化阶段。一般种子萌发开始至出苗即完成春化阶段。但在12℃以上温度条件下，春化作用进行的很缓慢。胡麻通过春化阶段后，进入光照阶段，是自上而下顺序进行的，所以胡麻的花序是自上而下形成的，花序上的花芽也是自上而下顺序进行分化的，胡麻是长日照作物，通过光照阶段的速度与光照时数和温度有关。延长日照时间，可提前现蕾。在每天8h短日照下，胡麻分枝增多，枝叶茂盛，只能进行营养生长，而始终不能现蕾开花。胡麻通过光照阶段的适宜温度为17~22℃，温度高则光照阶段通过的速度快。土壤干旱也能加速光照阶段的进行。胡麻迅速通过光照阶段会使生育期显著缩短、株高明显降低。因此，胡麻应采取适时早播使光照阶段处在较低温度下缓慢通过，以争取前期的营养生长良好，为后期的生育创造丰富的物质条件。一般胡麻枞形期标志着光照阶段结束。

胡麻的生育期一般为80~130d。其一生可分为苗期、现蕾期、开花期、子实期和成熟期5个时期。

①苗期。胡麻从种子萌发出苗直至现蕾以前为苗期。苗期长达20~40d。胡麻播种后在水分、温度条件适宜的情况下，种子开始萌发，子叶和胚根吸水膨大，然后胚根突破种皮而伸入土中，胚芽迅速向上伸长，将子叶顶出地面并展开为出苗。出苗快慢与土壤温度、水分有密切的关系，在土壤湿度适宜的条件下温度越高，发芽出苗越快，反之就慢。在正常条件下，一般自播种到出苗为5~9d。幼苗出土后3~4周内，植株高度在5~10cm，并出现3~6对真叶，叶片密集在植株顶端，呈小枞树苗状，这一时期称为枞

形期。此时地上部幼苗生长缓慢，但地下根系生长较快。一般当苗高 5cm 左右时，根系长度可达 25~30cm。胡麻枞形期一般持续 20~30d，在枞形期花芽开始分化。当胡麻幼苗长出 10~14 片真叶时，子叶节的腋芽开始形成分茎。分茎形成的多少取决于品种、水肥条件和种植密度等。

②现蕾期。从现蕾至开花前为现蕾期。从出苗到现蕾约经 40~50d。该期是胡麻营养生长和生殖生长的并进时期，对水分和养分的要求迫切。此期，茎秆顶端膨大形成花蕾，植株开始迅速生长，同时长出很多分枝，花芽继续分化，进入四分体形成期。在现蕾前及时浇水追肥并进行中耕，能促进花芽分化和麻茎生长，有利于有效分枝增加和形成较多的蒴果，获得较高的产量。

③开花期。胡麻现蕾后 5~15d 开始开花。田间植株有 10%开花为始花期，50%植株开花为开花期。花期一般 15~25d。开花顺序为由内向外，自上而下开放。胡麻植株开花始期，茎仍继续伸长，开花末期则生长停止。开花期阴雨天过多，往往会因花粉粒受潮破裂而造成授粉不良，故该期要求湿润土壤和晴朗天气。胡麻属于自花授粉作物，一般天然杂交率不超过 1%。故可直接在田间选种，就可以保持品种纯度。

④子实期。从终花到成熟以前。该期是胡麻果实、种子发育和油分积累的重要时期。种子干物重和油分积累的规律表现为在种子发育的最初 10d 内增长速度较慢，第 11~30d 增长速度最快，30d 以后增长速度又逐渐减慢。根据植株和种子性状可分为青熟期和黄熟期。

青熟期：在开花后不久，植株和蒴果还是青绿色，挤压种子能压出绿色的幼嫩子叶或汁液。此阶段的种子品种差，不能做播种用。

黄熟期：只有植株的最上部带绿色，大部分蒴果呈黄色，同时，大部分种子由黄色变成褐色，而且较硬有光泽。纤维强度大，品质好，麻产量高。

⑤成熟期。胡麻从开花末期到成熟需 40~50d。达到成熟期的标志为麻茎由绿色变成褐色，茎秆下部和中部叶片大多脱落，上部叶片已枯萎，蒴果呈黄褐色，并且有裂痕，摇动时“沙沙”作响。种子成熟变硬，千粒重和油分含量达到品种固有标准。纤维粗硬，品质低劣。

胡麻花芽分化开始于枞形期，整个过程可划分为未分化期、生长锥伸长期、花序分化期、花萼原基分化期、花瓣及雌雄蕊分化期、药隔分化期、四分体形成期等 7 个时期，其中 1~6 期主要都在苗期内进行，7 期在现蕾后完成。一个植株上花芽分化按照先主茎、后分枝，先上部分枝后下部分枝的顺序依次进行。

（2）阶段发育的生理因子与概念模式

对于大多数作物来说，从播种到成熟的生育时期大体可划分为 3 个阶段，即播种到出苗、出苗到抽穗或开花、抽穗（开花）到成熟。其中，出苗以前和开花以后主要受积温效应的影响，表现为受温度驱动的生长过程，而出苗以后开花则受到多种发育因子的影响，表现为受发育进程驱动的阶段发育过程。

阶段发育的生理过程一般包括对温度的反应和对光周期的反应。对温度的反应表现为两种形式，一种是所有作物普遍具有的热响应，发育速率随着热效应而加强；另一种是冷季作物所持有的春化作用，具有一定时期的低温要求。大多数作物在一定时期的温度作用期以后，发育速率开始对光周期或日长表现敏感，即光周期现象。其中，短日作物需要感应较短的日长才能完成正常的发育，长日作物需要感应较长的日长才能完成正常的发育，而日长中性的作物对日长的变化则相对不敏感。

除了温光反应特性以外，许多作物还表现了一种内在的基本发育因子，即在最适宜的温光条件下，不同基因型到达开花期的时间长度不同，因而也导致成熟期的差异。这是阶段发育模拟中必须考虑的另一个生理因子。

因此，模拟作物的阶段发育必须量化热效应、光周期反应、基本发育因子等生理过程及其相互作用对发育速率的影响。对于越冬的冷季作物来说，还必须同时模拟春化作用的过程及强度。

除了考虑受环境调节的发育生理过程以外，还需要采用遗传参数来量化不同基因型在这些过程中的发育差异。遗传参数最好能反映不同品种特有的基因型差异，符合发育生理学的规律，因而具有明确的生物学意义，同时易于通过试验研究获得或估算。

2.1.1.3　作物温光反应的模拟

(1) 平均温度

日平均温度（T_{mean}）的计算方法主要有三种：第一种方法是通过日最低温度（T_{min}）和日最高温度（T_{max}）的简单平均或加权平均方法获得；第二种方法是先估计一天中不同时段的温度值 T_i，然后再计算平均数；第三种方法是综合考虑白天温度、夜间温度和日长的共同影响而获得。

①平均法：日均温的简单平均方法为：

$$T_{mean}=(T_{min}+T_{max})/2 \tag{2.1}$$

日均温的加权平均方法为：

$$T_{mean}=aT_{min}+bT_{max} \tag{2.2}$$

上式中，T_{mean}为日平均温度；T_{min}为日最低温度；T_{max}为日最高温度；a 和 b 为加权系数，二者之和为 1，具体数值可根据昼夜温度变化模式或日长模式而确定。例如，假设夜间温度对日均温的影响大于白天温度的影响，那么 a 可定为 0.6，b 可定为 0.4。

②时段法：大多数模型都用上述方法计算的日均温来表示每天的气温，这种方法简便易算，适用于昼夜温差较小的地区。然而，由于这种计算方法没有考虑到昼夜温差的作用，不能真实客观地描述作物对每日温度的实际反应，因此对于昼夜温差较大的地区，所估计的温度效应也就造成较大的误差。所以，近年来，有些模型将一天 24 小时分成 8 个时段或 24 个时段，利用温度变化因子（Tfac）及日最高温和最低温来计算每个时段的温度，得到 8 个或 24 个代表昼夜温度变化模式的温度值。这种方法比日平均温度更准确地反映了作物生长发育与温度的关系。

例如，利用每天 8 个时段计算生长度日的公式为：

$$\mathrm{Tfac}(\mathrm{I})=0.931+0.114\mathrm{I}_1-0.0703\mathrm{I}_2+0.0053\mathrm{I}_3 \qquad \mathrm{I}=1,2,3\cdots8 \tag{2.3}$$

$$T_i=T_{min}+\mathrm{Tfac}(\mathrm{I})(T_{max}-T_{min}) \tag{2.4}$$

上式中，T_i 为生长度日；T_{min}为日最低温度；T_{max}为日最高温度；Tfac（I）温度变化因子，I、I_2、I_3…依次为 8 个时段。

③温度/日长法：在这种方法中，日平均温度是由白天温度、夜间温度和日长共同

计算而来。白天温度（T_{day}）由在日出和日落之间的温度曲线积分而得，假设日最高温度出现在14：00，而最低温度出现在日出，则

$$T_{day}=T_{mid}+(\text{SUNSET}-14)\times\text{AMPL}\times\sin(\text{AUX})/(\text{DL}\times\text{AUX}) \quad (2.5)$$

$$T_{day}=T_{mid}-\text{AMPL}\times\sin(\text{AUX})/(\pi-\text{AUX}) \quad (2.6)$$

其中，

$$T_{mid}=(T_{max}+T_{min})/2 \quad (2.7)$$

$$\text{AMPL}=(T_{max}-T_{min})/2 \quad (2.8)$$

$$\text{SUNRISE}=12-\text{DL}/2 \quad (2.9)$$

$$\text{SUNSET}=12+\text{DL}/2 \quad (2.10)$$

$$\text{AUX}=\pi\times(\text{SUNSET}-14)/(\text{SUNRISE}+10) \quad (2.11)$$

上式中，T_{day}为白天温度（℃），T_{night}为夜间温度（℃），DL为日长（即白天的长度，小时数），SUNRISE为日出的时间（h），SUNSET为日落的时间（h），AMPL、T_{mid}、AUX分别为计算时采用的中间变量，π为圆周率（3.14159）。

日平均温度（T_{mean}）则是相应的一天中的白天温度（T_{day}）、夜间温度（T_{night}）和日长（DL）的函数。

$$T_{mean}=[T_{day}\times\text{DL}+T_{night}\times(24-\text{DL})]/24 \quad (2.12)$$

上式中，T_{mean}为日平均温度；T_{day}为一天中的白天温度；T_{night}为夜间温度；DL为日长（即白天的长度，小时数）。

（2）生长度日

一般来说，作物的发育进程随温度的升高而加快，虽然超过一定的温度范围，发育速率会有所下降。然而，在作物生长季节的大多数时间内，温度一般都低于发育的最高温度。因此，在高于基点温度、低于最适温度的范围内，发育速率和累积的热时间或生长度日呈正相关关系。这种累积生长度日成为预测作物生育阶段的主要尺度之一。

每天的生长度日（growing degree days，GDD），通常又称为有效积温，定义为高于基点温度的每日平均温度。累积生长度日是一定时期内每日平均温度与发育基点温度差值的累积值，其单位是℃·d。生长度日的计算方法是：

$$\text{GDD}=\text{SUM}(T_{mean}-T_b) \quad (2.13)$$

上式中，GDD为每天的生长度日（growing degree days）；通常又称为有效积温；T_{mean}为日平均温度；T_b为发育基点温度，每天生长度日的累积形成累计生长度日。

如果计算的温度是8个或24个时段的温度值，则需分别计算生长度日后再获得每天的平均生长度日。

$$\text{GDD}=\frac{1}{8}\times\sum_{i=1}^{8}(T_i-T_b) \quad (2.14)$$

上式中，GDD为每天的生长度日；T_i为生长度日；T_b为发育基点温度。

应当指出，如果作物的发育进程主要受温度的影响，那么可以利用累积生长度日来粗略地估计作物特定的发育阶段。然而，生长度日对发育阶段的预测有时会存在明显的误差，因为作物对温度的反应并不是线性的，这样在较高或较低温度范围内预测发育速率就不够精确。其次，如果采用统一的基点温度计算一生中的生长度日，则生育后期的

累积生长度日偏高，从而会影响发育速率与生长度日之间的线性关系。

此外，以每日最低和最高温度的平均数表示的生长度日仅反映了每日平均温度的效应，而没有考虑到昼夜温差的影响，这样当昼夜温差较大时或者实际温度接近发育温度的下限或上限时，生长度日的准确性也会下降。利用一日不同时段的温度值来计算生长度日就可在一定程度上克服这一问题。其生理依据是，尽管作物的生理过程对日均温的反应是曲线形的，但对短时温度的反应几乎是线性的。

（3）热效应

热效应是依据作物生育过程对温度的反应曲线所决定的相对于最适水平的效应因子，是一种相对的热生理日。它克服了上述生长度日方法中的线性作用模式，是用温度反应曲线客观地描述温度的效应。因为任何作物及任何一个生育阶段对温度的反应都很敏感，所以温度的热效应是除了春化作用和光周期反应等发育因子以外对作物发育进程具有重要影响的驱动变量。

每日热效应（DTE）的计算依据于作物生长的基点温度（T_b）、最适温度（T_o）、最高温度（T_m）以及实际温度（T）。实际温度值可以是日平均温度或一日不同时段的温度值 T_i。如果是不同时段的温度值，则热效应的平均值即为每天的基本热效应。

描述不同温度与热效应的关系有两种方法。大多数模型采用两段线性方程来表示，即从基点温度开始，热效应随着温度的升高而增加，至最适温度到达 1，然后随着温度的升高而下降。

事实上，作物发育对热量的反应在最适温度以下或以上都不是线性的，因此比较先进的热效应计算方法是将热效应与温度的两段线性关系曲线化。这一曲线模式可用正弦指数方程来描述，如下式所示：

$$\mathrm{TE}_i=\begin{cases}\left[\sin\left(\dfrac{T_i-T_b}{T_o-T_b}\times\dfrac{\pi}{2}\right)\right]^{ts} & (T_b\leqslant T_i\leqslant T_o)\\ \left[\sin\left(\dfrac{T_m-T_i}{T_m-T_o}\times\dfrac{\pi}{2}\right)^{\frac{T_m-T_o}{T_o-T_b}}\right]^{ts} & (T_o\leqslant T\leqslant T_m)\end{cases} \tag{2.15}$$

$$\mathrm{DTE}=\frac{1}{8}\times\sum_{i=1}^{8}\mathrm{TE}_i \tag{2.16}$$

上式中，TE_i 为热效应与温度的关系曲线模型；DTE 为每日热效应；T 为实际温度；T_i 为一日不同时段的温度值；ts 为基因型特定的温度敏感性；基点温度（T_b）、最适温度（T_o）、最高温度（T_m）可随作物类型及生育期而变。如胡麻的基点温度在营养生长阶段分别为 0℃、18℃、30℃，生殖生长阶段分别为 5℃、25℃、36℃。

用正弦指数函数将温度与热效应的关系曲线化，是对现有模型中把温度与热效应的关系简化成两段线性函数的改善。可以看出，将温度与热效应的关系用两段不同的函数来量化，整个曲线呈不对称状，表明作物在最适温度以下和最适温度以上的反应不同。不同品种的温度敏感性即曲线的曲率不同，曲率越大，曲线越陡，表明作物对温度的反应越敏感，反之，则越钝感。因此，以曲线曲率所表示的温度敏感性很好地描述了不同作物类型及品种对温度敏感程度的基因型差异。

(4) 春化效应

春化作用是冷季作物完成发育所必需的一种低温反应。春化效应的大小取决于品种的内在春化要求及环境中适宜春化的温度范围与持续期。

一天中春化作用的强弱以春化效应（VE）来表示。描述春化效应与温度的关系有两种方法。大多数模型采用简化的三段线性方程来表示，即从基点温度开始，春化效应随着温度的升高而增加，至最适温度范围内为 1，然后随着温度的升高而下降。

因为春化作用对温度的反应是非线性的，所以春化效应与温度关系的曲线化则能更准确地量化春化作用的温度效应。

$$VE(I)=\begin{cases}\left[\sin\left(\dfrac{T-T_{bv}}{T_{ol}-T_{bv}}\times\dfrac{\pi}{2}\right)\right]^{0.5} & (T_{bv}\leqslant T\leqslant T_{ol})\\ 1 & (T_{ol}\leqslant T\leqslant T_{ou})\\ \left[\sin\left(\dfrac{T_{mv}-T}{T_{mv}-T_{ou}}\times\dfrac{\pi}{2}\right)\right]^{vef} & (T_{ou}\leqslant T\leqslant T_{m}v)\\ 0 & (T_{mv}\leqslant T \text{ or } T\leqslant T_{bv})\end{cases} \tag{2.17}$$

上式中，T 为每天实际温度，T_{bv} 表示春化最低温度，T_{ol} 为春化最适温度范围的下限值，如胡麻分别为 1℃和 2℃；而 T_{ou} 为春化最适温度范围的上限值，T_{mv} 为春化最高温度，vef 为春化效应因子，它们的值随不同品种生理春化时间（PVT）的不同而连续变动。

$$T_{ou}=10-PVT/20 \tag{2.18}$$

$$T_{mv}=18-PVT/8 \tag{2.19}$$

$$vef=\frac{1}{2-0.0167\times PVT} \tag{2.20}$$

上式中，T_{ou} 为春化最适温度范围的上限值；T_{mv} 为春化最高温度；vef 为春化效应因子；PVT 为不同品种生理春化时间。

此外，如果用一日不同时段的温度值，如 8 个时段的温度值来计算春化效应，则每日的春化效应为这 8 个相对春化效应的平均值。

生理春化时间是发育模型中出现的另一个品种特定的遗传参数，小麦的变化范围为 0~60d。即对于极强春性品种来说，其生理春化时间为 0d，而极强冬性品种则为 60d。因此，强春性小麦品种春化的最适上限温度及最高温度分别为 10℃和 18℃，强冬性小麦品种为 7℃和 10.5℃，而春化效应因子 vef 的变化范围则为 0.5~1。

春化效应因子的含义是不同基因型作物及品种对春化作用的反应不同，其取值随品种特定的生理春化时间的不同而变化，间接体现了品种间的遗传差异。对于冬性品种，其生理春化时间相对较长，因而 vef 较大，春化效应的曲线表现较陡，因而对温度的反应相对较敏感，它的最适春化温度范围就相对较窄，最高春化温度也较低。对于春性品种，情况就恰恰相反。

春化天数（VD）为每日生理春化效应的累积值。对于小麦来说，当春化天数累积不超过特定品种春化生理时间的 1/3 左右时，若温度高于 27℃，就会发生脱春化作用，且脱春化效应（DVE）随温度的升高而加强。有资料表明，气温每升高 1℃，减少 0.5 个春化日。当春化天数累积达到某一特定品种生理春化时间的 1/3 后，则不会再发生脱春化作用。

$$DVE=(T-27)\times 0.5 \quad (T>27) \tag{2.21}$$

上式中，DVE 为脱春化效应；T 为实际温度。

因此，实际春化天数受到每天的春化效应和脱春化效应的共同影响，而春化进程（VP）则用累积的春化天数占生理春化时间的分数来表示。

$$VD1=SUM(VE-DVE) \quad (PVT<VD<0.3PVT) \tag{2.22}$$

$$VD2=SUM(VE) \quad (0.3PVT\leqslant VD\leqslant PVT) \tag{2.23}$$

$$VP=\frac{VD1+VD2}{PVT} \quad (\text{当 } PVT=0 \text{ 时}, VP=1) \tag{2.24}$$

上式中，VD1、VD2 为实际春化天数；VE 为每天的春化效应；DVE 为脱春化效应；VP 为春化进程；VD1+VD2 为累积的春化天数；PVT 为生理春化时间。

（5）光周期效应

光周期效应取决于光周期的长短及基因型的光周期敏感性。冷季作物如胡麻一般表现为长日照对发育速率的促进作用，而暖季作物如水稻则表现为短日照的促进作用。因此，对于不同的作物类型需采用不同的算法方程来量化光周期的效应。

对于胡麻等冷季作物而言，16h 光周期是发育的临界日长，低于 16h，发育开始受到抑制，短日抑制发育的程度随品种的光周期敏感性（PS）而变化。PS 是作物发育模型中出现的另一个品种特定的遗传参数。

光周期随季节（DAY）和纬度（LAT）而规律性地改变，光周期的变化模式及光周期效应（PE）可由下式获得：

$$PE=1-PS\,(20-DL)^2 \tag{2.25}$$

上式中，PE 为光周期效应；PS 为光周期敏感性；DL 为日长（即白天的长度，小时数）。

2.1.1.4 生理发育时间与阶段预测

（1）每天热敏感性

热敏感性代表了作物对热效应的生理敏感程度，实际上是一种没有考虑热效应因子的生理发育速率。对于暖季作物来说，热敏感性主要取决于光周期效应。对于冷季作物而言，热敏感性取决于每天春化进程与光周期效应的互作。冷季作物在出苗后，随着生育进程的推移，春化量逐渐积累，春化进程逐渐增大直至为 1，春化作用完成。此前，光周期效应对每天热敏感性的影响受到每天春化进程的调节；此后，光周期效应成为影响每天热敏感性的主导因子。然后，接近孕穗期时，光周期反应逐渐减弱，即对光周期的敏感性逐渐下降，光周期对每天热敏感性的实际值则在逐步增加，到抽穗期增加到最大值 1。至此作物的阶段发育完成，之后作物的生长主要受热时间的调控。

对于冷季作物而言，每天热敏感性（DTS）可采用下述算法获得：

$$DTS=\begin{cases}PE\times VP & VD<PVT\\ PE & VD\geqslant PVT \text{ and } PDT\leqslant PDTTS\\ PE+(1-PE)\times\dfrac{PDT-FTTS}{PDTHD-PDTTS} & PDTTS<PDT<PDTHD\end{cases}\tag{2.26}$$

上式中，DTS 为每天热敏感性；PE 为光周期效应；VP 为春化进程；PDT 为累积的生理发育时间；PDTTS 和 PDTHD 分别为顶小穗形成期和抽穗期对 PDT 的要求；PVT 为生理春化时间；VD 为春化天数，为每日生理春化效应的累积值。

（2）生理发育时间

生理发育时间，又称生理发育日、发育生理日或成化日，是一种最适宜发育环境下的时间尺度，或者是一种去除发育因子影响的时间尺度。

对于冷季作物而言，生理发育时间等于春化后的种子生长在长日照和适温环境下积累的时间。每天的热效应（DTE）和热敏感性（DTS）的互作决定了每日生理效应（DPE），其累积形成了生理发育时间（PDT）。

$$DPE=DTE\times DTS\tag{2.27}$$

$$PDT=SUM(DPE)\tag{2.28}$$

上式中，DTE 为每天的热效应；DTS 为每天的热敏感性；DPE 为每日生理效应；PDT 为生理发育时间。

（3）顶端发育阶段的预测

理论上讲，生理发育时间是体现品种基本发育因子的内在属性。如果将对作物发育最适的温光条件下的一天定义为一个生理日，到达抽穗期或开花期所需的生理发育时间对于某个基因型是固定不变的，即在任何温光条件下，特定品种完成某一发育阶段的生理日数基本上是恒定的。因此，可以用生理发育时间恒定的原理来预测特定基因型在不同环境条件下的发育阶段，即当生理发育时间累积到特定基因型开花期所要求的定值时，植株就到达开花期。

然而，由于基本发育因子的作用，即使最佳的温光发育条件下，不同基因型到达开花期的最短热时间是不同的，即开花期的生理发育时间具有基因型差异，是一个品种特定的遗传参数。这样，需要用不同的生理发育时间尺度来预测不同基因型的发育阶段。

为了统一不同基因型的生理时间尺度，可利用基本发育因子来调节生理发育时间积累的速率，从而使得开花期的生理发育时间在不同基础型之间恒定不变。

$$PDT=PDT\times BDF\tag{2.29}$$

上式中，PDT 为生理发育时间，上式中利用基本发育因子来调节生理发育时间积累的速率；BDF 表示基本发育因子，是品种特定的遗传参数，抽穗前和抽穗后可能需要用不同的系数来表示，因为这两段生育期的长短随基因型而变，且基因型的差异在两段生育期上也不一致。

如果生理发育时间包括了不同基因型的基本发育因子，则可用生理发育时间恒定的原理来预测某个作物的不同基因型在不同环境下的顶端发育阶段。

（4）物候期的预测

物候期的预测可通过生长度日法以及特定物候期与相应茎顶端发育阶段的同步性来

实现。一般来说，受温光反应影响较小的生育前期和生育后期的物候期主要用生长度日来预测，而生殖发育阶段的物候期主要依据物候期与顶端发育阶段的同步性来预测。

小麦播种后，当 GDD 超过 40℃ · d，且土壤含水量达到田间持水量的 70%～75% 时，到达萌发期，否则种子不萌发。从萌发到达出苗期的快慢主要由 GDD 和播种深度决定，到达出苗所需的热时间随播种深度的加深而增加。对于小麦来讲，胚芽鞘在土壤中每伸长 1cm 所需的生长度日为 10.2，则到达出苗所需的热时间（EM）与播种深度（SDEPTH，cm）的关系可由下列方程表示：

$$EM = 40 + 10.2 \times SDEPTH \tag{2.30}$$

上式中，EM 为出苗所需的热时间；SDEPTH 为播种深度（cm）。

当生殖发育开始后，物候期的预测应以茎顶端发育阶段为主线，根据物候发育与顶端发育有较好的同步关系来预测物候发育期。

2.1.2　作物器官发育模拟

作物器官发育主要指植株上不同器官的发生和形成过程，决定了植物的形态特征。器官发生的时间与阶段发育过程密切相连，发生的数量和大小与同化物的分配和利用相关。对于多数农作物来说，植株上的器官主要包括根、叶、茎、穗、花、粒等部分。其中，根、叶、茎的发生和发育决定了植株的营养生长，而穗、花、粒的分化和发育决定了植株的生殖生长。

2.1.2.1　器官发育模式

（1）器官发生的序列性和同伸规律

不同的作物类型表现为不同的器官类型、数量和质量，因此器官发育和模式及模拟的方法随作物而变。植株上不同器官的发生具有一定的时间和空间上的序列行，由一系列发育生理过程所调控。对于禾谷类作物而言，茎顶端是地上部非常活跃的器官发生中心，因而是作物器官发育模拟的重点之一。茎顶端发育受限决定了叶原基与叶片的数量以及叶片分化和出现的速率，也决定着穗分化时间的早晚、小穗小花的数量和结实情况，因而是植株个体发育的核心。茎顶端器官分化速率的快慢依次是小花、小穗、叶片。此外，叶片出现的速率又低于叶片分化的速率。

随着主茎上叶片的出现，当叶片数到达一定的基数时，发生分枝或分蘖。在禾谷类作物中，分蘖和单茎叶片数（N）具有特定的数量关系，一般为 N-3。即当主茎第 4 叶出现时，发生第一个分蘖，第 5 叶出现时，发生第二个分蘖，其余类推。当植株的叶片余数剩下不到总叶数的 1/3 时，茎秆开始伸长和长粗，即拔节。同时，分蘖开始两级分化，大量弱小分蘖开始死亡，至孕穗期，穗数基本稳定。

任何一个器官完整的发育周期都经历分化、出现、扩展、衰落 4 个相互关联的过程。其中，分化和出现主要受发育因子的影响，如温度和光周期，而扩展和衰老受生长因子的影响相对较大，如植株的水分和养分状况等。

（2）器官发育的遗传效应

同阶段发育一样，器官发育也表现为明显的基因型差异，因此在描述器官建成的模型中，必须引入品种特定的遗传参数。这些遗传参数主要与植株的器官发育和形态建成相关。例如，品种特定的叶热间距、株高、小穗和籽粒数、籽粒重等分别反映不同品种在叶片、节间、结实特性、籽粒生长等方面的差异性。这些遗传参数要求生物学意义明确，解释性好，且容易获得和估计。

2.1.2.2 顶端原基的分化

（1）叶原基分化

叶原基在种子形成时就开始了分化，在禾谷类作物中，叶原基的分化一致延续到茎顶端发育的单棱期。叶原基分化速率可采用叶原基间距（plastochron，PLCH），即连续两个叶原基分化之间的热时间间隔，它有别于叶热间距，后者是衡量叶片出现速率快慢的尺度。每天分化的叶原基数（DLPN）可通过叶原基间距和生长度日来预测。

$$PLCH=\frac{PHYLL}{2.5} \tag{2.31}$$

$$DLPN=\frac{1}{PLCH}\times GDD\times RAI \tag{2.32}$$

上式中，PLCH 为叶原基间距；DLPN 为叶原基数；GDD 为每天的生长度日；PHYLL 为叶热间距；RAI 为资源有效指数或资源丰缺因子，是反映土壤氮素和水分丰缺程度的因子，由 0~1 的系数表示。

（2）小穗原基分化

在禾谷类作物中，叶原基分化结束后即开始小穗原基的分化。因此，小穗原基分化的持续期为二楞期到顶小穗形成期。假定同一品种所有茎秆的小穗原基分化速率相同，且分化速率恒定，而且每天每穗分化的小穗原基数（DSPN）受到土壤氮素和水分的调节。

$$DSPN=\frac{1}{PLCH}\times 3.5\times GDD\times RAI \tag{2.33}$$

上式中，DSPN 为每天每穗分化的小穗原基数；PLCH 为叶原基间距；GDD 为每天的生长度日；RAI 为资源有效指数或资源丰缺因子。

（3）小花原基分化

穗上分化的小穗数能否结实主要在于小花发育的程度。在禾谷类作物中，顶小穗形成标志着小穗原基分化的结束，小花原基加速分化，小花原基数显著增加，直至幼穗分化接近四分体期时，小花原基分化数达到最大值，之后小花原基开始退化，所有小花原基的退化集中在开花以前，这时可孕小花数趋于稳定。开花以后，由于土壤、气候等条件的不适常常导致可孕小花的败育。

研究表明，分化的小花原基数主要受到阶段发育进程的调控，而水肥条件的影响较小。每天每穗分化的小花原基数（DFLN）可用下列方程来描述。

$$DFLN=\frac{MaxFLNUM}{PT\_TETRAD-PT\_FLORET}\times DPE\times RAI\times DSPN \tag{2.34}$$

上式中，DFLN 为每天每穗分化的小花原基数；MaxFLNUM 为每个小穗分化的最大小花原基数，一般为 10，随基因型变化较小；DSPN 为每穗分化的小穗原基数；PT_TETRAD 为到达四分体期的生理发育时间；PT_ FLORET 为到达小花原基分化期的生理发育时间；RAI 为资源有效指数或资源丰缺因子；DPE 为每天生理效应。

2.1.2.3　叶片的出现与叶面积

（1）叶片的出现

许多作物的叶片出现速率是一个相对稳定的发育过程，在特定环境下与生长度日呈线性关系。这种线性关系斜率的倒数即为叶热间距，即每个叶片出现所需的平均生长度日（℃·d）。作物一生较为恒定的叶热间距已成为作物生长模型中预测叶片出现及器官形成的主要参数。

也有资料表明，作物的叶热间距因播期、纬度及品种而变化，其变化范围可在 70~110℃·d。研究表明，叶热间距的这种变化与温度和光周期的作用相关。特定播期环境下作物一生中叶热间隔的相对稳定性是由于温度和光周期对叶片发育综合作用的结果。叶热间距往往在生殖生长开始后有所下降，取决于幼穗发育的进程。

准确地模拟作物叶热间距对于预测叶片出现速率、叶片和茎秆的生长、穗花发育等有着重要的意义。在现有的生长发育模拟模型中，预测叶片和节间等器官生长速率时，主要采用叶热间距这一方法。

叶热间距的模拟有几种方法。不同的学者提出了叶热间距与出苗后的日后变化的关系、叶热间距与温度和日长之比的关系、叶片出现速率与温光之间的曲线关系。这些方法对叶热间距的估算都有明显的误差，且适用性不强。

研究表明，作物一生中叶热间距受阶段发育进程的调控，呈阶段性变化，且以护颖原基分化期作为叶片出现速率的转折点。这是因为护颖原基分化期作为叶片出现速率的转折点。这是因为护颖原基分化期是作物一生中由春化作用反应敏感期转向光周期反应敏感期，以及由根叶生长中心向茎穗生长中心转化的重要时期。基于此，叶热间距可由如下算法获得：

$$PHYLL = MaxPHYLL - DEVEDIFFER \times DPE \tag{2.35}$$

上式中，PHYLL 为叶热间距；DPE 为每日生理效应，其值在生育期模型中已计算；MaxPHYLL 为品种参数，表示最大叶热间距；DEVEDIFFER 为发育差异性，由于春性品种阶段发育后期光周期敏感性强，阶段发育速率相对缓慢，因而，春性品种的 DEVEDIFFER 值比冬性品种的大。因此，将叶热间距与每日生理效应之间的关系线性化，很好地体现了叶热间距与发育进程的关系。

（2）叶片的扩展与单茎叶面积

叶面积由叶片的数量和大小所决定，因此准确地模拟叶片的大小是预测叶面积的基础。叶片生长和叶面积的模拟可以单茎为基础，也可以群体为基础。当然，群体叶面积对生物量的模拟更为重要和可靠。

模拟单茎上叶片的生长主要包括每天主茎叶龄（DMSLA）、每天叶长（DLLen）、每天叶宽（DLWid）、每天叶面积（DLA）以及主茎绿叶数（MSGLN）。

预测主茎的叶龄首先要模拟主茎叶片出现的速率。利用叶热兼具子模型中计算的叶热间距（PHYLL）来表示叶片出现速率，以热时间（GDD）为基础即可计算出每天的主茎叶龄。叶片出现速率在一般生产条件下不受土壤水分和氮素胁迫的影响。

$$DMSLA = \frac{1}{PHYLL} \times GDD \tag{2.36}$$

上式中，DMSLA 为每天主茎叶龄；PHYLL 为叶热间距；GDD 为热时间。

叶片的生长意味着叶片在长度和宽度两方面的增加，一般与温度呈线性相关。

$$DLLen(mm) = MaxLLen/PHYLL \times GDD \times RAI \tag{2.37}$$

$$DLWid(mm) = MaxLWid/PHYLL \times GDD \times RAI \tag{2.38}$$

上式中，DLLen 为每天叶长；DLWid 为每天叶宽，取值范围依品种而定；MaxLLen 为最大叶长；MaxLWid 为最大叶宽；PHYLL 为叶热间距；GDD 为热时间；RAI 为资源有效指数或资源丰缺因子。

由每天的叶长和叶宽以及校正系数可以计算每天的叶面积（DLA），如下式所示：

$$DLA(mm^2) = DLLen \times DLWid \times 0.74 \tag{2.39}$$

上式中，DLA 为每天的叶面积；DLLen 为每天叶长；DLWid 为每天叶宽。

（3）群体叶面积

作物群体的叶面积以单位土地上活叶的总表面（单面）来表示，通常称为叶面积指数。生长发育良好的作物，其叶面积指数为 3～6，在冠层很稠密的情况下，甚至高达 10。

叶面积的增长与叶片质量的增长密切相关，可以采用比叶重来表示。比叶重是指单位叶面积的叶片干重。单叶的比叶重幅度一般为 200～800kg · hm^{-2}，整个冠层的平均比叶重很少超过 600kg · hm^{-2}。此外，新叶的比叶重可随作物的年龄而变化。

目前还没有关于不同作物叶面积发育的通用的解释性模型。在大多数模型中，叶面积的扩大用比叶重的方法进行计算，也可以独立于叶重增加进行叶面积的模拟。两种模拟方法均可产生接近现实的叶面积发展模式。

模拟叶面积增长的最简单的方法是假设比叶重或比叶面积为作物特定的性状，在整个生长阶段和整个冠层是恒定的，称为比叶重常数或比叶面积常数。叶面积（LA）等于活叶质量（LW）除以比叶重（SLW）或活叶重乘以比叶面积（SLA）。

$$LA = \frac{LW}{SLW} \quad \text{or} \quad LA = LW \times SLA \tag{2.40}$$

$$SLA = ISLA - a \times PDT \tag{2.41}$$

上式中，LA 为叶面积；LW 为活叶质量；SLW 为比叶重；SLA 为比叶面积；ISLA 为起始比叶面积；PDT 为生理发育时间；a 为方程的系数，具体的数值随不同作物而异。

若选择适当时间如生育中后期，当叶片表现出充分的发育和功能时，可测定获得具有一定代表性的比叶重值。然而，应当指出植株生育前期形成的叶片比后期形成的薄，可能是因为糖类供给生长组织的能力随生育期有所变化。因此要得到比较真实的比叶重值，还必须考虑生育期的差异。一般通过将典型的比叶重常数，与作物生育期特定的因子乘积获得不同生育时期的比叶重或比叶面积参数。

用作物的平均比叶重来估计叶面积，可作为计算冠层光合作用的输入值。需要指出，冠层顶部的叶片较厚，下部的叶片较薄，比叶重随冠层层次的下降而呈下降趋势，但这种差异对整个冠层的光合作用影响很小，可以不予考虑。此外，不同的生长条件，如不同种植密度、施肥水平和灌溉条件对比叶重有一定的影响，但正常环境下可以不作考虑。

假设使用了比叶重的平均值来估计叶面积，那么叶面积的损失速率也可根据与叶片质量损失速率的直接关系来计算。也可独立于叶重损失速率的方法来计算叶面积的损失速率。

最后，如果发现特定情况下的叶面积模拟比较困难，也可考虑断开叶重—叶面积—光合作用—生长—叶重的反馈环，直接把观察的或选择的叶面积动态作为一个约束函数导入或系列参数输入。

2.1.2.4　分蘖动态与成穗

（1）分蘖的动力学

正常条件下，禾谷类作物主茎上分蘖的发生与主茎叶片数保持 n-3 同伸关系，以后分蘖叶的出生也与主茎叶龄保持同步关系。在水肥环境特别适宜的条件下，分蘖与主茎的同步关系可能会缩短到 n-2.5，称为超同伸现象。

根据上述同伸关系，可推算出单株理论茎蘖数，即单株理论茎蘖数（STCN）与主茎叶龄（i）的关系呈斐波那契数列：

$$\mathrm{STCN}(i)=\mathrm{STCH}(i-1)+\mathrm{STCN}(i-2)\quad (i\geqslant 2.5) \tag{2.42}$$

上式中，STCN（i）为主茎第 i 片叶时的单株理论茎蘖数；STCN（$i-1$）为主茎第（$i-1$）片叶的单株理论茎蘖数；STCN（$i-2$）为主茎第（$i-2$）片叶的单株理论茎蘖数。上式表明，主茎第 i 片叶时的单株理论茎蘖数是主茎第（$i-1$）片叶和第（$i-2$）片叶的单株理论茎蘖数之和，当 $i<2.5$ 时，STCN（i）= 1。

上式表明，主茎第 i 片叶时的单株理论茎蘖数是主茎第（$i-1$）片叶和第（$i-2$）片叶时的单株理论茎蘖数之和，当 $i<2.5$ 时，STCN（i）= 1。

以上同伸关系只有在播期播量适宜、肥水条件满足时才可能出现。一般情况下，在大田生产中单株实际茎蘖数（SACN）由于水肥条件不适，因而常常少于理论茎蘖数。这种环境效应可采用资源有效指数来调节。

$$\mathrm{SACN}(i)=\mathrm{STCN}(i)\times \mathrm{RAI} \tag{2.43}$$

上式中，SACN（i）为主茎第 i 片叶的单株实际茎蘖数；STCN（i）为主茎第 i 片叶时的单株理论茎蘖数；RAI 为资源有效指数或资源丰缺因子。

植株从开始分蘖起，随着主茎叶龄的增加，分蘖数量不断增加，到拔节后，分蘖大量消亡，因而拔节期分蘖数达到最高峰。即当上式中 i 为拔节期叶龄时，分蘖达到最大值。拔节期叶龄计算采用以下的方法：

$$i_{\mathrm{jointing}}=N-n+2 \tag{2.44}$$

上式中，i_{jointing}为拔节期叶龄；N 为主茎总叶数；n 为地上部伸长节间数，可以是模型的输入数据。对于特定的品种，主茎总叶数和伸长节间数较为恒定。

（2）分蘖的成穗

分蘖能否成穗，其内在的生理基础是分蘖有无足够的生长发育时间，形成自身的独立根系和自养能力。以有效分蘖可靠叶龄期作为植株发生有效分蘖的终止期，即有效分蘖可靠叶龄期前发生的分蘖为有效分蘖，以后发生的分蘖均为无效分蘖。有效分蘖可靠叶龄期的算法如下。

$$i_{availtiller} = N - n - tN + 3 \quad (2.45)$$

上式中，$i_{availtiller}$为有效分蘖可靠叶龄期；N 为主茎总叶数；n 为地上部伸长节间数；tN 为植株拔节期有效分蘖可靠叶片数，其值随品种类型和土壤水肥状况而异。

作物生理生态的研究表明，分蘖的消亡取决于植株个体同化物的供需平衡以及群体冠层的透光性。因此，分蘖衰老的模拟既要考虑到植株个体的大小及成穗能力，又要考虑到群体的大小及光能利用率。如水稻单株的分蘖成穗数与孕穗期冠层底部的透光率呈显著负相关。

2.1.2.5 根系与茎秆的生长

（1）根系生长

根系的生长动态可由根深和根分布特征来描述。

根深是衡量根系生长活力的一个重要指标。有效根深指作物有效地吸收水分的深度，而不是指少量根能达到的极限深度。此外，纤维根的长度变化相当大，但对根重没有很大的影响。因此，根深度的模拟可不考虑根群质量的增长。

从发芽开始，根系不断生长，通常在开花时停止生长。每天的根深（DRTDEP）与根向下生长的速率（RTGR）、土壤水分（WAI）以及每天的热时间（GDD）有关。

$$\text{DRTDEP} = \text{RTGR} \times \text{GDD} \times \text{WAI} \quad (2.46)$$

上式中，DRTDEP 为每天的根深；WAI 为土壤水分；GDD 为每天的热时间；RTGR 为作为根系向下生长的速率，如小麦根的平均生长速率是 0.22cm/℃・d。

上式中，RTGR 为根系向下生长的速率，如小麦根的平均生长速率是 0.22cm/（℃・d）。根深能以每天 3~5cm 的速率增加，但受到土壤物理化学和生物因子的影响而有所降低。如水分胁迫和土壤温度低均降低根系生长。可以假定温度对根生长的影响同于温度对光合作用的影响，水分胁迫对根深增长速率的影响与根系水分吸收速率所受到的影响相同。当 20cm 以下深度土壤中空气含量低于 5%时，根深增长可以设定为 0，这样就可计算大气条件对根系向下扩展的影响。

此外，如果假设根系的生长不受土壤条件的限制，根系可向下生长到某一最大深度。根系生长的最深深度依作物种类而异，其范围为 0.5~1.5m 或更大。可以在开花前后测定根系在土壤剖面坑中的最大深度，方法是直接用根系观察管，或是通过在排水不明显时监测（用中子探测仪）水分含量下降的深度进行间接测定。这一特性在不同的种及品种之间表现为明显的基因型差异。

致密的土壤产生机械阻力，阻碍根系向下扩展，降低根系可达到的最大深度。如在 0.3~0.8m 的土壤深处，特别是在犁底层之下可能出现高密度土壤。扎根深度的物理限制可用土壤特性的最大深度来估计。模拟时可采用由土壤和作物类型来确定合理的扎根深度。此外，模型还必须考虑到衰老根系的根深会逐步减少。

除了根深以外，根长密度是描述根系分布的重要指标。根长密度可通过以下方程来量化。

$$RLV = WAI \times WR \times \frac{RLNEW}{TRLDF} - 0.01 \times RLV \tag{2.47}$$

$$RLNEW = GRORT \times PLANTS \times 1.05 \tag{2.48}$$

$$TRLDF = SUM(WAI \times WR \times DLAYER) \tag{2.49}$$

上式中，RLV 为根长密度；WAI 为土壤水分；WR 为不同土层的根系偏好因子，取值范围在 0~1 之间；RLNEW 为每天增加的厘米根长；TRLDF 是总根长密度因子；GRORT 每天分配到根中的生物量（g）；PLANTS 为每平方米的植株数，系数 1.05 表示分配到根中的生物量转换为每平方米土壤的根长参数；DLAYER 是每层土壤的深度（cm）。

（2）茎秆生长

茎的生长是节间伸长生长的结果。茎长不仅与品种特性有关，而且还受土壤氮素和水分的影响。在小麦作物中，每天节间长度（DINLen）可采用下列方法计算。

$$MaxINLen(mm) = 10.89 \times s \times n^{1.73} \tag{2.50}$$

$$DINLen(mm) = MaxINLen/PHYLL \times GDD \times RAI \tag{2.51}$$

$$s = 1.57 + 2.22 \times PHT \tag{2.52}$$

上式中，n 表示地上部伸长节间数；MaxINLen 为特定节间的最大节间长度，它随节间不同而变；s 为品种参数，表明该品种的株高特性，它与株高（PHT）呈线性关系；DINLen 为每天节间长度；PHYLL 为叶热间距；GDD 为热时间；RAI 为资源有效指数或资源丰缺因子。

2.1.2.6　籽粒发育与衰老

（1）花

胡麻的花为聚伞形花序，它着生于主枝和自叶腋生出的分枝顶端。花直径为 15~25mm，花梗长 1~3cm，直立；萼片 5，卵形或卵状披针形，长 5~8mm，先端凸尖或长尖，花瓣 5 片，倒卵形，长 8~12cm，各花瓣下部连成一体，呈漏斗状。花的颜色多为蓝色、浅蓝、紫色和白色，也有红色、淡红色或黄色。花内有雄蕊 5 枚，花丝基部合生；退化雄蕊 5 枚，钻状；花柱 5 枚，分离，柱头比花柱微粗，细线状或棒状，长于或等于雄蕊。子房分割成 5 室，每室藏有胚珠 2 个，每个胚珠授粉后发育成 1 粒种子。

（2）籽粒生长

在小麦作物中，每天的籽粒干重可由以下方法来预测。

$$DGDW = \frac{PWT}{FD \times 0.3} \times GDD \times SINKSF \times RAI \tag{2.53}$$

上式中，DGDW 为每天的籽粒干重；GDD 为热时间；RAI 为资源有效指数或资源丰缺因子；PWT 为籽粒潜在质量，是籽粒在最适的环境条件下生长所能达到的干重，单位是 mg，其值随品种而定，大穗型品种比多穗型品种大；FD 是品种参数，表示灌浆期所需要的生长度日；系数 0.3 则是调节籽粒达到潜在质量时所需的生长度日。单位是 mg，其值随品种而定，大穗型品种比多穗型品种大；FD 是品种参数，表示灌浆期所需要的生长度日；系数 0.3 则是调节籽粒达到潜在质量时所需的生长度日。

$$SINKSF=1.0-TFT\times0.1 \tag{2.54}$$

上式中，SINKSF 为库强因子；TFT 为受精时间，表示受精时间的早晚。当 TFT 为 0 时，表示最早受精，籽粒发育得最早；当 TFT 为 10 时，表示受精最迟，籽粒发育得最晚。TFT 值根据分化小花的小穗位和小花位即小花分化的序列性来具体确定。

(3) 植株衰老

植株的衰老过程主要包括叶片、分蘖、根系的衰老。其中，叶片衰老的模拟特别重要，因为叶面积直接影响同化物的生产。即使在生长季节内和没有环境胁迫的条件下，植株茎秆只能保持一定数量的绿叶数，随着新叶的出现，老叶都会相继衰老死亡。

2.1.3 碳同化和物质积累模拟

碳的同化与积累主要涉及光合作用和呼吸作用等生理生态过程。其中，光合作用是作物生长的根本驱动力，是物质积累和产量形成的基础。因此，准确地模拟光合作用对于生长模型的建立具有十分重要的意义。

作物冠层光合作用的主要成分是光的分布和截获、单叶的光合作用及冠层的光合作用。叶片光合作用速率可以简便地用单位叶面积（仅指上表面）表示。冠层光合作用是指所有叶、茎及生殖器官绿色面积光合作用的总和。呼吸作用的主要成分包括光呼吸、维持呼吸和生长呼吸。其中，光呼吸只有在 C_3 作物中才需要考虑，而在 C_4 作物中可以忽略不计。

2.1.3.1 绿色面积指数

许多作物模型仅考虑叶面积指数，但要完整地描述光合作用的生理生态特征，还必须考虑非叶面积以外的光合器官，尽管后者的光合能力相对较小。可以将植株上所有的绿色面积或绿色面积指数（GAI）分成两大部分：叶面积指数（LAI）和穗面积指数。

(1) 叶面积指数

作物出苗至抽穗阶段，LAI 的增长主要由分配到叶片的光合生产量所决定。抽穗以后，LAI 开始逐渐下降，至成熟收获时趋近于零或很低的水平。在 LAI 的变化动态中，影响其变化特征的因素主要有两个：叶片的生长速率和叶片的衰亡速率，而后者又包括叶片的自然衰亡速率和叶片互相遮阴造成的衰亡速率。其中，自然衰亡速率主要受温度影响。

LAI 可由以下一组方程来计算：

$$LAI=GLAI-DLAI \tag{2.55}$$

$$GLAI=SLA\times GLV \tag{2.56}$$

$$DLAI=LAI\times RDR \tag{2.57}$$

上式中，LAI 为叶面积指数，GLAI 为 LAI 增长速率，DLAI 为 LAI 降低速率，GLV 为叶片干物质增长速率（$kg\ DM\cdot hm^{-2}\cdot d^{-1}$），SLA 为比叶面积，小麦中可取值为 0.0022（hm^2/kg）左右，RDR 为叶片的相对死亡速率（d^{-1}）。

叶片干物质增长速率是由每日同化物分配到叶片的量来决定的，因此其计算公式为：

$$GLV = FLV \times CP[\text{shoot}] \times W \tag{2.58}$$

上式中，GLV 为叶片干物质增长速率（kg DM · hm^{-2} · d^{-1}），FLV 为分配到地上部分的同化物分配到叶片的比例，CP ［shoot］ 为每日的光合同化物分配给地上部分的百分比，W 为每日的光合同化产物总量。

虽然可以将比叶面积 SLA 设定为一生不变，但在大多数作物的生育进程中，叶面积扩展的速率与叶片生物量积累的速率是不一致的，因而 SLA 也呈现为升高或下降的趋势。可以根据作物的特点，考虑用发育指数对 SLA 进行适当的修订。

在 RDR 的计算中，采用在叶片的自然衰亡速率（RDRDV）和叶片的遮阴衰亡速率（RDRSH）中取较大值的方法，即

$$RDR = Max(RDRDV, RDRSH) \tag{2.59}$$

上式中，RDR 为衰亡速率，Max（RDRDV，RDRSH）为输出二者中较大值的函数，RDRDV 为叶片的自然衰亡速率（d^{-1}），RDRSH 为在 LAI 较大时互相遮荫造成的遮荫衰亡速率（d^{-1}）。

在 RDRDV 的计算中，假设小麦植株开花后叶片开始出现自然衰老死亡，即

$$RDRDV = \begin{cases} 0 & 0 \leqslant PDT < 31.0 \\ RDRT & PDT \geqslant 31.0 \end{cases} \tag{2.60}$$

上式中，RDRDV 为叶片的自然衰亡速率（d^{-1}），RDRT 为每日平均温度对 RDR 的影响，PDT 为生理发育时间。其计算公式如下：

$$RDRT = \begin{cases} 0.033 & T_{mean} \leqslant 15℃ \\ 0.033 + 0.004 \times (T_{mean} - 15) & T_{mean} < 15℃ \end{cases} \tag{2.61}$$

上式中，RDRT 为每日平均温度对 RDR 的影响，T_{mean} 为每日平均温度。

在 RDRSH 计算中，假设在 LAI 达到 4.0 时出现叶片的互相遮阴而造成衰老，公式如下：

$$RDRSH = \begin{cases} 0 & LAI \leqslant LAICR \\ 0.03 \times (LAI - LAICR)/LAICR & LAI < LAICR \end{cases} \tag{2.62}$$

上式中，RDRSH 为在 LAI 较大时互相遮阴造成的遮阴衰亡速率（d^{-1}），LAI 为叶面积指数，LAICR 为临界叶面积指数，即超过此值时，互相遮阴造成叶片开始死亡，对于禾谷类作物而言，可假设其值为 4.0。

（2）穗面积指数

禾谷类作物抽穗后，穗部也开始进行光合作用制造有机物。可参照比叶面积的定义，引入比穗面积的概念，即穗面积与质量的比率。模型中假设比穗面积恒定不变，穗面积指数的变化动态可表达为：

$$EAI_{i+1} = EAI_i + EAR \times WSO \tag{2.63}$$

上式中，EAI_{i+1}、EAI_i 分别为第（i+1）天和第 i 天的穗面积指数，EAR 为比穗面积，小麦中可取值为 6.3×10^{-5}，WSO 为穗部干物质量增长速率（kg DM · hm^{-2} · d^{-1}）。

2.1.3.2　光能分布和截获

对于作物植株来说，只有一部分太阳辐射对光合作用有效，作物叶片对光的吸收光谱为400~700nm。这一光谱范围的光合有效辐射（PAR）约占太阳总辐射的50%。

到达冠层的辐射除了被叶片吸收外，有一部分被反射或投射。对于生长健壮的作物，叶片的反射率、透射率在数值上通常几乎相等，各为0.1。当叶片明显变黄或者变薄时，叶绿素含量不足（小于$30mg \cdot cm^{-2}$），可能导致光能吸收减少，而反射率和透射率会成倍地提高。然而，通常情况下，可以假定叶片吸收的光合有效辐射部分为光合有效辐射总量的0.8左右。

大气上界的太阳辐射能总是随着纬度和季节不同而变化，大约太阳总辐射的一半为光合有效辐射（PAR）。大气透明度决定了有多少太阳辐射能到达冠层表面。到达小麦冠层的太阳辐射，一部分被反射，一部分透过群体透射到地面，一部分被冠层吸收通过光合作用转化为化学能。

（1）大气上界的光合有效辐射

冠层顶部的辐射是日长、大气上界的辐射量和辐射穿过大气的损失量三者的函数。大气上界的光合有效辐射（PAR）计算式为：

$$PAR=0.5\times[SC\times(1+0.033\times cos\ (2\pi\times\frac{DAY}{365}))]\times RDN \tag{2.64}$$

上式中，PAR为大气上界的光合有效辐射（$J \cdot m^{-2} \cdot s^{-1}$），SC为太阳常数（SC=$1395J \cdot m^{-2} \cdot s^{-1}$），DAY为自1月1日起的儒历天数，RDN为某日（DAY）某纬度（LAT）的太阳常数分数，其计算式如下：

$$RDN=SSIN+24\times CCOS\times(1-SSCC^2)^{0.5}/(DL\times\pi) \tag{2.65}$$

其中，SSCC=SSIN/CCOS

$$SSIN=\sin(LAT\times RAD)\times\sin(\delta\times RAD) \tag{2.66}$$

$$CCOS=\cos(LAT\times RAD)\times\cos(\delta\times RAD) \tag{2.67}$$

$$DEC=-ASIN(\sin[23.45\times RAD\times\cos(2\pi\times DAY+10)/365\} \tag{2.68}$$

上式中，RDN为某日（DAY）某纬度（LAT）的太阳常数分数，SSCC、SSIN、CCOS为中间变量，RAD为角度转换为弧度的转换因子（$RAD=\pi/180$；δ为太阳赤纬角（度），LAT为地理纬度（度）。

此外，DL为日长，它是一年中某天和所处地理纬度的函数：

$$DL=12\times[\pi+2\times ASIN(SSCC)]/\pi \tag{2.69}$$

上式中，DL为日长，SSCC为中间变量。

（2）冠层顶部的光合有效辐射

到达冠层顶部的光合有效辐射（PARCAN）受大气透明度的影响，一般可按下式计算：

$$PARCAN=PAR\times(0.25+0.45\times SSH/DL) \tag{2.70}$$

上式中，PARCAN为冠层顶部的光合有效辐射（$J \cdot m^{-2} \cdot s^{-1}$），PAR为大气上界的光合有效辐射（$J \cdot m^{-2} \cdot s^{-1}$），DL为日长，SSH为实际日照时数（h）。

（3）冠层内光的分布与吸收

太阳辐射在作物冠层中的分布一般可认为服从指数递减规律，则在作物冠层深度 L 处的光合有效辐射强度可描述如下：

$$I_L=(1-\rho)\times PARCAN\times e^{-k\times LAI(L)} \tag{2.71}$$

上式中，I_L为作物冠层深度 L 处的光合有效辐射强度，PARCAN 为冠层顶部的光合有效辐射（$J\cdot m^{-2}\cdot s^{-1}$），k 为消光系数，LAI（L）为冠层顶至冠层深度 L 处的累积叶面积指数，ρ 为冠层对光合有效辐射的反射率。其中，消光系数 k 依作物的生育期、群体密度及株型不同而有所变化，k 由直立叶冠层的 0.6 变为水平叶冠层的 0.8。

冠层反射率 ρ 可由下式计算：

$$\rho=\left[\frac{1-(1-\partial)^{\frac{1}{2}}}{1+(1-\partial)^{\frac{1}{2}}}\right][2/(1+1.6\times\sin\beta)] \tag{2.72}$$

上式中，ρ 为冠层对光合有效辐射的反射率，∂ 为单叶的散射系数（可见光部分为 0.2），β 为太阳高度角，由下式获得：

$$\sin\beta=\sin(RAD\times LAT)\sin\delta+\cos(RAD\times LAT)\cos\delta\cos[15(t_h-12)] \tag{2.73}$$

$$\sin\delta=-\sin(23.45)\cos[360(DAY+10)/365] \tag{2.74}$$

$$\cos\delta=(1-\sin\delta\times\sin\delta)^{0.5} \tag{2.75}$$

上式中，RAD 为度转换为弧度的转换因子（$RAD=\pi/180$；β 为太阳高度角，t_h为真太阳时（h），LAT 为地理纬度（度），δ 为太阳赤纬（弧度），DAY 为一年中自 1 月 1 日起的日序。

由于一天中太阳高度角 β 随着太阳时间而变化，从而导致冠层对光的反射率 ρ 和群体吸收的光合有效辐射也发生相应的变化。

冠层顶至冠层深度 L 处作物层所吸收的光合有效辐射 I_i（$J\cdot m^{-2}\cdot s^{-1}$）可计算如下：

$$I_i=(1-\rho)\times PARCAN\times k\times e^{-k\times LAI(L)} \tag{2.76}$$

上式中，I_i 为冠层顶至冠层深度 L 处作物层所吸收的光合有效辐射（$J\cdot m^{-2}\cdot s^{-1}$），$\rho$ 为冠层对光合有效辐射的反射率，PARCAN 为冠层顶部的光合有效辐射（$J\cdot m^{-2}\cdot s^{-1}$），k 为消光系数，LAI（L）为冠层顶至冠层深度 L 处的累积叶面积指数。

2.1.3.3　叶片和冠层光合作用

（1）单叶光合作用

叶片光合作用速率可以简便地以单位叶面积（仅指上表面）上的光合速率表示。可以用不同的模型来估计单叶光合作用强度。代表性的方法是用总光合作用速率与所吸收辐射强度（PAR，$J\cdot m^{-2}\cdot s^{-1}$）的指数曲线来描述叶片光合作用对所吸收光的反应。在大多数情况下，这种指数形式拟合得比较理想。

这里以负指数型模型为例来描述单叶的光合作用特征。

$$FG=PLMX\times[1-e^{(-\varepsilon\times PAR/PLMX)}] \tag{2.77}$$

上式中，FG 为单叶光合作用速率（$kg\ CO_2\cdot hm^{-2}\cdot h^{-1}$），PLMX 为单叶最大光合作用速率（$kg\ CO_2\cdot hm^{-2}\cdot h^{-1}$），$\varepsilon$ 为光转换因子即吸收光的初始利用效率，小麦中可取值为 0.45kg $CO_2\cdot hm^{-2}\cdot h^{-1}$（$J\cdot m^{-2}\cdot s^{-1}$），PAR 为吸收的光合有效辐射。

从上述模型中可以看出，单叶的光合作用—光反应曲线中有两个重要的特征参数：曲线的初始斜率，即初始的光能利用率；饱和光强时的光合速率，即最大的光合速率。吸收光的初始利用效率主要描述了生物物理学过程的特征，并具有相对稳定的特征值，而最大光合作用速率主要依赖于植物特性和环境条件，尤其反映了生物化学过程和生理条件。

作物的光能初始利用效率受温度的影响较大，受其他环境因素的影响很小。对于大多数 C_3 作物而言，光能初始利用效率大约为 0.48，特别是相对较低的温度下（10℃左右），这一值对所有 C_3 植物都具有代表性。C_4 植物的光能初始利用率大约为 0.40，温度较低时其值低于 C_3 植物。随着温度升高，光呼吸作用的相对重要性增强，结果使 C_3 植物的初始效率下降，在相对高的温度下（>30℃）降到 0.3～0.01。C_4 植物的初始效率在 45℃以下保持相对稳定，但当温度更高时，迅速下降。

光合作用最大速率是光合作用模型中另一个重要参数，它的准确测定对于提高光合作用模型的准确测定非常重要。在高光强和大气 CO_2 浓度下的叶片光合作用最大速率值通常为 25～80kg $CO_2 \cdot hm^{-2} \cdot h^{-1}$（表 2-1）。单位叶面积的光合作用是最大速率与叶片的厚度和温度密切相关。其中，叶片厚度的差异是造成作物基因型之间及大田与控制环境之间光合最大速率差异的主要原因。因为通常情况下，随着叶片厚度（比叶重）的增加，叶片中单位面积内的 RUBP 羧化酶增加，光合能力明显提高。因此，最大光合作用速率可以看作是一个基因型特定的遗传参数。

表 2-1 不同农作物叶片的光能初始利用效率和单叶光合作用最大速率

Table 2-1 Initial utilization efficiency of light energy and maximum photosynthetic rate of single leaf in different crops

作物	C_3 或 C_4	光能初始利用效率 [kg $CO_2 \cdot hm^{-2} \cdot h^{-1}$ ($J \cdot m^{-2} \cdot s^{-1}$)]	最大速率 (kg $CO_2 \cdot hm^{-2} \cdot h^{-1}$)	温度 (℃)
大麦	C_3	0.40	35	25
棉花	C_3	0.40	45	35
玉米	C_4	0.40	60	25
马铃薯	C_3	0.50	30	20
水稻	C_3	0.40	47	25
高粱	C_4	0.45	70～10	30～35
大豆	C_3	0.48	40	30
小麦	C_3	0.50	40	10～25
胡麻	C_3	0.40	40	25

此外，温度对光合作用也有显著影响，所以在模拟光合作用时，必需建立光合作用最大速率对温度的响应曲线。在低温下（低于 15℃）C_3 植物通常比 C_4 植物生长更好，而在高温下（高于 25℃）则相反。当然，这一关系可能会随不同的基因型而有所变化。

(2) 冠层光合作用

如果光合作用速率与光强度成比例，且所有的叶子特性相同，则冠层光合作用就可简单地等于所吸收光能量和光能利用率的乘积。然而，叶子在高光强下出现饱和，它们的受光姿势也各不相同，因此冠层光合作用与光强的关系不是线性而是曲线关系，这种关系在不同情况下变化很大。

冠层光合作用是指所有叶片、茎及后期的生殖器官的光合作用速率的总和。每天的光合生产量可由单叶光合作用速率对叶面积指数和日长进行积分求得。Goudriaan（1986）的研究表明，采用高斯积分法来计算每日冠层的光合作用速率，可在保证计算精度的前提下，大大减少计算量。

为计算冠层光合作用，可以把冠层分为相对较薄的叶层。冠层接受的光强随冠层深度而减弱。高斯积分法是将叶片冠层分为五层，将每层的瞬时同化速率加权求和得出瞬时整个冠层同化速率，在此基础上再计算每日的冠层同化速率。通过选取从中午到日落期间的 3 个时间点，求取在 3 个时间点上的冠层同化速率进行加权求和，从而得出每日冠层的同化速率。

冠层的分层计算公式为：

$$\mathrm{LGUSS}[i]=\mathrm{DIS}[i]\times\mathrm{GAI}\quad(i=1,2,3,4,5)\tag{2.78}$$

上式中，LGUSS［i］为高斯分层的冠层深度，GAI 为植株绿色面积指数，DIS［i］为高斯五点积分法的距离系数，其值见表 2-2。

按照从中午到日落期间选择的三个时间点为：

$$t_h[j]=12+0.5\times\mathrm{DL}\times\mathrm{DIS}[j]\quad(j=1,2,3)\tag{2.79}$$

上式中，t_h［j］为真太阳时（h），DL 为日长（h），DIS［j］为高斯三点积分法的距离系数，其值见表 2-2。

表 2-2　高斯积分三点法和五点法的权重值（WT）和距离系数（DIS）

Table 2-2　The weight value and distance coefficient of three-point and five-point Gauss integral methods

i	1	2	3	4	5
WT［j］	0.277778	0.444444	0.277778		
WT［i］	0.1184635	0.2393144	0.284444444	0.2393144	0.1184635
DIS［j］	0.112702	0.5	0.887298		
DIS［i］	0.0469101	0.2307534	0.5	0.7691465	0.9530899

在冠层的各层中每层吸收的光合有效辐射量是不同的，其计算式为：

$$I_{L,a}[i]=\mathrm{PARCAN}\times(1-\rho)\times k\times e^{(-k\times\mathrm{LGUSS}[i])}\tag{2.80}$$

上式中，$I_{L,a}[i]$为不同的冠层层次在指定的时间点上吸收的辐射量，PARCAN 为冠层顶部的光合有效辐射（$J\cdot m^{-2}\cdot s^{-1}$），$\rho$ 为冠层对光合有效辐射的反射率，k 为消光系数，LGUSS［i］为高斯分层的冠层深度。

依据选取的不同的时间点，根据公式（2.72）和（2.73）可以计算出相应的冠层对光合有效辐射的反射率值，然后根据公式计算出不同的冠层层次在指定的时间点上吸收的辐射量 $I_{L,a}$［i］。冠层各层的光合作用速率可根据负指数型光合作用模型计算：

$$\mathrm{FGL}[i]=\mathrm{PLMX}\times(1-\exp(-\varepsilon\times I_{L,a}[i]/\mathrm{PLMX}))\tag{2.81}$$

上式中，FGL［i］为冠层中第 i 层的瞬时的光合作用速率（$kg\ CO_2\cdot hm^{-2}\cdot h^{-1}$），

$I_{L,a}$[i]为冠层中第 i 层所吸收的光合有效辐射（$J \cdot m^{-2} \cdot s^{-1}$），PLMX 为单叶最大光合作用速率（kg $CO_2 \cdot hm^{-2} \cdot h^{-1}$），$\varepsilon$ 为光转换因子即吸收光的初始利用效率。

整个冠层的瞬时光合作用速率在冠层中五个层面上光合速率的加权求和：

$$TFG=(\sum(FGL[i]\times WT[i]))\times GAI \quad (i=1,2,3,4,5) \tag{2.82}$$

上式中，TFG 为整个冠层的瞬时光合作用速率（kg $CO_2 \cdot hm^{-2} \cdot h^{-1}$），FGL[$i$]为冠层中第 i 层的瞬时的光合作用速率（kg $CO_2 \cdot hm^{-2} \cdot h^{-1}$），WT[$i$]为高斯五点积分法积分的权重，其值见表 2-2，GAI 为绿色面积指数。

在求取瞬时冠层光合作用速率对日长积分的过程中，选取了从中午到日落的 3 个时间点 t_h［i］，i=1，2，3)，对应着 3 个不同的反射率 ρ 值，从而可得到在这 3 个时间点上的瞬时冠层光合速率（TFG［i］，i=1，2，3)，然后用 TFG［i］高斯三点积分法对日长进行积分，最终计算出每日冠层的总光合作用量：

$$DTGA=(\sum(TFG[j]\times WT[j]))\times DL \quad (j=1,2,3) \tag{2.83}$$

上式中，DTGA 为每日冠层的总光合作用量（kg $CO_2 \cdot hm^{-2} \cdot h^{-1}$），DL 为日长，TFG［$j$］为对应于第 j 个时刻的冠层的瞬时光合速率（kg $CO_2 \cdot hm^{-2} \cdot h^{-1}$），WT［$j$］为高斯三点积分法积分的权重，其值见表 2-2。

（3）环境因子对光合作用的影响

影响光合作用的环境因子主要有温度、CO_2 浓度、水分、氮素营养等。这些因子对光合作用都有显著的影响。其中，温度和 CO_2 对光合作用中的光能初始利用效率和叶片最大光合速率都有一定的影响，但对最大速率的影响更大。最大光合速率是光饱和时的总同化速率，它与温度和 CO_2 浓度紧密相关。可以通过建立不同环境因子对光合作用影响的效应因子来量化单个环境因子的影响程度，然后利用影响因子进一步对光合作用进行修订。其中，温度和 CO_2 的效应因子直接修订叶片光合作用最大速率，水分和氮素的效应因子用来修订冠层每日总同化量。一般表达式为：

$$PLMAX=PLMX\times FT\times FC \tag{2.84}$$

$$FDTGA=DTGA\times \min(FH,FN) \tag{2.85}$$

上式中，PLMAX 为实际光合作用最大速率（kg $CO_2 \cdot hm^{-2} \cdot h^{-1}$）；PLMX 为理想条件下的光合作用最大速率，它是品种的遗传参数，不同品种有一定的变化，如小麦中一般取值为 40kg $CO_2 \cdot hm^{-2} \cdot h^{-1}$；FDTGA 为每日实际总同化量（kg $CO_2 \cdot hm^{-2} \cdot d^{-1}$）；DTGA 为每日总同化量（kg $CO_2 \cdot hm^{-2} \cdot d^{-1}$）；FT、FC 分别为温度和 CO_2 对光合作用最大速率的影响因子；FH 和 FN 分别为水分和氮素对每日同化量的订正因子。

①温度：温度主要对光合作用中的叶片最大光合速率有较大的影响。此外，随着指数的衰老，最大光合速率也有一定的降低。下式为温度对 PLMX 的影响因子：

$$FT=\begin{cases}0.1\times T_{mean} & T_{mean}<10℃\\ 1 & 10℃\leq T_{mean}\leq 25℃\\ 3.5-0.1\times T_{mean} & T_{mean}>25℃\end{cases} \tag{2.86}$$

上式中，FT 为温度对 PLMX 的影响因子，T_{mean} 为每日平均温度。

②CO_2浓度：正常大气环境中的 CO_2 浓度为 340×10^{-6}左右，但随着全球气候变化，

大气中 CO_2 浓度呈现升高的趋势。此外，在设施环境中或控制环境下 CO_2 浓度可能明显高于或低于 340×10^{-6}。空气中 CO_2 浓度直接影响光合作用强度，随着 CO_2 浓度的增加，光合作用强度增加。

高浓度或低浓度 CO_2 对作物的影响可根据变化的 CO_2 浓度与 340×10^{-6}之比来校正光合作用最大速率 PLMX，其订正因子计算如下：

$$FC=(1+a\ln(C_X/C_0)) \tag{2.87}$$

上式中，FC 为订正因子，C_X为变化的 CO_2浓度（$\times10^{-6}$），C_0为参照 CO_2浓度（即 340×10^{-6}），a 为经验系数，对 C_3作物 a 取值 0.8。

③水分：在自然条件下，土壤水分因降水、渗漏、蒸发等经常发生变化，从而导致植株体的水分含量也处于一种动态的变化过程中。植株体内的水分含量直接影响着绿色器官光合作用速率，这种影响在植株还未发生外部的任何形态变化时即已开始。可采用水分效应因子来描述水分对光合作用的影响：

$$FH=\begin{cases}0 & \theta_I<\theta_{WP}\\ \dfrac{\theta_I-\theta_{WP}}{\theta_{0.L}-\theta_{WP}} & \theta_{WP}\leqslant\theta_I\leqslant\theta_{0.L}\\ 1 & \theta_{0.L}\leqslant\theta_I\leqslant\theta_{0.H}\\ 0.5+0.5\times\dfrac{\theta_I-1}{\theta_{0.H}-1} & \theta>\theta_{0.H}\end{cases} \tag{2.88}$$

上式中，FH 为水分对光合作用的影响，θ_I为 0~30cm 土层平均含水量（$cm^3\cdot cm^{-3}$），$\theta_{0.L}$为最适土壤水分含量下限，$\theta_{0.H}$为最适土壤水分含量上限，θ_{WP}为凋萎点土壤水分含量。

④氮素：植株的 N 含量对光合作用过程中的一些反应和酶活性都有不同程度的影响，因而采用氮素效应因子，订正光合作用速率以及其他过程。公式如下：

$$FN=1-(NA-NC)/(NC-NL) \tag{2.89}$$

上式中，FN 为氮素因子，NA 为植株实际含氮量，NC 为植株临界含氮量，NL 为植株最小含氮量。

2.1.3.4　呼吸作用

呼吸作用包括光呼吸和暗呼吸，其中暗呼吸又包括生长呼吸和维持呼吸。虽然习惯上把呼吸作用看作是一个复杂的整体过程，但维持呼吸和生长呼吸的速率不同，并各有自己的调节机制。由于对维持呼吸和生长呼吸作用的基本动力学缺乏理解，给呼吸作用的定量带来了一定的困难。然而，呼吸作用过程要消耗作物植株的大量同化产物（30%以上），特别是当作物群体叶面积指数较大的情况下，呼吸作用消耗的同化物量可能达到总同化量的一半左右。因此，对维持呼吸和生长呼吸的定量解析和动态模拟是十分必要的。

呼吸作用的模拟有两种方法。比较简单的方法是以植株整体为基础估计呼吸作用，获得植株的净同化量后再分配到植株的不同器官。另一种比较复杂的方法是先将同化物分配到不同的器官后，再分别计算不同器官的呼吸作用，因为呼吸作用的强度可能随器官而异。因此，如果要详细模拟呼吸作用的过程，就必须先考虑植株不同器官呼吸消耗的差异，然后平均获得整株及群体的呼吸作用。由于资料的缺乏，这样做可能产生较大的误差，具体可以参照已有的论著。本文仅描述整体呼吸作用的模拟方法。

（1）维持呼吸

活的有机体不断地利用能量，维持其现有的生化和生理状态，这种能量由维持呼吸提供。维持呼吸的强度与生物量或蛋白质含量成正比，同时对温度较敏感。

$$RM = R_m(T_0) \times FDTGA \times Q_{10}^{(T_{mean}-T_0)/10} \tag{2.90}$$

上式中，RM 为维持呼吸消耗量（$kg\ CO_2 \cdot hm^{-2} \cdot d^{-1}$），FDTGA 为每日冠层总同化量（$kg\ CO_2 \cdot hm^{-2}$），$T_0$ 为作物呼吸的最适温度，对小麦，$T_0=25℃$；Q_{10}为呼吸作用的温度系数，取 $Q_{10}=2$；T_{mean}为日平均气温；R_m（T_0）为 T_0 时的维持呼吸系数，小麦取 R_m（T_0）= 0.015（$g\ CO_2/g\ CO_2$）。

（2）生长呼吸

生长呼吸与作物的有机质合成、植株体的增长以及新陈代谢活动有关，它依赖于植株的光合速率，对温度不敏感。

$$RG = R_g \times FDTGA \tag{2.91}$$

上式中，RG 为生长呼吸消耗量（$kg\ CO_2 \cdot hm^{-4} \cdot d^{-1}$），$R_g$ 为生长呼吸系数，取 $R_g=0.39$（$g\ CO_2/g\ CO_2$），FDTGA 为当天的光合同化量（$kg\ CO_2 \cdot hm^{-4} \cdot d^{-1}$）。

（3）光呼吸

光呼吸与光合反应等生理过程有关，C_3 作物的光呼吸明显，并且由光呼吸导致的同化损失随着温度升高和光强增大而增加。C_4 作物中的光呼吸几乎被完全抑制，因此可以不计。

$$RP = FDTGA \times Rp(T_0) \times Q_{10}^{(T_{day}-T_0)/10} \tag{2.92}$$

上式中，RP 为光呼吸消耗量（$kg\ CO_2 \cdot hm^{-4} \cdot d^{-1}$）；FDTGA 为当天的总光合同化量（$kg\ CO_2 \cdot hm^{-4} \cdot d^{-1}$），$T_0$为作物呼吸的最适温度，Rp（$T_0$）为温度 T_0时的光呼吸系数，取值为 0.33（$g\ CO_2/g\ CO_2$）；T_{day}为白天的温度，Q_{10}为呼吸作用的温度系数。

2.1.3.5 同化物积累与生物量

（1）群体净同化量

群体的净同化量等于光合作用的生产量减去呼吸作用的消耗量。计算如下：

$$PND = FDTGA - RM - RG - RP \tag{2.93}$$

上式中，PND 为群体的净同化量，FDTGA 为每日总同化量（$kg\ CO_2 \cdot hm^{-4} \cdot d^{-1}$），RM 为群体维持呼吸消耗量（$kg\ CO_2 \cdot hm^{-4} \cdot d^{-1}$），RG 为群体生长呼吸消耗量（$kg\ CO_2 \cdot hm^{-4} \cdot d^{-1}$），RP 为群体光呼吸消耗量（$kg\ CO_2 \cdot hm^{-4} \cdot d^{-1}$）。

应当指出，在没有光合作用和呼吸作用的模型中，也可利用群体净同化量与冠层光截获量的下逆行关系或近二次曲线关系来直接估计作物群体的净同化量。

（2）群体干物质积累

作物通过光合作用生产的最初同化物主要为葡萄糖和氨基酸，两者随后用于形成植株干物质，在最初的 CO_2 同化到转化成糖类及干物质，存在着几个转换系数。群体干物质的日增量公式可表达为：

$$TDRW = \xi \times 0.95 \times PND/(1-0.05) \tag{2.94}$$

上式中，TDRW 为作物植株干物质的日增量（$kg\ DM \cdot hm^{-2} \cdot d^{-1}$）；$\xi$ 为 CO_2 与糖类（CH_2O）的转换系数，ξ =（CH_2O）相对分子质量/CO_2 相对分子质量 = 30/44 = 0.682；0.95 为糖类转换成干物质的系数，0.05 为干物质中的矿物质含量，PND 为群体的净同化量。

2.1.4　同化物分配与产量形成模拟

同化物分配是指共生长的同化物分配到叶、茎、根和贮藏器官的过程。在作物的生育过程中，植株积累的同化物或生物量一部分及时分配到不同的器官中去，供器官的生长用；另一部分作为暂时的贮存物，可用于生长后期同化量不能满足需求时的再分配。植株器官间分配的主要同化物类型包括糖类和含氮化合物，其中糖类的分配与再分配决定作物产品器官的产量形成，含氮化合物的分配与再分配决定产品器官的品质形成。

2.1.4.1　同化物分配与产量形成

同化物在不同器官间的分配与再分配模式随作物种类和生育进程而变。在许多作物中，开花前的同化物主要分配到营养器官中去，开花后的同化物主要分配到生殖器官或产品器官中去，且开花前后植株体内的糖类均有暂时的贮存，用于生长后期同化量不能满足需求时的再分配。

在作物生长过程中同化物分配到不同器官的部分与同化物利用效率或生长效率的乘积即为作物器官及植株的生长速率。然而，生物量在植株器官间的分配与作物的生长发育是不同的过程。作物器官的分配模式是生理年龄的函数，一般不考虑叶、茎、根和贮藏器官的性状和数量。

（1）日同化量的分配

对于有限生长型作物来说，模拟新生物量的分配时，需运用分配中心的概念，即在任何时期供生长利用的糖类根据中心的优先性分配到各器官中。当然，植株的分配中心随生育期慢慢转移。从作物的发芽开始至整个生长过程中，同化物在不同器官间的分配表现为一定的序列性和优先性，通常是遵循根、叶、茎、穗的一般顺序。同化物在生育初期主要供给叶片和根系，然后是茎，最后是贮藏器官。

在模拟研究中，可以考虑使同化物首先在地上与地下部分进行分配，然后以地上部分的分配量为基础，再进一步决定分配到叶、茎鞘、穗等器官的部分。当模拟水分胁迫的效应时，这种两步分配的程序具有明显的优越性。此外，不同基因型、管理措施、温度和土壤养分等对新生同化物的分配模式也有一定的影响。

对于无限生长型作物，只要环境条件保持适宜，生长会持续进行。植株的生理衰老缓慢，营养器官和生殖器官同时生长，伴随着老组织的衰老，新的分枝或分蘖不断形成。因而同化物分配模式具有一定的稳定性。对这类作物分配模式的模拟，可通过把物候学的发育速率降到一个较低的水平值来实现。

描述同化物分配的一个重要概念是分配系数，它是某一植株部分干重的增加量占整株干重增加量的比例。不同的植株器官具有不同的分配系数，特定器官的分配系数随生理年龄而有较大变化。因此要准确模拟同化物的分配量与器官的生长量，必需量化不同器官分配系数随时间变化的动态特征。

①同化物在地上与地下部分的分配：同化物在地上部分（或地下部分）的分配系数为植株地上部分（或地下部分）干重的增加量占整株干重增加量的比率。公式如下：

$$CP[shoot]_i=(DM[shoot]_{i+1}-DM[shoot]_i)/(TWT_{i+1}-TWT_i) \tag{2.95}$$

$$CP[root]_i=(DM[root]_{i+1}-DM[root]_i)/(TWT_{i+1}-TWT_i) \tag{2.96}$$

$$CP[shoot]_i+CP[root]_i=1 \tag{2.97}$$

上式中，$CP[shoot]_i$、$CP[root]_i$ 为第 i 天地上部分和地下部分的分配系数，$DM[shoot]_{i+1}$、$DM[shoot]_i$ 为第（i+1）天、第 i 天地上部分的干物重，$DM[root]_{i+1}$、$DM[root]_i$ 为第（i+1）天、第 i 天地下部分的干物重，TWT_{i+1}、TWT_i 为第（i+1）天、第 i 天的植株总干重。

随着植株的生长，同化物在地上部分的分配系数逐渐增大，当作物进入开花期后，地上部的分配系数已逐渐趋近于1。在禾谷类作物如小麦中，开始灌浆时每日产生的同化物都分配给地上部分，即自灌浆至成熟地上部分的分配系数为1。因此，籽粒灌浆以前可采用阻滞方程来模拟日同化量在地上部分的分配，其后均为1。对小麦，公式如下：

$$CP[shoot]=\begin{cases} c\times\exp[a\times\exp(b\times PDT))] & 0\leqslant PDT<39.0 \\ 1 & PDT\geqslant 39.0 \end{cases} \tag{2.98}$$

上式中，a、b、c 为经验系数，PDT 为作物一生的生理发育时间（当 PDT 达到 39 时，小麦达到灌浆始期），CP[shoot] 为地上部分的分配系数。

进入地下部分根系的分配系数由下式计算：

$$CP[root]=1-CP[shoot] \tag{2.99}$$

上式中，CP [root] 为地下部分根系的分配系数，CP [shoot] 为地上部分的分配系数。

②地上部分器官间同化物的分配：地上部分接受的同化物进一步分配至叶、茎、穗等器官。这些器官的分配系数可用下述方程表述：

$$CP[leaf]_i=(DM[leaf]_{i+1}-DM[leaf]_i)/(DM[shoot]_{i+1}-DM[shoot]_i) \tag{2.100}$$

$$CP[stem]_i=(DM[stem]_{i+1}-DM[stem]_i)/(DM[shoot]_{i+1}-DM[shoot]_i) \tag{2.101}$$

$$CP[ear]_i=(DM[ear]_{i+1}-DM[ear]_i)/(DM[shoot]_{i+1}-DM[shoot]_i) \tag{2.102}$$

$$CP[leaf]_i+CP[stem]_i+CP[ear]_i=1 \tag{2.103}$$

上式中，$CP[leaf]_i$ 为地上部分日同化量对叶的分配系数，$CP[stem]_i$ 为地上部分日同化量对茎的分配系数，$CP[ear]_i$ 为地上部分日同化量对穗的分配系数，$DM[leaf]_{i+1}$、$DM[leaf]_i$ 为第 i+1、i 天叶片的干物重，$DM[stem]_{i+1}$、$DM[stem]_i$ 为第 i+1、i 天茎鞘的干物重，$DM[ear]_{i+1}$、$DM[ear]_i$ 为第 i+1、i 天穗部的干物重，$DM[shoot]_{i+1}$、$DM[shoot]_i$ 为第 i+1、i 天地上部分的干物重。

在作物进入灌浆期以前，地上部分日同化量在茎、叶等器官上的分配系数与生理发育时间的关系均满足一元二次方程，从籽粒灌浆至成熟，茎、叶的分配系数为0，这一个时期内地上部分的日同化量全部分配给穗部以利于籽粒的灌浆。

上述关系可由以下公式表示：

$$CP[leaf]=\begin{cases}a_L+b_L\times PDT+c_L\times PDT^2 & (PDT<39)\\0 & (PDT\geqslant 39)\end{cases} \tag{2.104}$$

$$CP[stem]=\begin{cases}a_S+b_S\times PDT+c_S\times PDT^2 & (PDT<39)\\0 & (PDT\geqslant 39)\end{cases} \tag{2.105}$$

$$CP[ear]=1-CP[leaf]-CP[stem] \tag{2.106}$$

上式中，CP[leaf] 为地上部分日同化量对叶的分配系数，CP[stem] 为地上部分日同化量对茎的分配系数，CP[ear] 为地上部分日同化量对穗的分配系数，PDT 为作物生理发育时间，a_L、b_L、c_L、a_S、b_S、c_S 为经验系数。

（2）贮藏型同化物的再分配

作物生长进入籽粒灌浆期后，不仅每日的光合产物全部分配给穗部，而且，当日同化量不能满足籽粒灌浆所需时，在茎秆、叶片、根系等器官中贮藏的同化物也开始向穗部运转，以完成籽粒的灌浆过程。特别是茎秆中贮藏型同化物向籽粒的输出速率随着植株的成熟逐渐加快，到灌浆后期，由于绿色面积很小，茎秆中转移部分可占到日灌浆量的主要部分，甚至全部。

可以假设，在作物进入籽粒灌浆期以前，不存在贮藏物质的再分配，只存在日同化量的分配，进入籽粒灌浆期，贮藏型同化物的再分配系数即转移系数（TRS）与生理发育时间呈线性关系，公式如下：

$$TRS[organ]=\begin{cases}0 & PDT<39\\a_{organ}\times(PDT-39) & PDT\geqslant 39\end{cases} \tag{2.107}$$

上式中，TRS[organ] 为某器官中贮藏物质的转移系数，这里的器官主要指地上部分的茎鞘和叶片，a_{organ} 为器官中贮藏物质向穗部转移的速率，是模型中品种特定的遗传参数，它的大小与灌浆持续期长短和最终收获指数相关，PDT 为作物的生理发育时间。

有关不同作物中再分配启动的时间和强度仍然是有待于进一步研究的课题。一般情况下，如果连续数日籽粒生长对碳的总需求超过供给时，就可能引起再分配。或者当茎的生长一旦停止，养分再分配就开始。在再分配诱发之后，养分再运移到灌浆期较短的作物中以每天占再分配量的 20%左右进行，对于灌浆期相对较长的作物，每日输出速率为再分配量的 10%左右。每日输出速率的变化依环境条件（如温度）而定，由于缺乏基本资料，难以准确估计。在小谷类作物中，总的干物质再分配量可占到籽粒质量的 20%左右。这些特征值都取决于具体的作物种类、生长状况、管理措施及气候条件等因子。

在衰老过程中，叶片质量下降，相当大的一部分生物量被分解，在叶片死亡以前被用于呼吸作用或再运转。可以认为，贮藏物从叶片向外再运转与从茎秆向外再运转是相似的生理过程，但在生育后期茎的淀粉再运转更为有效，而死亡中的根向生长部位所提供的糖类可以不计在内。

（3）器官质量及经济产量的决定

植株不同器官的质量是特定器官分配系数与生物量的乘积。其中，籽粒灌浆期后，茎鞘和叶片的质量还需减去自己再分配的部分。

产量是由分配给穗部的同化物逐渐积累而成的，公式如下：

$$WSO_{i+1}=WSO_i+CP[ear]\times CP[shoot]\times W_i+TRS[leaf]\times WLV_i+TRS[stem]\times WST_i \tag{2.108}$$

上式中，WSO_{i+1}、WSO_i 分别为第（$i+1$）天和第 i 天的籽粒干物质量（kg DM · hm^{-2}），CP[shoot] 为第 i 天干物质给地上部分的分配系数，CP[ear] 为第 i 天地上部分日同化量对穗的分配系数，TRS[leaf]、TRS[stem] 为第 i 天叶片和茎秆中的贮藏物质向穗部的转移系数，W_i 为第 i 天净光合同化量（kg DM · hm^{-2}），WLV_i 为第 i 天的绿色叶片的干物质量（kg DM · hm^{-2}），WST_i 为第 i 天的茎鞘干物质量（kg DM · hm^{-2}）。

2.1.4.2 氮分配与品质形成

（1）吸收氮的分配

植株吸收的氮在不同器官之间的分配模式与干物质分配的模式是基本一致的。然而，由于植株的氮吸收量随生育阶段而变化，且不同器官的氮含量随生理年龄而变化，因此不同器官积累的总氮量表现为明显的时空变化模式。

作物根系吸收的氮随生育进程被分配到根、茎、叶和籽粒中，假设其分配按照各器官的需求比例进行，即各器官的氮分配系数分别为：

$$NCP_{leaf}=NDEML/(NDEML+NDEMST+NDEMRT) \tag{2.109}$$

$$NCP_{stem}=NDEMST/(NDEML+NDEMST+NDEMRT) \tag{2.110}$$

$$NCP_{root}=NDEMRT/(NDEML+NDEMST+NDEMRT) \tag{2.111}$$

上式中，NCP_{leaf}、NCP_{stem}、NCP_{root} 分别为叶、茎、根的氮分配系数，NDEML、NDEMST、NDEMRT 分别为每日叶片、茎鞘和根系对 N 的需求量（kg · hm^{-2} · d^{-1}）。

叶片、茎鞘、根系的含 N 量（kg · hm^{-2}）分别为它们的 N 分配系数与根系吸收的总 N 量的乘积：

$$NUPL=TNUP\times NCP_{leaf} \tag{2.112}$$

$$NUPST=TNUP\times NCP_{stem} \tag{2.113}$$

$$NUPRT=TNUP\times NCP_{root} \tag{2.114}$$

上式中，NCP_{leaf}、NCP_{stem}、NCP_{root} 分别为叶、茎、根的氮分配系数，NUPL、NUPST、NUPRT 分别为叶片、茎鞘、根系的含 N 量（kg · hm^{-2}）。

（2）氮的再分配

开花以后，植株营养器官（特别是叶片和茎鞘）中积累的氮开始向穗部籽粒中再分配，在小谷类作物中，氮向籽粒的再分配量占到籽粒总氮量的 80%左右，其余部分来自于当时根系吸收的 N。氮再分配的比例随不同基因型籽粒的氮含量及植株氮的营养状况而变，主要取决于花后植株氮再分配的强度和持续期。

采用氮的再分配因子来模拟氮的运转情况。

$$NUPSO=NDEMSO\times FNDEF \tag{2.115}$$

$$NDEMSO=WSO\times XNCSO-ANSO \tag{2.116}$$

$$FNDEF=\begin{cases}0 & FNDEF<0\\ 1-(1-AUX^2)^{0.5} & \\ 1 & FNDEF>1\end{cases} \tag{2.117}$$

$$AUX=(ANCL-LNCL)/(MNCL-LNCL) \tag{2.118}$$

$$ANCL=ANLV/WLV \tag{2.119}$$

$$MNCL=0.5\times XNCL \tag{2.120}$$

上式中，NUPSO 为贮藏器官含 N 量，NDEMSO 为贮藏器官的需 N 量，WSO 为贮藏器官干重，XNCSO 为贮藏器官最大含 N 率，是品种遗传参数，ANSO 为贮藏器官实际含 N 量，FNDEF 为作物体内氮的再分配因子，AUX、ANCL 为中间变量，MNCL 和 LNCL（$=0.005kg\cdot hm^{-2}$）分别表示叶片生长的自由 N 浓度和叶组织中的不可逆 N 浓度，ANLV 为叶片的实际含 N 量，WLV 为绿色叶片的干物质量（$kg\ DM\cdot hm^{-2}$）。

（3）籽粒蛋白质含量与蛋白质产量

考虑生育后期各营养器官中 N 的再运转，在禾谷类作物一生中，叶片、茎鞘、根系和贮藏器官的每日实际含 N 量分别为：

$$ANLV=ANLV+NUPL-NUPSO\times ANLV/(ANLV+ANST) \tag{2.121}$$

$$ANST=ANST+NUPST-NUPSO\times ANLV/(ANLV+ANST) \tag{2.122}$$

$$ANRT=ANRT+NUPRT \tag{2.123}$$

$$ANSO=ANSO+NUPSO \tag{2.124}$$

上式中，ANLV、ANST、ANRT 和 ANSO 分别为叶片、茎鞘、根系和贮藏器官的实际含 N 量，NUPSO 为贮藏器官含 N 量，NUPL、NUPST、NUPRT 分别为叶片、茎鞘、根系的含 N 量（$kg\cdot hm^{-2}$）。

随着籽粒的灌浆成熟，分配到籽粒中的氮逐步转换为蛋白质，成熟时籽粒氮含量与蛋白质含量具有一定的数量关系，如小麦中籽粒氮含量与蛋白质含量之比为 5.75。蛋白质含量与籽粒产量的乘积即为籽粒的蛋白质产量。

2.1.5 作物水分平衡模拟

作物生产力形成的两个最基本的过程是光合作用和蒸腾作用。光合作用决定作物的干物质积累，蒸腾作用保证作物水分和养分的吸收，调节作物的能量状况和气孔开度。因此，要保证一定的光合速率、光合叶面积和干物质的积累，就必须有一定的水分来维持作物的蒸腾。当水分不足时，影响作物体的水分状况和蒸腾，抑制细胞（叶面积）的建成和造成能量平衡和气孔开度的变化，导致光合、蒸腾速率的降低，进而造成作物生产能力的降低甚至死亡。

2.1.5.1 土壤—植物—大气系统水分传输

在土壤—植物—大气系统的整个水循环中，土壤水分的主要来源是大气降水，主要散失是地表面径流、土中渗漏、土壤表面蒸发和植物吸取。水分通过土壤表面蒸发和植物蒸腾返回到大气中去。土壤—植物—大气系统中水的潜在自由能用水势表示。水分在此系统中流动的驱动力是两点间的水势差。为了维持水分由土壤进入植物体，再由植物体蒸腾到大气中去，必须满足下列条件：

$$\Psi_{土壤}>\Psi_{根}>\Psi_{茎}>\Psi_{叶}>\Psi_{空气} \tag{2.125}$$

其中 $\Psi_{土壤}$、$\Psi_{根}$、$\Psi_{茎}$、$\Psi_{叶}$、$\Psi_{空气}$分别表示土壤、根、茎、叶和空气的水势。

水流速率 ET 可模仿 Ohm 定律表示为：

$$ET=(\Psi_2-\Psi_1)/r \quad (2.126)$$

上式中，ET 为水流速率，r 为水流路径上所遇的阻抗，Ψ_2、Ψ_1分别为二点的水势。

在定量描述土壤—植物—大气系统水循环过程之前，有必要介绍有关的几个概念：

①蒸发（evaporation）：指土壤表面或自由水面水分以气态形式散失到大气中的现象。蒸发 1mm 水（层）需要消耗 2.4MJ · m^{-2}能量。

②植物蒸腾（transpiration）：水分由气孔下腔以气态形式经气孔蒸发到大气中去的现象。其强度受气孔开度控制。气孔阻抗是水分由土壤经植物到大气中所遇的最大阻力，而蒸腾则是植物吸水的最大动力。

③蒸散（evapotranspiration）：植物蒸腾与土表蒸发之和，受土壤水分、作物生理状态及覆盖度和气候条件的影响。

④潜在蒸散（potential evapotranspiration）：指土壤水分供应充足，作物处于最佳生理状态时，封行作物田块的蒸散量。其大小只取决于当地的气候条件（辐射能的多少和空气的干燥程度及风速）。

2.1.5.2 土壤水分平衡

土壤水分平衡（ΔS）指土壤水分收入与支出之差。土壤水分贮存量的主要来源是降水（P，mm），毛细管上升水和灌溉（I，mm）；支出主要包括地表径流（R，mm），作物截流（Int，mm），作物吸收即蒸腾耗水（Tr，mm），土壤蒸发（SEv，mm）和渗漏（drainage by percolation）（D，mm）。地下水位深（低于根层 1m 以下）的沙土和壤土的水分平衡相对较容易模拟。这类土壤在湿润时具有较高的导水率，水分向下流动迅速，因此无饱和土壤层产生。在此所考虑的水分平衡是指渗入、渗透、蒸发和向下重新分配。毛细管上升水及水分水平方向（横向）的流入与流出在这种情况下常予以忽略。此时土壤水分平衡表示为：

$$\Delta S=P+I-Tr-SEv-R-Int-D[mm] \quad (2.127)$$

上式中，ΔS 为土壤水分平衡，P 是降雨（mm），I 为毛细管上升水和灌溉（mm），R 为地表径流（mm），Int 为作物截流（mm），Tr 为作物吸收即蒸腾耗水（mm），SEv 为土壤蒸发（mm），D 为渗漏（drainage by percolation）（mm）。

水分在土壤中并不是静止不动的，而是通过在不同土层间的流动进行重新分配。水的流速取决于水流驱动力和土壤导水率，二者均与土壤含水量有关。水流驱动力是土壤水势梯度。对一维流而言，根据 Darcy 定律，土壤水通量 q（$m^3 \cdot m^{-2} \cdot s^{-1}$）可由下式计算：

$$q=-\frac{K(h)\partial H}{\partial z} \text{或} \quad q=-K(h)\left(\frac{\partial h}{\partial z}+1\right) \quad (2.128)$$

上式中，q 为土壤水通量（$m^3 \cdot m^{-2} \cdot s^{-1}$），$K(h)$为土壤导水率（$m \cdot s^{-1}$），是土壤水压（$h$）的函数，$z$ 是垂直坐标（m），以土壤表面为原点，向下为正；H 为土壤水势（m），是土壤水压（h）和重力（z）之和。根据物质连续方程，土壤容积含水量 θ（$m^3 \cdot m^{-3}$）的变化速率可表示为：

$$\frac{\partial\theta}{\partial t}=-\frac{\partial q}{\partial z}-S \tag{2.129}$$

上式中，S 为单位土壤容积的根在单位时间内吸收的水量（$m^3 \cdot m^{-3} \cdot s^{-1}$），$\theta$ 为土壤容积含水量（$m^3 \cdot m^{-3}$），q 为土壤水通量（$m^3 \cdot m^{-2} \cdot s^{-1}$），$z$ 为重力。将式（2.128）代入式（2.129）能得到：

$$\frac{C(h)\partial h}{\partial t}=\frac{\partial\left[K(h)\left(\frac{\partial h}{\partial z}+1\right)\right]}{\partial z}-S \tag{2.130}$$

C（h）$=d\theta/dh$。式（2.129）可借助计算机用有限差分法求解：

$$\frac{C_i^j(h_i^{j+1}-h_i^j)}{\Delta t}=\frac{1}{\Delta z\left\{K_{i+1}^j\left[\frac{h_i^j-h_{i+1}^j}{\Delta z}+1\right]-K_{i+1}^j\left[\frac{h_{i-1}^j-h_i^j}{\Delta z}+1\right]\right\}}-S_i^j \tag{2.131}$$

基于式（2.128）和式（2.129）的模拟模型是解释性的综合模型。在借助计算机进行有限差分法求解时，其稳定性和收敛程度由时间步长和土层厚度所决定。解释性土壤水分动态模拟模型中的时间步长比作物生长模拟模型中所采用的时间步长（1d）小几个量级。因此，在作物生长模型中不能采用解释性土壤水分动态模拟模型，而必须用参数法来模拟土壤水分动态。

研究土壤水分平衡的一个简单方法就是把土壤分成几个水平层次，把每个土层的含水量作为一个独立的状态变量来考虑，并分别描述流入和流出每层的水量。由于土壤剖面中的实际含水量是一个连续梯度，在把土壤分成几个水平层次来进行水分平衡模拟时应采用每层土壤的平均含水量、平均水势和平均导水率。对非饱和土壤，Penning de Vries 等（1989）提出了将各层水分的流入与流出以天为步长进行模拟的土壤水分平衡模型 L2SU。L2SU 模型的基本思路是：流入第一层的水分来自雨水。田间持水量即为土壤能够保持的最大含水量。一层土壤不能储藏的水分将排到下一层或流出整个所模拟的土层。水分通过蒸发和蒸腾从上层吸出。所模拟的土层土壤剖面分为 3 层，假定每层土壤性质均匀。上层厚度为 0.1~0.2m，第二层为 0.2~0.4m，第三层为 0.4~1.0m，其综合须略大于根系的最大深度。每层的厚度与物理特性为模型输入参数（土层在田间持水量、萎蔫点和风干时的容积含水量，不同土壤类型的这些数值见表 2-3）。通过增加层数，模块可以用于更多的土壤异质情况。

表 2-3　不同土壤类型的典型土壤容积含水量

Table 2-3　Typical soil volumetric water content of different soil types

（单位：$cm^3 \cdot cm^{-3}$）

	风干	萎蔫点	田间持水量	饱和状态
粗沙土	0.005	0.01	0.06	0.40
细沙土	0.005	0.03	0.21	0.36
壤土	0.01	0.11	0.36	0.50
轻黏土	0.05	0.24	0.38	0.45
重黏土	0.18	0.36	0.49	0.54

（1）作物冠层对降水的截流量

Makkink 和 van Heemst（1975）提出截流量 Int（$mm \cdot d^{-1}$）计算公式如下：

$$Int = \min(P, Intcap/dt) \tag{2.132}$$

$$Intcap = (1-\eta) \times F \times FW \tag{2.133}$$

其中 P 为降水量（mm），Intcap 为作物冠层截留能力，dt 为时间步长（day），η 为作物冠层对太阳辐射的透射率，F 为单位鲜重生物量的截留能力（=0.2 kg 水/kg 鲜重），FW 为作物的鲜重（$kg \cdot m^{-2}$），η 可根据太阳辐射在作物群体中的分布规律——指数规律来计算：

$$\eta = e^{(-k \times LAI)} \tag{2.134}$$

上式中，k 为作物冠层的消光系数，LAI 为冠层叶面积指数，k 为模型输入参数，LAI 在作物生长模拟部分计算。则到达地表的有效水量 EFP 为：

$$EFP = P - Int \tag{2.135}$$

上式中，EFP 为到达地表的有效雨量，P 为降雨量（mm），Int 为截流量（$mm \cdot d^{-1}$）。

（2）土壤中的渗透和径流

①径流的计算：并非所有到达土表的水（降水或灌溉水）均渗透到土壤，尤其是下大雨时，田间土表径流量 R 可达到降水量的 0~20%，在渗透性差的土表上径流量会更大。在灌溉和耕作适当的土壤上，土表径流可以忽略不计。当土表供水速率超过土壤最大渗透率和累积的剩余水分超过土壤表面储水能力时将发生径流。实际上，最大渗透率受到表面含水量的影响。在自由排水土壤（如沙土）的水分平衡模型 L2SU 中，假设径流量为降水量的一固定部分。但这种假设有时并不符合实际，因而难以得到令人满意的结果。土表径流量可以看作为日降水量（Jansen 和 Gosseye，1986）和土壤含水量的一个函数。但是，用于校正该函数关系所必需的资料往往不易获得。Davidoff 和 Sekim（1986）建立了径流量变化与土壤表面特性的关系函数。美国 USDA—土壤保持服务机构（USDA—soil conservation serves）提出了计算地表径流的曲线法（Williams et al.，1983）。该方法被 CERES 系列作物模型用来计算土壤水分平衡。

②水分渗透和渗漏的计算：渗入土壤中的水分量 INFR 为到达地面的有效降水 EFP 与地表径流 R 之差。

$$INFR = EFP - R \tag{2.136}$$

上式中，INFR 为渗入土壤中的水分量，EFP 为有效降水，R 为地表径流。

当某一土层水分超出其田间持水量时，水分便渗漏到下面较低的层次。大多数排水发生在 24h 之内（除重黏土外）。如果任一天的渗透水大于该层的持水能力，那么剩余水分就排到下层。如果较多水分进入最低层而超出其保持能力，则其余水分作为深层渗漏而流失。某层土壤可持水分含量 HOLD（L）为：

$$HOLD(L) = [\theta_{SAT}(L) - \theta(L)] \times DLAYER(L) \tag{2.137}$$

如果 INFR 小于或等于 HOLD：

$$\theta(L) = \theta(L) + INFR/DLAYER(L) \tag{2.138}$$

则排水量 DRAIN（L）为：

$$\text{DRAIN}(L)=\begin{cases}0 & \text{当新的 } \theta(L)<\theta_{FC}(L)+0.003\\ [\theta(L)-\theta_{FC}(L)]\times\theta_{CON}\times \text{DLAYER}(L) & \text{当新的 } \theta(L)>\theta_{FC}(L)+0.003\end{cases} \tag{2.139}$$

$$\theta(L)=\theta(L)-\text{DRAIN}(L)/\text{DLAYER}(L) \tag{2.140}$$

如果 INFR 大于 HOLD，多余的水分直接被排入下一层，此时：

$$\text{DRAIN}(L)=\theta_{CON}\times[\theta_{SAT}(L)-\theta_{FC}(L)]\times \text{DLAYER}(L) \tag{2.141}$$

上式中，HOLD（L）为某层土壤可持水分含量，DRAIN（L）为排水量，INFR 为渗入土壤中的水分量，θ_{SAT}(L)为土层饱和含水量（$m^3 \cdot m^{-3}$），θ(L)为土层实际容积含水量（$m^3 \cdot m^{-3}$），DLAYER（L）为土层厚度（m），θ_{FC}(L)为土层田间持水量（$m^3 \cdot m^{-3}$），θ_{CON}为土壤非饱和排水速率常数。θ_{SAT}(L)、*DLAYER*（*L*）、θ_{FC}(L)和θ_{CON}均为模型的输入参数。从底层排出的水量 DRAIN（B）即为渗漏量 D。

由分子扩散作用导致的某层土壤水流通量 FLX（L）为：

$$\text{FLX}(L)=k(\theta)(\Delta\theta 2-\Delta\theta 1)/[\text{DLAYER}(L+1)\times 0.5+\text{DLAYER}(L)\times 0.5] \tag{2.142}$$

$$\Delta\theta 1=\theta(L)-\theta_{WP}(L)\quad \Delta\theta 2=\theta(L+1)-\theta_{WP}(L+1) \tag{2.143}$$

$$k(\theta)=0.88\times e^{(35.4\times(\Delta\theta 1\times 0.5+\Delta\theta 2\times 0.5))} \tag{2.144}$$

则每层土壤的总水流量 FLOW（L）为：

$$\text{FLOW}(L)=\text{FLX}(L)+\text{DRAIN}(L) \tag{2.145}$$

上式中，FLX（L）为某层土壤水流通量，k（θ）为与土壤含水量有关的水分扩散系数，FLOW（L）为每层土壤的总水流量，θ_{WP}为凋萎点土壤水分含量，θ(L)为土层实际容积含水量（$m^3 \cdot m^{-3}$），$\Delta\theta 1$、$\Delta\theta 2$ 为中间变量，DLAYER（L）为土层厚度（m），DRAIN（L）为排水量。

这时，从底层流出的总水量 FLOW（B）即为总渗漏量 D。

（3）蒸发蒸腾的计算

①潜在蒸发蒸腾速率（PEV）的计算多采用 Penman 公式来计算：

$$\text{PEV}=\left(\frac{1}{\lambda}\right)[\Delta/(\Delta+\gamma)]R_n+hu(e_s-e_a)/(\Delta+\gamma) \tag{2.146}$$

其中$\left(\frac{1}{\lambda}\right)[\Delta/(\Delta+\gamma)]R_n$=EVR 为辐射效应项，$hu(e_s-e_a)/(\Delta+\gamma)$= EVD 为干燥力效应项，$\lambda$ 为水的汽化热，R_n 为冠层接收的净辐射（$J \cdot m^{-2} \cdot d^{-1}$）。$\gamma$（=0.067kPa）为湿度计常数，hu 为风速的订正系数（$kgH_2O \cdot m^{-2} \cdot d^{-1} \cdot ℃^{-1}$），对封行冠层 hu = 0.263（1+0.54u_2），u_2 为 2m 高处风速（$m \cdot s^{-1}$），e_s 和 e_a 分别为空气饱和水汽压和实际水汽压，Δ 为饱和水汽压曲线在当时气温（Ta,℃）下的斜率（$kPa \cdot ℃^{-1}$）。Δ 的计算公式为：

$$\Delta=\frac{415.86\times e_s(Ta)}{(Ta+239)^2} \tag{2.147}$$

空气饱和水汽压 e_s（Ta）（kPa）的计算公式为：

$$e_s(\mathrm{Ta}) = 0.611\ e^{(17.4\mathrm{Ta}/(239+\mathrm{Ta}))} \tag{2.148}$$

上式中，e_s（Ta）为空气饱和水汽压（kPa），Ta 为当时气温，Δ 为饱和水汽压曲线在当时气温（Ta,℃）下的斜率（kPa·℃$^{-1}$）。

式（2.146）计算的是单位面积表面的潜在蒸发或蒸腾，在计算整块作物田的蒸发蒸腾时，则要考虑作物冠层的叶面积指数 LAI 的影响。对式（2.146）中的辐射效应项，如果作物冠层没能截获所有的入射太阳辐射能，则未被截获的部分将会到达土壤表面并被用于土壤蒸发。如作物冠层的消光系数为 k，因光在冠层中随深度变化多按指数规律递减，则整个冠层的潜在蒸腾中辐射效应项 EVRC 为：

$$\mathrm{EVRC} = \mathrm{EVR} \times (1 - e^{(-k \times \mathrm{LAI})}) \tag{2.149}$$

上式中，EVRC 为整个冠层的潜在蒸腾中辐射效应项，EVR 为辐射效应项，k 为消光系数，LAI 为叶面积指数。

整个冠层的潜在蒸腾中干燥力效应项 EVDC 应为：EVD×LAI。但空气干燥力一般只对冠层顶至累计叶面积指数 LAI 为 2.5 的上部叶片蒸腾有效而对下部叶片的蒸腾贡献不大，因为透射到冠层 LAI=2.5 以下的阳光很少，致使下部叶片气孔开度小，气孔阻抗较大。因此，实际计算整个冠层的潜在蒸腾中干燥力效应项 EVDC 时，采用公式：

$$\mathrm{EVDC} = \mathrm{EVD} \times \min(2.5, \mathrm{LAI}) \tag{2.150}$$

上式中，EVDC 为整个冠层的潜在蒸腾中干燥力效应项，EVD 为干燥力效应项，LAI 为叶面积指数。

min（2.5，LAI）为最小函数，即在 2.5 和 LAI 二者中取小者。则整个冠层的潜在蒸腾为：

$$\mathrm{PETC} = \mathrm{EVRC} + \mathrm{EVDC} = \left(\frac{1}{\lambda}\right)\left[\frac{\Delta}{\Delta+\gamma}\right] R_n (1 - e^{(-k \times \mathrm{LAI})}) + \left[\frac{\mathrm{hu}(e_s - e_a)}{\Delta+\gamma}\right][\min(2.5, \mathrm{LAI})] \tag{2.151}$$

上式中，PETC 为整个冠层的潜在蒸腾，EVRC 为整个冠层的潜在蒸腾中辐射效应项，EVDC 为整个冠层的潜在蒸腾中干燥力效应项。

由于只有未被作物冠层截获而到达土壤表面的太阳辐射才被用于土壤蒸发，且冠层降低风速从而降低干燥力效应，故土壤表面的潜在蒸发 PEVS 为：

$$\mathrm{PEVS} = e^{(-k \times \mathrm{LAI})}\left\{\left(\frac{1}{\lambda}\right)\left[\frac{\Delta}{\Delta+\gamma}\right]\mathrm{R_n} + \frac{\mathrm{hu}(e_s - e_a)}{\Delta+\gamma}\right\} \tag{2.152}$$

上式中，PEVS 为土壤表面的潜在蒸发。

则整块作物田的潜在蒸散 PET 为：

$$\mathrm{PET} = \mathrm{PETC} + \mathrm{PEVS} \tag{2.153}$$

上式中，PET 为整块作物田的潜在蒸散，PETC 为整个冠层的潜在蒸腾，PEVS 为土壤表面的潜在蒸发。

用 Penman 公式计算潜在蒸发蒸腾时，需要每日湿度和风速资料。当这两项资料缺乏时，可采用 Priestly—Taylor 方程来计算潜在蒸散量 PET（P-T）：

$$\mathrm{PET(P-T)}=\begin{cases}\mathrm{EEQ}\times1.1 & 5℃\leqslant T_{max}\leqslant24℃\\ \mathrm{EEQ}[(T_{max}-24)\times0.05+1.1] & T_{max}>24℃\\ \mathrm{EEQ}\times0.01\times e^{(0.18\times(T_{max}+20))} & T_{max}<5℃\end{cases}\tag{2.154}$$

$$\mathrm{EEQ}=Q(0.03\times10^{-4}-1.83\times10^{-4}\times\mathrm{ALBEDO})\times(T_{day}+29)\tag{2.155}$$

$$T_{day}=0.6\times T_{max}+0.4\times T_{min}\tag{2.156}$$

上式中，PET（P-T）为潜在蒸散量，EEQ 为平衡蒸发速率，T_{max}为日最高温度，T_{min}为日最低温度，T_{day}为白天平均温度，Q 为太阳辐射日总量（$Ly\cdot d^{-1}$），ALBEDO 为作物冠层对太阳辐射的反射率，与作物冠层覆盖度（LAI）有关。对禾谷类作物，ALBEDO 可按下式计算：

$$\mathrm{ALBEDO}=\begin{cases}0.23-(0.23-\mathrm{SALB})\times e^{(-0.75\mathrm{LAI})} & \text{灌浆期以前}\\ 0.23+\dfrac{(\mathrm{LAI}-4)^2}{160} & \text{灌浆至成熟}\end{cases}\tag{2.157}$$

上式中，ALBEDO 为作物冠层对太阳辐射的反射率，LAI 为叶面积指数，SALB 为裸地对太阳辐射的反射率（表 2-4）。

表 2-4　湿土和干土的反射率

Table 2-4　Reflectance of wet and dry soils

土表类型	湿土	干土
沙土	0.24	0.37
沙壤	0.10~0.19	0.17~0.33
黏壤	0.10~0.14	0.20~0.23

土壤潜在蒸发量 PEVS（P-T）为：

$$\mathrm{PEVS(P-T)}=\begin{cases}\mathrm{PET(P-T)}\times(1-0.43\times\mathrm{LAI}) & \mathrm{LAI}<1\\ \mathrm{EEQ}\times e^{(-0.4\times\mathrm{LAI})} & \mathrm{LAI}>1\end{cases}\tag{2.158}$$

作物潜在蒸腾量 PEVC（P-T）为：

$$\mathrm{PEVC(P-T)}=\begin{cases}\mathrm{PET(P-T)}\times\mathrm{LAI}/3 & \mathrm{LAI}\leqslant3\\ \mathrm{PET(P-T)} & \mathrm{LAI}>3\end{cases}\tag{2.159}$$

如果：

$$\mathrm{PEVC(P-T)}+\mathrm{PEVS(P-T)}>\mathrm{PET(P-T)}\tag{2.160}$$

则：

$$\mathrm{PEVC(P-T)}=\mathrm{PET(P-T)}-\mathrm{PEVS(P-T)}\tag{2.161}$$

上式中，PEVS(P-T) 为土壤潜在蒸发量，PEVC (P-T) 为作物潜在蒸腾量，PET（P-T）为潜在蒸散量，EEQ 为平衡蒸发速率，LAI 为叶面积指数。

②实际蒸腾、蒸发和蒸散的计算：

a. Penman—Monteith 方程法。根据 Penman—Monteith 方程，蒸发或蒸腾可按下式计算：

$$\mathrm{AET}=\left(\frac{1}{\lambda}\right)\{\Delta R_n+\rho C_p[e_s(T_a-e_a)]\}/[\Delta+\gamma(r_{a,v}+r_{I,v})]\tag{2.162}$$

上式中，AET 为实际蒸发或蒸腾，e_s和e_a分别为空气饱和水汽压和实际水汽压，Δ为饱和水汽压曲线在当时气温（Ta,℃）下的斜率（kPa・℃$^{-1}$），λ 为水的汽化热，R_n为冠层接收的净辐射（J・m^{-2}・d^{-1}）。γ（=0.067kPa）为湿度计常数。$r_{I,v} \approx r_s$为气孔阻抗（计算蒸腾时，气孔完全张开r_s=100s・m^{-1}，气孔完全关闭r_s=2 000s・m^{-1}）或土表阻抗（计算土壤蒸发时，r_s与土壤湿度有关，土壤完全湿润r_s=0s・m^{-1}，土壤完全干燥时r_s=2 000s・m^{-1}），$r_{a,v}$=0.93 $r_{a,h}$为叶面边界或土壤边界层对水汽的阻抗（s・m^{-1}），$r_{a,h}$为叶面边界层或土壤边界层对热量的阻抗（s・m^{-1}），其计算公式为：

$$\begin{cases} \text{叶面}——r_{a,h} = 100\left(\dfrac{\text{WIDTH}}{u}\right)^{0.5} \\ \text{土表}——r_{a,h} = 2\times100\left(\dfrac{\text{WIDTH}}{u}\right)^{0.5} \end{cases} \tag{2.163}$$

上式中，$r_{a,h}$为叶面边界层或土壤边界层对热量的阻抗（s・m^{-1}），WIDTH 为叶片宽度或土表粗糙度（m），u 为风速（m・s^{-1}）。

用 Penman-Monteith 方程计算实际蒸发或蒸腾涉及到气孔或土表阻抗的估算，但阻抗的估算较为复杂。因此，在作物生长模拟模型中，更多的是采用土壤水分平衡法计算实际蒸发或蒸腾。

b. 土壤水分平衡法。实际蒸发和蒸腾量不仅受可供蒸发的能量（太阳辐射）限制，而且受土壤水分、作物生长状况和作物覆盖度等因素的影响。当上层土壤开始干燥，蒸发速率便随之下降。在自由排水土壤（如沙土）的水分平衡模型 L2SU 中，假定蒸发速率下降发生在降水（定义一天最少雨量 0.5mm 为雨天）或灌溉之后的第二天。观察表明，累积蒸发量与时间的平方根成比例，应用这一观察结果对单位时间蒸发速率的降低作了模拟（Stroosnijder，1982）。假定土壤蒸发等于顶层土壤的蒸发，则雨天（日降水量大于或等于 0.5mm）的土壤蒸发 EVSH 和无雨天的土壤蒸发 EVSD 为：

$$\text{EVSH}=\min\{\text{PEVS},[\theta(1)-\theta_{AD}(1)]\times\text{DLAYER}(1)+\text{FLOW}(1)\} \tag{2.164}$$

$$\text{EVSD}=\min\{\text{PEVS},0.6\times\text{PEVS}\times[(\text{DSLR})^{0.5}-(\text{DSLR}-1)^{0.5}]+\text{FLOW}(1)\} \tag{2.165}$$

上式中，EVSH 为雨天土壤蒸发，EVSD 为无雨天的土壤蒸发，EVS 为土壤表面的潜在蒸发。θ_{AD}为风干土壤的容积含水量，DSLR 为距降雨日的天数（降雨日的第二天记为 1），0.6 为假设蒸发比例系数是土壤潜在蒸发的 60%，θ 为土层实际容积含水量（m^3・m^{-3}），DLAYER 为土层厚度（m），FLOW（1）为上层土壤的总水流量，FLOW（1）的计算见式 2.136~式 2.145。则任一天土壤的实际蒸发量 AVES 为：

$$\text{AVES}=\begin{cases}\text{EVSH} & \text{DSLR}-1.1<0 \\ \text{EVSD} & \text{DSLR}-1.1>0\end{cases} \tag{2.166}$$

上式中，AVES 为任一天土壤的实际蒸发量，EVSH 为雨天土壤蒸发，EVSD 为无雨天的土壤蒸发，DSLR 为距降雨日的天数（降雨日的第二天记为 1）。

实际蒸腾量与作物根系吸水量有关。根系最大吸水量（RWUPMX）一般不超过每

1cm 根长吸收 0. 03 cm^3 水分。每层根系潜在吸水量 PRWUP（L）可用下面的经验公式计算（Ritchie，1986）：

$$PRWUP(L)=2.67\times10^{-3}\times\exp\{62\times[\theta(L)-\theta_{WP}(L)]/[6.68-\ln(RLV(L))]\} \tag{2.167}$$

上式中，PRWUP（L）为每层根系潜在吸水量，$\theta(L)$为土层实际容积含水量（$m^3\cdot m^{-3}$），θ_{WP}（L）为土层萎蔫点时的容积含水量，RLV（L）为每层根长密度（在作物模拟模型中的生长部分计算）。如果 PRWUP（L）>RWUPMX，则 PRWUP = RWUPMX。根系总的潜在需水量 TRWUP 为：

$$TRWUP=TRWUP(L)+PRWUP(L) \tag{2.168}$$

上式中，TRWUP 为根系总的潜在需水量，PRWUP（L）为每层根系潜在吸水量。

如果 TRWUP > PEVC，则实际蒸腾量 AEVC = PEVC。如果 TRWUP < PEVC，则 AEVC = TRWUP。实际蒸散量 AET = AEVC + AEVS。

2. 1. 5. 3　水分效应因子

（1）水分的供需关系

作物需水量是指水分供应充足时，在当地气候条件下旺盛生长的作物蒸腾和土壤蒸发所消耗的水量，随生育期和作物种类而变化。在作物水分管理决策时，作物一生需水量的多少可根据产量目标和作物蒸腾系数或水分利用率来计算（作物需水量=目标生物产量×蒸腾系数）。在作物模拟模型中，作物一生需水量即为生长季中农田潜在蒸散量。任一天的作物需水量为模拟的干物增长率与蒸腾系数的乘积。作物水分利用率（EM）是指消耗单位水量生产的总干物质量（$kg\cdot m^{-3}$或 $kg\cdot hm^{-2}\cdot mm^{-1}$），有两种表示方法：

$$EM=总生物量(干重)/作物生长期间总耗水量 \tag{2.169}$$

$$EY=收获物产量/作物生长期间总耗水量 \tag{2.170}$$

上式中，EM 为作物水分利用率。EY = EM×经济系数。EY、EM 因作物种类不同而异。C_3植物的水分利用率较 C_4 植物的低。C_4 植物 EM 略为 C_3植物 EM 的两倍。如小麦的 EY 为 15～25$kg\cdot hm^{-2}\cdot mm^{-1}$，土豆为 15～20$kg\cdot hm^{-2}\cdot mm^{-1}$，玉米为 20～40$kg\cdot hm^{-2}\cdot mm^{-1}$。作物蒸腾系数 TC 是作物水分利用率的倒数，即 TC = 1/EM。

当土壤水分不足时，作物生长耗水量及产量则受土壤可供水量的限制。土壤可供水量可根据土壤实际含水量及土层厚度来计算：

$$土壤可供水量=(\theta-\theta_{WP})\times土层厚度 \tag{2.171}$$

上式中，θ为土层平均容积含水量，θ_{WP}为萎蔫点时土层平均容积含水量。当土壤可供水量少于作物需水量或农田潜在蒸散量时，如果没有灌溉，作物生长发育及产量将受到影响。

（2）水分胁迫的影响

水分胁迫由水分过多（渍害）或过少（干旱）引起。水分胁迫主要通过影响作物光合速率、干物质分配、根系生长活力等，最终影响作物生长和产量。在有关作物生长模拟模型的研究中，模拟水分亏缺对作物生长影响的研究很多，而模拟渍水对作物生长的研究则较少。

水分亏缺导致叶片气孔开度变小，气孔阻抗增大，影响 CO_2 向有效光合器官的扩散，从而影响光合速率。在大多数模型中，缺水对光合速率的影响因子 FW 一般按下式计算：

$$FW = AEVC/PEVC \tag{2.172}$$

上式中，FW 为缺水对光合速率的影响因子，AEVC 为作物冠层实际蒸腾，PEVC 为潜在蒸腾。

作物冠层实际蒸腾 AEVC 和潜在蒸腾 PEVC 可由土壤水分的平衡模型计算。则水分胁迫下的光合作用速率=水分供应充足时的光合速率×FW。

水分亏缺还将影响作物干物质的分配。缺水时，分配到根的干物量将增加，而分配到地上部分，特别是分配到叶片的干物量相应减少。根据 Penning de Vries 等（1989）的研究，缺水对干物质分配的影响因子 DMALF 可按下式计算：

$$DMALF = \min(1.0, 0.5 + AEVC/PEVC) \tag{2.173}$$

上式中，DMALF 为缺水对干物质分配的影响因子，AEVC 为作物冠层实际蒸腾，PEVC 为潜在蒸腾。

则水分胁迫下分配到地上部分的分配系数 ACP［shoot］为水分供应充足时的分配系数 CP［shoot］与 DMALF 的乘积：

$$ACP[shoot] = CP[shoot] \times DMALF \tag{2.174}$$

根系的干物质分配系数 ACP［root］为：

$$ACP[root] = 1 - ACP[shoot] \tag{2.175}$$

上式中，ACP［shoot］为水分胁迫下分配到地上部分的分配系数，CP［shoot］为水分供应充足时的分配系数，DMALF 为缺水对干物质分配的影响因子，ACP[root]为根系的干物质分配系数。

南京农业大学在荷兰 MACROS 模型的基础上，结合试验研究结果，提出了一个根据土壤实际含水量和发生干旱与渍水的土壤临界含水量来计算水分亏缺和渍害影响因子通用方法：

$$WF(i) = \begin{cases} \dfrac{1}{1+a\,e^{-bT}} & SW(i) \geqslant SW_{SAT}(i) \\ 1-\left(1-\dfrac{1}{1+a\,e^{-bT}}\right)\times\left(\dfrac{SW(i)-SW_{FC}(i)}{SW_{SAT}(i)-SW_{FC}(i)}\right) & SW_{FC}(i) \leqslant SW(i) < SW_{SAT}(i) \\ 1 & SW_{CR}(i) \leqslant SW(i) < SW_{FC}(i) \\ \dfrac{SW(i)-SW_{WP}(i)}{SW_{CR}(i)-SW_{WP}(i)} & SW_{WP}(i) \leqslant SW(i) < SW_{CR}(i) \\ 0 & SW(i) < SW_{WP}(i) \end{cases} \tag{2.176}$$

上式中，WF（i）为第 i 层土壤的水分影响因子，SW_{SAT} 为土壤饱和含水量，SW_{FC} 为土壤田间持水量，SW_{WP} 为土壤萎蔫含水量，T 为渍水持续天数，a、b 为拟合系数，SW_{CR} 为发生干旱的土壤含水量临界值，用下式计算：

$$SW_{CR}=SW_{WP}+(SW_{FC}-SW_{WP})\times(c\cdot e^{\frac{d(\Psi_{CR}-\Psi_0)}{\Psi_{WP}-\Psi_0}}) \tag{2.177}$$

上式中，c、d 为拟合系数。Ψ_{WP}表示作物萎蔫时的凌晨叶水势（约-0.3MPa），Ψ_0表示不受水分胁迫（水分适宜）时的凌晨叶水势（约-0.6MPa）。Ψ_{CR}表示作物受水分胁迫影响的临界凌晨叶水势。

根据研究，发生渍水的水分临界值设置为田间持水量，在小麦开花期，渍水胁迫水分影响因子与渍水持续时间的关系如式（2.178）所示。

$$WF_{Pn}=1-\frac{1}{1+11.05\times e^{-0.177\times T}} \tag{2.178}$$

上式中，WF_{Pn}为渍水胁迫水分影响因子，T 为渍水持续时间。

利用式（2.176）和式（2.177）既可计算水分亏缺影响因子又可计算渍水影响因子。但由于系数 a、b、c、d 因土壤类型、作物种类及生育期不同而异，该方法在实际生产中的应用还需大量的试验数据作为支持。

2.1.6 作物养分效应模拟

植物生长需要多种营养元素。其中需要量较大的元素称大量元素，如氮（N）、磷（P）、钾（K）等。在养分供应充足的条件下生长的作物，其组织中的养分含量可看作该作物对该营养元素的需求量。因此，实际条件下作物组织中的养分含量可用作评判土壤供肥是否充足的指标。施肥是防止作物养分亏缺的最有效措施。但在不同条件下（如不同地点、季节）给同一作物施同量肥料，作物的反应会不同。这主要由两方面的原因引起。一是土壤中的化学和生物转换作用和物理过程使所施养分不能完全供作物吸收之用；二是作物吸收的养分在作物体中的分布和作用依环境不同而异。

2.1.6.1 土壤氮素动力学

土壤中氮的总贮存量包括无机态氮和有机态氮（与碳结合的含氮物质的总称）。后者占土壤全氮的98%以上。有机态氮按其溶解和水解的难易程度，可分为水溶性、水解性和非水解性有机氮。水溶性有机氮含量不超过土壤全氮量的5%，植物能直接吸收。水解性有机氮含量占土壤全氮量的50%~70%，能被酸、碱或酶水解为易溶性含氮化合物。非水解性有机氮占土壤全氮量的30%~50%，性质稳定，不易水解，对作物氮素营养意义不大。土壤中无机氮素包括 NH_4^+、NO_3^-、NO_2^- 和 NH_3。铵态氮包括土壤溶液中的 NH_4^+、交换性 NH_4^+ 和黏土矿物固定 NH_4^+。土壤溶液中的 NH_4^+ 含量极微。固定态铵是土壤无机态氮的主体，其含量取决于土壤黏土矿物类型及质地。NO_3^- 是铵态氮在好气条件下经微生物进行硝化作用后的产物。NO_2^- 是硝化作用的中间产物，在通气良好的土壤中，很快转化为硝态氮，土壤中含量很低。NH_3 存在于土壤溶液和土壤空气中。溶液中的 NH_4^+ 和 NH_3 处于化学平衡状态，其相对含量与溶液的 pH 值和温度有关。土壤溶液中的 NH_4^+、交换性 NH_4^+ 和硝态氮都易被作物吸收，称为土壤速效氮。土壤中的无机态氮一般只占土壤全氮量的1%~2%，因受土壤中生物化学作用的影响且易为作物和微生物吸收，含量很不稳定。

土壤中含氮物质的转化是十分复杂的，它包括有机氮的矿化与生物固持、硝化作用、反硝化作用、铵的黏土矿物固定与释放、铵的吸附与解吸及铵—氨平衡和氨的挥发损失等。各种形态氮的转化，在一定条件下相互影响、相互制约。转化过程的方向与速率直接影响着土壤的供氮能力及土壤氮——作物系统中氮的损失。土壤氮素循环属于土壤溶质循环范畴，其定量化研究主要依据土壤溶质循环的基本原理和模型。近 20 多年来，有关科学家根据自己的研究目的，提出了许多土壤氮素循环数学模型。这些模型大致可分为两大类，即收支模型和动态模型。收支模型主要以物质平衡方程为基础，而动态模型则以速度方程，通常是微分方程来描述系统的各个过程为基础。作物生长模拟模型中所采用的土壤氮循环模型基本上以收支模型为主。收支模型的基本原理可用下式表示：

$$\Delta N = N_a + N_f + N_m - N_d - N_l - N_u \qquad (2.179)$$

上式中，ΔN 为土壤中无机氮的变化量，N_a 为大气降水携带和土壤生物固定的氮，N_f 为施肥加入的无机氮，N_m 为土壤有机氮矿化量，N_d 为土壤反硝化损失量，N_l 为土壤无机氮淋洗量，N_u 为作物吸收量。

（1）土壤无机氮的淋洗量

在多数作物模型中，土壤无机氮淋洗量的计算是与土壤水分运动模拟同时进行。如在 CERES—WHEAT 氮模型中，假设每层土壤中的硝态氮全部均匀地溶于土壤水中，则每层土壤流失到下一层的硝态氮量按下式计算：

$$NOUT(L) = SNO_3(L) \times FLOW(L) / (\theta(L) \times DLAYER(L) + FLOW(L)) \qquad (2.180)$$

上式中，NOUT(L) 每层土壤流失到下一层的硝态氮量，SNO_3（L）为土层中硝态氮含量；FLOW（L）为土层（向下）水流量，在土壤水分平衡模拟部分计算；θ(L) 为土壤层容积含水量，DLAYER(L) 为土层厚度。当 SNO_3（L）小于或等于 1.0（mg NO_3/kg 土壤）时，NOUT(L) = 0。流出底层土壤的硝态氮量 NOUT(B) 即为淋洗量。

（2）矿化与固定

矿化（mineralization）是指土壤中有机态氮在微生物的作用下分解为 NH_3 或 NH_4^+ 的作用。而固定（immobilization）是指微生物利用无机态氮，将其转化成细胞的有机态氮的作用。这是两个同时进行但方向相反的生物化学过程。土壤中有机态氮的矿化与固持的相对强度受能源物质的种类、数量及水热条件和 pH 值影响。土壤中能源物质多（C：N 大于 25~30）时，生物固持速率就大于矿化作用的速率，反之，则相反。土壤环境中性、纬度升高有利于矿化，而低温、淹水、嫌气，则有利于生物固持。由于土壤中有机态氮种类不同，其矿化速率也不同。因此，土壤中有机态氮矿化的模拟一般是将有机态氮进行分类，然后对不同类型的有机态氮矿化进行模拟。在土壤氮素平衡模型中，有机态氮的分类大致有两种方法，一种是根据土壤中有机态氮的来源分为土壤原有的氮素、秸秆还田和施用有机肥所含的氮素，如荷兰的 ORYZA 模型、江苏省农业科学院的 RCSODS、WCSODS 模型及南京农业大学的 WheatGrow 模型。另一种是根据土壤有机氮的结构类型分为新鲜有机质和腐殖质，如 CERES 模型。

①土壤氮素的矿化：土壤对于植物氮素供应起着重要作用。研究指出，即使在大量施用氮肥情况下，作物积累的氮素仍有 50%以上来自土壤，有些则高达 70%以上。因

此，研究农田土壤氮素矿化是了解土壤的供氮能力及拟定合理施用氮肥量的主要依据，亦是土壤生态系统氮素循环平衡的重要组成部分。

土壤氮素的矿化速率可表示为土壤有机氮肥、矿化过程的环境条件和时间的函数，即：

$$\frac{dN}{dt}=f(SN_{ORG},E,t) \tag{2.181}$$

一般写成一阶动力方程形式：

$$\frac{dN}{dt}=K_1\times SN_{ORG} \tag{2.182}$$

上式中，K_1 为土壤有机氮转化为无机氮的相对速率，SN_{ORG}为土壤有机氮量，E 为环境因素（如温度、水分、pH 值等）。土壤氮素矿化函数表明，氮素矿化不仅与有机氮的总量有关，而且受有机质的形态或有机氮的存在方式及环境因素影响。综合考虑环境因素的氮素矿化模型称为生态模型。生态模型建模方法有回归分析法和逐步订正法（衰减法）。前者为经验方程，模型机理性与普适性较差，因而后者被普遍采用，可写为：

$$K_1=K_{1OPT}\times f(E) \tag{2.183}$$

上式中，K_1为土壤有机氮转化为无机氮的相对速率，K_{1OPT}为温度、水分等环境因素处于最佳时的矿化系数。f(E) 为环境因素所决定的无量纲环境效应函数，其值变化于 0~1 之间。确定 f(E) 是建立氮素矿化生态模型的关键。假定在其他因子处于最佳状态下某个因子的影响函数用$f_i(E_i)$ 表示，则 $f(E)$ 一般有三种算法：最小法、最大最小法、连乘法，而以连乘法应用较多。连乘法表示为：

$$f(E)=\Pi f_i(E_i) \tag{2.184}$$

温度被认为是影响土壤氮素矿化的重要因素，温度效应函数为：

$$FT_1(t)=Q_{10}^2((T(t)-T_{1OPT})/10) \tag{2.185}$$

上式中，$FT_1(t)$为温度效应函数，Q_{10}为温度系数，表示温度每增加 10℃，分解速度增加的倍数，Q_{10}是重要的土壤特征参数，从已有的研究看，Q_{10}表现出一定的差异。由于 FT_1取确定的形式且只有一个参数Q_{10}，因而可以集中研究它的变化规律。在缺少信息的情况下，一般取$Q_{10}=2$，$T_{1OPT}=30℃$，$T(t)$ 为实际温度；T_{1OPT}为最佳温度。

土壤湿度是影响氮素矿化的另一重要环境因素，间接反映了土壤通气状况和土壤的某些物理特性。土壤湿度函数必须考虑以下几个事实：①存在最适宜矿化的土壤含水量，一般认为田间最大持水量的状态是矿化的最适条件，也有人认为是最大持水量的70%；②在土壤饱和含水量下，进入厌气分解，仍应保持一定的矿化作用，在水田更是如此；③在凋萎含水量时，保持一定的矿化作用；④土壤含水量的适合性，与土壤质地和土壤容重有关；⑤土壤含水量可以用多种形式表示，应考虑指标测定的简便性。为此，确定水分影响函数如下：

$$FW(t)=\begin{cases} FW_D & \theta(t)\leqslant\theta_D \\ FW_D+(1-FW_D)\times\dfrac{\theta(t)-\theta_D}{\theta_{OPT}-\theta_D} & \theta_D\leqslant\theta(t)\leqslant\theta_{OPT} \\ 1-(1-FW_S)\times(\theta(t)-\theta_{OPT})/(\theta_{SAT}-\theta_{OPT}) & \theta_{OPT}\leqslant\theta(t)\leqslant\theta_{SAT} \\ FW_S & \theta(t)\geqslant\theta_{SAT} \end{cases} \quad (2.186)$$

上式中，FW(t)为水分影响函数，$\theta(t)$为实际含水量，θ_{OPT}为矿化作用的最适含水量，θ_{FC}为田间持水量，θ_{SAT}为饱和含水量，θ_D为凋萎含水量。a 为矫正系数，黏性土壤取0.8，壤性土壤取0.9，沙性土壤取1.0。FW_D为待定参数，一般分别取0.2，0.4。

土壤有机氮累积矿化量为：

$$SAMN(t)=SN_{ORG}\times\{1-EXP[-K_{1OPT}\times Nd(t)]\} \quad (2.187)$$

土壤有机氮逐日矿化量为：

$$SMN(t)=SAMN(t)-SAMN(t-1) \quad (2.188)$$

上式中，SAMN(t)为土壤有机氮累积矿化量，SMN(t)为土壤有机氮逐日矿化量，SN_{ORG}为土壤有机氮量，*Nd* 为标准化天数（normalized days）。K_{1OPT}为温度、水分等环境因素处于最佳时的矿化系数，是土壤氮素矿化模拟的一个重要参数，对其估计方法一是利用实验室矿化培养结果，可以将在30℃好气培养下的矿化速率作为K_{1OPT}的估计。另一种估计方法是利用田间试验资料。先计算生长季的 Nd，即生长季节矿化效应上相当于每天是30℃和水分最适宜下的天数。在水田，因为水分条件相对固定，可以不考虑水分因子的校正，则

$$Nd(t)=\Sigma FT_1(t) \quad (2.189)$$

对于旱田，先计算 Nd，再计算 K_{1OPT}：

$$Nd(t)=\Sigma FT_1(t)\times FW(t) \quad (2.190)$$

$$K_{1OPT}=N_{ACT}/Nd \quad (2.191)$$

上式中，N_{ACT}为生长季实际供氮量，已有大量的试验资料可以利用。据江苏响水资料，K_{1OPT}约为5×10^{-4}。FW(t)为水分影响函数，Nd 为标准化天数，$FT_1(t)$为温度效应函数。

②秸秆还田的有效氮供应：与 Penning de Vries（1982）提出的秸秆分解“吃馅饼”式的模型结构相对应，我们提出秸秆分解“整吞”式的模型结构，即秸秆分解过程中，改变着有机物的形态与组成，残余物的含氮率也发生变化，秸秆初始时的含氮量与残余物含氮量的差即为分解过程中氮素的净释放。所以，过程包括残余有机物质量或有机碳变化模拟和残余物含氮率变化的模拟。

秸秆有机碳分级的动态模拟是秸秆分解过程中氮素固定与释放动态模拟的基础。研究表明，影响秸秆分解速率的主要因素是温度、土壤湿度、物料的 C/N 和木质素含量。秸秆还田的方式也影响其分解。秸秆直接还田方式有翻压还田（秸秆粉碎撒施或残留高茬后直接翻压土内）和覆盖还田，覆盖还田又包括人工覆盖还田（株间或田间地表铺盖）、残茬覆盖还田（留高茬等），覆盖于地表大大慢于翻埋于土中的分解速率。秸秆分解残余量为：

$$STRAWL(t)=STRAW\times \exp[-K_{2OPT}\times FN\times FW_2(t)\times FT_1(t)\times Nd(t)] \quad (2.192)$$

$$FN=0.570+0.126\times NC_{STRAW} \quad (2.193)$$

上式中，STRAWL(t) 为秸秆分解残余量，FN 为秸秆含氮率影响因子，NC_{STRAW}为秸秆含氮率，STRAW 为秸秆，Nd 为标准化天数，FT_1(t) 为温度效应函数。K_{2OPT}为最佳温、湿度与 FN=1 时的秸秆相对分解速率，可以采用与K_{1OPT}相似的方法加以估计。据 Ma 等（1999）的研究，K_{2OPT}为 0.01026，另据王志明等（1998）用同位素标记淹水培养试验的结果，K_{2OPT}为 0.01。FW_2为水分影响因子，在秸秆掩埋还田条件下，FW_2采用式（2.186）计算，在地表覆盖的情况下，采用式（2.194）计算：

$$FW_2(t)=0.7\times FW_2(t-1)+0.3\times PC(t) \quad (2.194)$$

$$PC(t)=\begin{cases}1.0 & P(t)\geq 4\\ \dfrac{P(t)}{4} & P(t)<4\end{cases} \quad (2.195)$$

上式中，FW_2为水分影响因子，P（t）为日降雨量（mm/d）。

假定秸秆经过 150 个标准化日（此值约为江淮地区一年的标准化天数）分解的腐殖化系数称标准腐殖化系数，此时的腐殖质含氮率为 50 g/kg，则秸秆分解净释放氮量计算如下：

$$NC_{STRAWL}(t)=(0.05-[NC_{STRAW}])\times(Nd/150)^{c_2}+NC_{STRAW} \quad (2.196)$$

$$N_{STRAWL}(t)=STRAWL(t)\times NC_{STRAWL}(t) \quad (2.197)$$

$$N_{STRAWM}(t)=STRAW\times NC_{STRAW}-N_{STRAWL}(t) \quad (2.198)$$

$$\Delta N_{STRAWM}(t)=N_{STRAWM}(t-1)-N_{STRAWM}(t) \quad (2.199)$$

上式中，NC_{STRAWL}为残余物含氮率，NC_{STRAW}为秸秆含氮率，N_{STRAWL}为残余物含氮量，N_{STRAWM}为氮素累积净释放，ΔN_{STRAWM}为逐日氮素净释放量。STRAW 为秸秆，STRAWL 为秸秆残余物，c_2为与秸秆种类有关的矫正系数，绿肥取 1.2，油菜茎、荚壳取 1.0，禾谷类秸秆取 0.8。对代表性的秸秆紫云英（含氮 27.5mg/kg）、标准秸秆（C/N 比为 25 的秸秆，含氮 16g/kg）、水稻秸秆（含氮 5g/kg）的氮素释放动态模拟结果，趋势与朱兆良（1992）的研究结果基本一致。

而在 CERES 等作物模型中，矿化的模拟是将土壤分层（如分为 L 层）且将每层有机质分为新鲜有机质（FOM（L））和腐殖质（HUM（L））。然后分别计算两种有机质的分解速率。采用的分解速率的计算方法是，用无限制条件下的潜在分解速率（PRDEC）乘以环境影响因子，如土壤湿度影响因子 FW，土壤温度影响因子 FT 及 C/N 影响因子 CNRF 等。某土层有机质分解速率 GRCOM（I）（I=1，2，3 分别为碳水化合物、纤维素和木质素）和矿化量 GRNOM（I）用下列公式计算：

$$GRCOM(I)=GI\times FOM(L,I) \quad (2.200)$$

$$GRNOM(I)=GI\times FOM(L,I)/FOM(L)\times FON(L) \quad (2.201)$$

$$GI=FT\times FW\times CNRF\times PRDEC(I) \quad (2.202)$$

$$FT=[ST(L)-5.0]/30.0 \quad (2.203)$$

$$CNRF=\exp[-0.693\times(CNR-25)/25.0] \quad (2.204)$$

$$CNR=[0.4\times FOM(L)]/[FON(L)+TOTN] \quad (2.205)$$

上式中，GRCOM（I）为某土层有机质分解速率，GI为有机质的分解速率，FOM（L，I）为某土层新鲜有机质，GRNOM（I）为某土层矿化量，FW为土壤湿度影响因子，FT为土壤温度影响因子，CNRF为C：N比对矿化作用和硝化作用的影响因子，ST(L)为第L层土温，当ST(L)小于5.0℃时，FT记为0；PRDEC（I）为潜在分解速率常数，对应I=1，2，3，其值分别为0.80，0.05，0.0095；FON（L）为新鲜有机质FOM（L）中有机氮含量，TOTN为土壤中无机氮含量；初始时刻FOM（L，1），FOM（L，2），FOM（L，3）分别为FOM（L）的20%，70%和10%。FON（L）和TOTN为模型输入参数。则第L层土壤的有机质总分解速率和总矿化量为：

$$TGRCOM=GRCOM(1)+GRCOM(2)+GRCOM(3) \quad (2.206)$$

$$TGRNOM=GRNOM(1)+GRNOM(2)+GRNOM(3) \quad (2.207)$$

同理，腐殖质释放氮的速率为：

$$RHMIN=NHUM(L)\times DMINR\times FT\times FW \quad (2.208)$$

上式中，TGRCOM为第L层土壤有机质总分解速率，TGRNOM为第L层土壤总矿化量，RHMIN为腐殖质释放氮的速率，GRCOM（I）为某土层有机质分解速率，GRNOM（I）为某土层矿化量。DMINR为腐殖质潜在分解速率（是一常数$=8.3\times10^{-5}$），NHUM(L)为腐殖质中的氮含量。NHUM(L)和HUM(L)初始值和DMINR均为模型输入参数。FW为土壤湿度影响因子，FT为土壤温度影响因子。

土壤中氮的生物固持量为：

$$RNAC=\min[TOTN, TGRNOM\times(0.02-FON(L)/FOM(L))] \quad (2.209)$$

上式中，RNAC为土壤中氮的生物固持量，TOTN为土壤中无机氮含量，TGRNOM为第L层土壤总矿化量，FON（L）为新鲜有机质FOM（L）中有机氮含量。从所有有机质中释放出的总氮量为：

$$NNOM=0.8\times TGRNOM+RHMIN-RNAC \quad (2.210)$$

上式中，NNOM为所有有机质中释放出的总氮量，TGRNOM为第L层土壤总矿化量，RHMIN为腐殖质释放氮的速率，RNAC为土壤中氮的生物固持量。

（3）硝化作用与反硝化作用

硝化作用（nitrification）是指矿化作用产生的氨或施入土壤的铵态氮肥在微生物的作用下氧化为硝酸的过程。影响硝化作用的主要因素是土壤通气状况及含水量。土壤通气良好时，硝化作用进行强烈。当土壤含水量为田间最大持水量的60%左右时，最有利于硝化作用的进行。在中性或微酸性条件下，硝化作用较旺盛。硝化作用的最适温度为30~35℃。反硝化作用（denitrification）是指在嫌气条件下，NO_3^-在反硝化微生物的作用下逐步被还原成N_2或N_2O的脱氮作用。反硝化作用是水田氮素损失的主要途径。作物模型中，硝化和反硝化速率的计算一般也采用与矿化和固持相类似的方法，如在CERES-WHEAT氮模型中，硝化速率用下列公式计算：

$$RNTRF=\min[B, SNH_4(L)] \quad (2.211)$$

$$B=\{A\times40.0\times NH_4(L)/[NH_4(L)+90.0]\}\times SNH_4(L) \quad (2.212)$$

$$A=\min[RP2, FW, FT, PHN(L)] \quad (2.213)$$

$$RP2=CNI(L)\times EXP(2.302\times ELNC) \quad (2.214)$$

$$ELNC=\min(FT,FW,SANC) \tag{2.215}$$

$$SANC=1.0-\exp[-0.01363\times SNH_4(L)] \tag{2.216}$$

上式中，SANC 为铵浓度对硝化作用的影响因子，SNH_4（L）为土层中铵浓度，ELNC 为环境（限制）对硝化作用的影响因子，FT 和 FW 分别为土温对硝化作用的影响因子和土壤水分对硝化作用的影响因子（与矿化作用相同），CNI（L）为前一天的相对硝化潜力，RP2 为当日相对硝化潜力，PHN（L）为土壤 pH 值对硝化作用的影响因子，其计算在 Ritchie（1986）的 CERES-WHEAT 模型中有详细描述。初始 CNI（L）值为模型输入参数。则当日土壤中硝态氮浓度 SNO_3（L）和铵态氮浓度 SNH_4（L）分别为前一天的值加上和减去硝化速率 RNTRF：

$$SNO_3(L)=SNO_3(L)+RNTRF \tag{2.217}$$

$$SNH_4(L)=SNH_4(L)-RNTRF \tag{2.218}$$

上式中，RNTRF 为硝化速率，SNO_3（L）为硝态氮浓度，SNH_4（L）为铵态氮浓度。

在 CERES-WHEAT 氮模型中，反硝化作用只有在土壤含水量大于土壤排水上限值时才计算。反硝化速率为：

$$DNRATE=6.0\times10^{-5}\times CW\times NO_3(L)\times FSW\times FST\times DLAYER(L) \tag{2.219}$$

$$CW=24.5+0.0031\times SOILC+0.4\times FMO(L,1) \tag{2.220}$$

$$FSW=[\theta_{SAT}(L)-\theta(L)]/[\theta_{SAT}(L)-\theta_{FC}(L)] \tag{2.221}$$

$$FST=0.1\times\exp[0.046\times ST(L)] \tag{2.222}$$

上式中，CW 为土壤水分可从土壤有机质中取出的碳，NO_3（L）为土壤中硝酸根 NO_3^- 浓度，SOILC 为土壤碳含量（=58%×HUM（L）），DLAYER（L）为土层厚度，FSW 和 FST 分别为土壤水分和土温对反硝化作用的影响因子，θ_{SAT}（L）为土壤饱和时容积含水量，θ（L）为土壤实际容积含水量，θ_{FC}（L）为土壤田间持水量。在土壤水分平衡模拟部分计算，θ_{SAT}（L）和 θ_{FC}（L）为模型输入参数。

（4）铵的黏土矿物固定与释放、吸附与解吸

黏土矿物固定作用是指土壤中的交换性铵或溶液中的铵进入 2∶1 型黏土矿物层晶格成为非交换性铵。固定态铵向交换性铵的转化，称为铵的释放作用。土壤溶液中的铵被土壤胶体颗粒吸附，称为铵的吸附作用。交换性铵转移到溶液中，称为解吸作用。假定铵离子的固定是由自由铵离子（可交换的和可溶解的铵离子）与固定的铵离子之间的一种可逆过程，则黏土矿物质上铵离子的固定作用可用下列平衡式描述：

$$NH_4^+(\text{自由体})\rightleftharpoons NH_4^+(\text{固定的}) \tag{2.223}$$

但是，固定速度大大超过固定 NH_4^+ 的释放速度。

铵的固定与释放对土壤的保肥与供肥性能有重要影响。固定态铵的含量主要决定于黏土矿物类型，黏土矿物类型又决定于土壤母质类型与风化程度。除砖红壤外，固定态铵含量与黏粒含量高度正相关。固定态铵的含量是相当可观的，在太湖平原的土壤，平均 1m 土体内的固定态铵在 2 800kg·hm^{-2}以上，占全氮的 1/3；在黄淮平原土壤为 2 560kg·hm^{-2}，占全氮的 1/2。新固定的固定态铵的有效性，一般都较高。据研究，在盆栽的条件下，在两个固铵能力较强的水稻土中，55%～77%的肥料氮施入后，很快被

固定，这些新固定的肥料铵在作物抽穗前绝大部分（87%~93%）即被吸收利用。综上所述，交换态铵和固定态铵虽然在性质上是不同的，在保肥供肥的作用上又是相似的。在已开发的模型中，很少考虑土壤对铵的缓冲作用，将土壤中所有矿质态铵作为同一状态处理，这不仅不能真实地反应土壤供肥与吸肥的关系，也影响氮素其他转化过程的模拟。描述物质吸附性能的数学式有 Langmuir 方程、Freundlich 方程和 Temkin 方程，被用来描述土壤对元素的吸附特征。但由于参数难以取得，采用 Li 等（1992a，b）提出的经验方程：

$$FIXNH_4 = [0.41 - 0.47 \times \lg(SNH_4)] \times (CLAY/0.63) \quad (2.224)$$

上式中，$FIXNH_4$ 为固定和吸附的 NH_4^+ 的比例，SNH_4 为土壤中 NH_4^+ 含量，CLAY 为土壤物理性黏粒含量。铵的固定与吸附能力与土壤黏粒含量及有机质含量有关，在一般情况下有机质含量与黏粒含量呈正相关，故用黏粒含量作代表。

2.1.6.2 土壤磷素的动态模拟

磷是作物需要量较大且经常限制作物生长的重要元素，土壤中的磷通过地表侵蚀和淋失，是水体富营养化的重要原因。建立磷素养分模拟模型，对作物生产中磷的有效管理是十分重要的。近几十年来，对磷的模拟主要集中在作物吸磷的机理模型和土壤中磷的行为模拟方面。Barber-Cushman 模型是养分吸收模型的典型代表，已被一系列盆栽试验在多种作物和土壤上进行了验证和评价，并被用来进行养分吸收量的预测和评价施肥技术的效果。Anghinoni 等（1980）用该模型计算玉米和大豆磷肥施用的最佳位置，描述根际环境对作物吸磷的效应。在土壤磷行为动态方面，则主要集中在土壤磷的固定与释放、磷的淋失等方面。在作物生长的综合性模拟模型中，磷的动态模拟是极为薄弱的部分之一，在已研制的综合性作物生长模型中都尚未包括磷素的动态模拟。南京农业大学近年来初步建立了土壤磷动态及与作物吸收利用关系的模拟模型。

（1）土壤有效磷基本平衡模型

根据土壤磷素平衡原理，土壤有效磷主要收入项有：①土壤有机质与施用有机物的矿化；②施用肥料中的速效养分；③雨水和灌溉水中的养分；④底层上升水中携带的养分。支出项有：①作物吸收；②渗漏损失；③生物固定；④可逆性弱的固定作用。忽略一些次要项目，土壤有效磷变化可表示如下：

$$SAP(t) = SAP(t-1) + SMP(t) + CFP(t) + MMP(t) - UP(t) - PFIX(t) \quad (2.225)$$

上式中，SAP 为土壤有效磷量，SMP 为土壤有机质净矿化的有效磷量，CFP 为施入土壤的化肥提供的有效磷量，MMP 为施入土壤的有机肥提供的有效磷，UP 为作物吸收的磷，PFIX 为土壤磷的不可逆固定。

（2）土壤有效磷各组分的动态模拟

①土壤有机磷分解模拟：从世界范围看，有机磷在土壤全磷中的比重为 15%~80%，我国大部分土壤占 20%~50%，通常与土壤有机质含量有良好的直线相关，有机态磷大约为有机碳的 1%，可以用土壤有机质含量估计土壤有机磷的含量。土壤有机磷的矿化是土壤腐殖质矿化的结果，其矿化量模型为：

$$SAMP(t) = SP_{ORG} \times \{1 - \exp[-K_{10PT} \times Nd(t)]\} \quad (2.226)$$

$$SMP(t) = SAMP(t - SAMP(t-1) \quad (2.227)$$

上式中，SAMP 为土壤有机磷累积矿化量，SP_{ORG}为土壤有机磷量，SMP 为土壤有机质净矿化的有效磷量，Nd 为标准化天数，K_{1OPT}为温度、水分等环境因素处于最佳时的矿化系数。

②施用有机物料的有效磷释放模拟：有机物料包括秸秆、厩肥和堆肥等。厩肥和堆肥的有效磷直接进入土壤有效磷库，秸秆、厩肥和堆肥分解过程中进行磷的释放还是生物固定，与有机物的 C : P 值有关，C : P<200 时，进行纯矿化作用，C : P 在 200~300 之间，矿化与固定处于动态平衡，C : P>300，进行纯生物固定作用。采用与有机氮分解相似的方法进行有机物分解磷动态的模拟，对于秸秆，模拟模型如下：

$$PC_{STRAWL}(t)=(0.017-PC_{STRAW})\times(\frac{Nd}{150})+PC_{STRAW} \tag{2.228}$$

$$P_{STRAWL}(t)=STRAWL(t)\times PC_{STRAWL}(t) \tag{2.229}$$

$$P_{STRAWM}(t)=STRAW\times PC_{STRAW}-P_{STRAWL}(t) \tag{2.230}$$

$$\Delta P_{STRAWM}(t)=P_{STRAWM}(t-1)-P_{STRAWM}(t) \tag{2.231}$$

上式中，PC_{STRAWL}为秸秆残留含磷率，PC_{STRAW}为秸秆含磷率，P_{STRAWL}为秸秆残留磷量，P_{STRAWM}为秸秆累积矿化磷量，ΔP_{STRAWM}为秸秆分解磷释放速率。

厩肥与堆肥中有机磷分解的模拟，与秸秆有机磷分解的模拟相似。

③土壤溶液磷浓度：作物在土壤中最直接的磷源是从土壤溶液中吸收的，土壤溶液中磷的浓度是表征土壤供磷能力的最主要因素。虽然土壤溶液中也存在可溶的有机态磷，但作物的磷素供应主要靠吸收无极态磷酸离子。土壤溶液中的磷量是很小的，只相当于作物一季需要量的 0.5%~1.0%，在作物生长期中要保持原有的浓度水平，就需要不断补充被作物吸走的磷量，可见土壤固相不断补充土壤溶液中磷的重要性。

为简化起见，磷的固定包括土壤体系所有使土壤溶液中的磷减少的过程，主要包括表面吸附和沉淀作用。假定固定的磷分为吸附于解吸附这个较快的可逆反应部分和延续时间较长的、可逆性低的固态磷酸盐两部分，则：

$$P_{FIX}=P_{AD}+P_{PRE} \tag{2.232}$$

上式中，P_{FIX}为总固定的磷（mmol/kg），P_{AD}为吸附作用固定的磷（mmol/kg），P_{PRE}为沉淀作用固定的磷（mmol/kg）。在酸性土壤上，由无定型的 Fe、Al 氧化物固定的磷（P_{OX}），达到大约两类氧化物浓度的 1/2 时，土壤固定的磷达到饱和状态，多余的磷存在于溶液中。当土壤固定的磷达到饱和状态时，固定磷的 2/3 属于不可逆性固定的磷，1/3 属于可逆性强的吸附态磷，因此有：

$$SP_{SFIX}=(Fe_{OX}+Al_{OX})/2 \tag{2.233}$$

$$SP_{SAD}=1/3\times SP_{SFIX} \tag{2.234}$$

上式中，Fe_{OX}、Al_{OX}分别为无定型 Fe、Al 氧化物含量（mmol/kg），SP_{SFIX}为土壤最大固定磷量，SP_{SAD}为土壤饱和吸附磷量。

在石灰性土壤上，据邱家璋等的研究，最大固定量与物理性黏粒含量 CLAY 密切相关，其关系方程为：

$$SP_{SFIX}=359.45+17.19\times CLAY \tag{2.235}$$

假设固定磷有 1/2 为吸附态磷，则

$$SP_{SAD}=1/2\times SP_{SFIX} \tag{2.236}$$

在土壤吸附磷 SP_{AD} 与溶液中磷 SP_{SOLU} 间的平衡关系用 Langmuir 方程描述：

$$SP_{AD}=SP_{SAD}\times AC\times SP_{SOLU}/(1+PAC\times SP_{SOLU}) \tag{2.237}$$

PAC 为磷亲和常数，取 35 cm^3/mmol。

$$SP_{SOLU}=SP_{AD}/[PAC\times(SP_{SAD}-SP_{AD})] \tag{2.238}$$

在酸性土壤上：

$$SP_{AD}=1/3\times P_{OX} \tag{2.239}$$

在碱性土壤上：

$$SP_{AD}=SAP \tag{2.240}$$

上式中，SP_{SFIX} 为土壤最大固磷量，CLAY 为土壤粘粒含量（g/kg），SP_{SAD} 为土壤饱和吸附磷量，SP_{AD} 为土壤吸附磷，SP_{SOLU} 为溶液中磷，PAC 为磷亲和常数，取 35 cm^3/mmol。P_{OX} 为由无定型的 Fe、Al 氧化物固定的磷，SAP 为土壤有效磷量。

2.1.6.3 土壤钾素动态模拟

钾是作物需要量较大且经常限制作物生长的重要元素，钾素营养与作物的抗性与产品品质也有密切关系。与磷养分的模拟一样，近几十年来，对钾的模拟主要集中在作物吸钾的机理模型和土壤钾的行为模拟方面，而在作物生长动态模拟中，则基本上未涉及。近年来我们在土壤钾素动态及其作物生长的关系作定量模拟方面进行了探索并取得了初步研究成果。

（1）土壤有效钾基本平衡模型

根据土壤钾素平衡原理，土壤有效钾主要收入项有：①施用肥料中的速效养分；②雨水和灌溉水中的养分；③底层上升水中携带的养分。支出项有：①作物吸收；②渗漏损失；③可逆性弱的固定作用。忽略一些次要项目，土壤有效钾变化可表示如下。

$$SAK(t)=SAK(t-1)+CFK(t)+MK(t)-UK(t)-KLEA(t) \tag{2.241}$$

上式中，SAK 为土壤有效钾，CFK 为施入土壤的化肥提供的有效钾，MK 为施入土壤的有机肥提供的有效钾，UK 为作物吸收的钾，KLEA 为淋失的钾。

（2）土壤有效钾各组分的动态模拟

根据土壤钾的活动性可分为水溶性钾、交换性钾、非交换性钾和结构性钾。从植物营养的角度则分为速效性钾、缓效性钾和矿物钾，分别占全钾的 0.1%~2%，2%~8%，90%~98%。存在于土壤水溶液中的钾离子，是土壤中活动性最高的钾，是植物钾素营养的直接来源。土壤溶液钾的含量由土壤中其他形态钾与之平衡的状况、动力学反应、土壤含水量以及土壤中钾离子的浓度等决定。土壤交换性钾（速效钾）是土壤中速效钾的主体，是表征土壤钾素供应状况的重要指标之一，及时测定和了解土壤速效钾的含量，对指导钾肥的合理施用十分重要。土壤非交换性钾，也称缓效性钾，是速效钾的储备库，其含量和释放速率因土壤而异。土壤中四种钾处于一个动态的平衡体系中。溶液中钾与交换性钾的转化过程很快，通常在几分钟内完成。交换性钾和非交换性钾的转化较慢，需要数天或数月才能完成。矿物钾的释放非常缓慢，对作物钾素养分的管理影响不大，在作物钾素养分的动态模拟中不予考虑。土壤钾素的动态模拟，要解决施入钾、溶液中钾、交换性钾和非交换性钾之间的转化平衡问题，是作物钾素营养动态模拟的基础。

①土壤供钾：土壤吸附钾与溶液中钾间的平衡关系可用 Langmuir 方程描述：

$$SK_{AD}=SK_{SAD}\times KAC\times SK_{SOLU}/(1+KAC\times SK_{SOLU}) \tag{2.242}$$

$$SK_{SAD}=SEK+SSAK+SK_{AD} \tag{2.243}$$

上式中，SK_{AD}为土壤吸附钾，SEK 为土壤速效钾含量（mg/kg），SSAK 为土壤缓效钾含量，SK_{SOLU}为土壤溶液钾浓度。SK_{SAD}为土壤在土壤溶液钾浓度为 40mg/kg 时钾吸附量，KAC 为钾亲和常数，根据程明芳等的试验结果算出，与SK_{SAD}对应的 KAC 取值为 0.8。

根据程明芳等的研究结果，在我国北方土壤上，与土壤黏粒含量有密切关系：

$$SK_{SOLU}=SK_{SAD}/[KAC\times(SK_{SAD}-SK_{AD})] \tag{2.244}$$

上式中，SK_{SOLU}为土壤溶液钾浓度。SK_{SAD}为土壤在土壤溶液钾浓度为 40mg/kg 时钾吸附量，KAC 为钾亲和常数，SK_{AD}为土壤吸附钾。

②钾随水流的移动：与磷相比，钾是较易淋失的元素，温带条件下，沙质土壤淋失可达 30kg/（hm^2·d）。热带、亚热带高度分化的酸性土壤，黏土矿物以高岭石为主，阳离子交换量低，而且缺少钾的专性吸附位，钾的淋溶数量相当可观。因此，钾的淋溶损失是不可忽略的一个土壤钾素损失途径。

$$KLEA(L)=SK_{SOLU}(L)\times FLUX(L)/[\theta(L)\times DLAYER(L)+FLUX(L)] \tag{2.245}$$

$$KUP(L)=SK_{SOLU}(L)\times FLOW(L)/[\theta(L)\times DLAYER(L)+FLOW(L)] \tag{2.246}$$

上式中，KLEA(L)为第 L 土层淋失的钾，KUP(L)为第 L 土层向上移出的钾。FLUX（L）为土层向上水流量，FLOW（L）为土层向下水流量，θ(L)为土壤含水量，DLAYER(L)为土层厚度（m）。SK_{SOLU}为第 L 土层溶液钾浓度。

2.1.6.4　养分吸收与分配

（1）养分吸收需求

作物养分状况可通过其经济产品或产量（一般为储藏器官）及作物残余或“秸秆”中的养分元素水平来判断（目标生产力与实际产量之间的差异来计算）。盆栽试验与大田试验均表明，如果不能维持其产品及秸秆中营养元素特定的最低浓度，作物就不能正常生长，表 2-5 列出了四类作物产品及秸秆中氮、磷、钾的最低含量。

表 2-5　四类作物产品（MCY）及秸秆（MCSTR）中 N、P、K 的最低含量

Table 2-5　The nitrogen, phosphorus and potassium minimum content in four crop type product (MCY) and straw (MCSTR)

	MCY/kg N·kg^{-1} DW			MCSTR/kg N·kg^{-1} DW		
	N	P	K	N	P	K
粮食作物	0.0100	0.001	0.0030	0.0040	0.0005	0.0080
油料作物	0.0155	0.0045	0.0055	0.0034	0.0007	0.0080
块根作物	0.0080	0.0013	0.0120	0.0120	0.0011	0.0035
块茎作物	0.0045	0.0005	0.0050	0.0150	0.0019	0.0050

作物一生养分需求可以通过将产量及秸秆的干物质量与其最低养分含量相乘得出：

$$NUR = Y_{目标} \times MCY + (\frac{1}{EC} - 1) \times Y_{目标} \times MCSTR \tag{2.247}$$

上式中，NUR 为作物养分吸收需求，即实现目标产量必须吸收的净养分元素的数量（$kg \cdot hm^{-2}$），MCY 为经济产品中营养元素的最低浓度（$kg\ N \cdot kg^{-1}\ DW$），MCSTR 为作物秸秆营养元素的最低浓度（$kg\ N \cdot kg^{-1}\ DW$），$Y_{目标}$为目标产量（$kg \cdot hm^{-2}$），EC 为经济系数。例如，有一方案，某粮食作物在水分限制下的目标经济产量为 7 000 $kg \cdot hm^{-2}$（净干重），经济系数为 0.55，则根据表 2-5 中的最低养分含量，可计算出该作物一生 N、P、K 养分的吸收需求分别为：

$$NUR(N) = 7\,000 \times 0.01 + \left(\frac{1}{0.55} - 1\right) \times 7\,000 \times 0.004 = 93 kg \cdot hm^{-2} \tag{2.248}$$

$$NUR(P) = 7\,000 \times 0.0011 + \left(\frac{1}{0.55} - 1\right) \times 7\,000 \times 0.0005 = 10.8 kg \cdot hm^{-2} \tag{2.249}$$

$$NUR(K) = 7\,000 \times 0.003 + \left(\frac{1}{0.55} - 1\right) \times 7\,000 \times 0.008 = 86 kg \cdot hm^{-2} \tag{2.250}$$

上式中，NUR(N)、NUR(P)、NUR(K)分别为作物一生 N、P、K 养分的吸收需求。

此处所计算的养分吸收需求为最低需求，作物可以吸收高于 NUR 的养分，但产量不会因此而明显增加，这时养分在作物体内累积，有可能提高产品品质。如当小麦籽粒中 N 的浓度大于 1%时，面粉的烘烤质量有显著提高。

（2）肥料利用率与作物需肥量

作物从未施肥的土壤中吸收的养分量，称为作物养分基础吸收量，依土壤肥力不同而异，在作物模型中通常作为模型输入的土壤参数。大多数肥料试验结果表明，施肥量—养分吸收曲线为直线，只有在施肥量极高的情况下才会弯曲。曲线斜率即为肥料利用率或叫肥料获得率 RF（recovery fraction）。直线表明，肥料利用率在一般情况下与施肥水平无关，但与肥料种类、施肥时间及土壤类型有关。作物的肥料需求量（FA）可根据作物养分基础吸收量（Nu）、作物养分吸收需求量（NUR）、肥料养分利用率（RF）及肥料养分含量（FNC）等计算：

$$FA = (NUR - Nu) / (RF \times FNC) \tag{2.251}$$

上式中，FA 为作物的肥料需求量，Nu 为作物养分基础吸收量，NUR 为作物养分吸收需求量，RF 为肥料养分利用率，FNC 为肥料养分含量。

当养分吸收需求未满足之前，营养元素的吸收随肥料施入量的增加而呈比例增加。但实际上，农田里的情况并非常常如此。假如考虑有一磷固定层土壤的土地系统。施入少量的磷肥根本没有使产量提高到期望的数量，因为增加的磷被很快固定了。所以需要施用更多的磷肥来满足土壤固定能力后才能带来期望生产量的增加。

（3）氮素的吸收与分配动态

作物根系吸收的氮将被分配到根、茎、叶和籽粒等不同器官。假定根系从土壤中吸收的总氮量按各营养器官的需氮量比例进行分配，则各营养器官的含氮量累积速率可从土壤中所吸收的总氮量（TNUP，$kg \cdot hm^{-2} \cdot d^{-1}$）来进行计算：

$$NUPL = TNUP \times \frac{NDEML}{NDEML + NDEMST + NDEMRT} \tag{2.252}$$

$$NUPST = TNUP \times \frac{NDEMST}{NDEML + NDEMST + NDEMRT} \tag{2.253}$$

$$NUPRT = TNUP \times \frac{NDEMRT}{NDEML + NDEMST + NDEMRT} \tag{2.254}$$

上式中，NUPL、NUPST 和 NUPRT 分别为叶、茎、根的含氮量累积速率；TNUP 为土壤所吸收的总氮量（$kg \cdot hm^{-2} \cdot d^{-1}$），NDEML，NDEMST 和 NDEMRT 分别为叶、茎、根的需氮量（$kg \cdot hm^{-2} \cdot d^{-1}$）。任一时刻各营养器官的需氮量为：

$$NDEML = (WLV \times XNCL - ANLV)/TC \tag{2.255}$$

$$NDEMST = (WST \times XNCST - ANST)/TC \tag{2.256}$$

$$NDEMRT = (WRT \times XNCRT - ANRT)/TC \tag{2.257}$$

上式中，WLV、WST 和 WRT 分别为叶、茎、根干重，在作物生长模拟部分计算；XNCL、XNCST 和 XNCRT 分别为叶、茎、根的最大含氮量（kg N/kg 干物质），随生育期而变；ANLV、ANST 和 ANRT 分别为叶、茎、根的实际含氮量；TC 为满足需要量的时间系数，在作物生长模型中，一般定为一天。XNCL 是模型的输入参数（根据大多数试验研究，对 C_3 作物，XNCL 值由苗期的 0.045 左右线性下降为成熟期的 0.02），XNCST 和 XNCRT 由下列公式确定：

$$XNCST = 0.5 \times XNCL \tag{2.258}$$

$$XNCRT = 0.5 \times XNCST \tag{2.259}$$

氮的总吸收量等于作物的最低需求量和土壤的最大供给量中的小者：

$$TNUP = \min(NDEML + NDEMST + NDEMRT, ANSL/DELT) \tag{2.260}$$

上式中，XNCL、XNCST 和 XNCRT 分别为叶、茎、根的最大含氮量（kg N/kg 干物质），TNUP 为土壤所吸收的总氮量（$kg \cdot hm^{-2} \cdot d^{-1}$），NDEML，NDEMST 和 NDEMRT 分别为叶、茎、根的需氮量（$kg \cdot hm^{-2} \cdot d^{-1}$）。ANSL 为土壤中可供氮量，ANSL/DELT 为一个时间步长 DELT 中所吸收的全部可用氮。作物模型中时间步长 DELT 一般为一天。播种后第 I 天土壤中的可供氮量为：

$$ANSL(I) = ANSL(I-1) - TNUP \times DELT \tag{2.261}$$

土壤初始可供氮量：

$$ANSL(0) = ANSL0 + AFA \times FNC \times RF \tag{2.262}$$

上式中，ANSL(I) 为播种后第 I 天土壤中的可供氮量，TNUP 为土壤所吸收的总氮量，DELT 为时间步长，ANSL0 为未施肥土壤中的可用氮，AFA 为施肥量，FNC 为肥料中氮含量，RF 为肥料利用率。ANSL0 可通过土壤氮素循环动态模型来计算，也可通过田间试验资料确定。用田间试验资料确定 ANSL0 值的直接而简便方法是，将未施肥土壤上作物整个生长期中吸收的氮量 Nu 除以生长期的总天数。

（4）磷素的吸收与分配动态

①作物临界含磷率：作物临界含磷率由氮、磷、钾充分供应的高产栽培试验数据得出。根据张立言等的试验数据，建立小麦地上部临界含磷率动态模型。

三叶期至起身期：

$$TCPP = 0.0363 \times PDT^2 - 0.683 \times PDT + 8.576 \tag{2.263}$$

起身期至成熟期：

$$TCPP = 32.6 \times PDT^{-0.6864} \quad (2.264)$$

上式中，TCPP 为小麦地上部临界含磷率，PDT 为生理发育时间。

对于其他作物，由于含磷率变化与 PDT 之间幂函数关系的普遍性，因此可以用高产栽培研究中得到的主要生育期含磷率变化数据，求出其中的参数。

②作物磷素吸收：潜在需磷量定义为土壤水分与其他营养元素充分满足的条件下所吸收的磷量，它由生物量的潜在增长和最大含磷率两方面决定，而两者又与生育进程有关。

$$TUPP = 1.1 \times TCPP \quad (2.265)$$

$$TOPPDEM(t) = [TOPWT(t) \times TUPP(t) - TPAUP(t-1)] / TCPA \quad (2.266)$$

$$PDEMRT(t) = [WRT(t) \times PUPPT(t) - PAUPRT(t-1)] / TCPA \quad (2.267)$$

$$TPDEM(t) = TOPPDEM(t) + PDEMRT(t) \quad (2.268)$$

上式中，TUPP 为作物上限含磷率，TOPPDEM、PDEMRT、TPDEM 分别为地上部、根系、总潜在需磷量，TOPWT、WRT 分别为地上部、根系生物量，TPAUP、PAUPRT 分别为地上部、根系累积吸磷量，TCPA 为磷素获取时间系数，可能需要 5d 时间。

作物的实际吸磷量受到土壤磷素供应水平的影响，用土壤供磷因子反映磷素供应的满足程度。

$$PFS(t) = 1 - \exp[-4.0 \times SP_{SOLU}(t) / SP_{opt}(t)] \quad (2.269)$$

$$SP_{opt}(t) = 0.8 \times SPM_{SOLU} + 0.2 \times SPM_{SOLU} \times RAPP(t) / MRARP \quad (2.270)$$

上式中，PFS 为土壤磷素供应因子，SP_{SOLU} 为土壤溶液磷浓度，SP_{opt} 为充分满足作物需要的土壤溶液磷浓度，SPM_{SOLU} 为生育期中充分满足磷需要的最高磷浓度，RARP (t)、MRARP 分别为高产条件下第 t 天磷的相对积累速率和生育期中出现的最大相对积累速率，数据可由高产试验结果或潜在吸磷模拟得到。

③磷素的分配与运转：磷在作物体内的分布随生育进程而变化，不同作物表现出不同的特点。以下用磷素分配指数描述作物体内磷分布和运转的变化：

$$PPI = PPILV + PPISH + PPIST + PPIH + PPIG = 1 \quad (2.271)$$

$$AUPLV = PPILV \times TOPPAUP \quad (2.272)$$

$$AUPSH = PPISH \times TOPPAUP \quad (2.273)$$

$$AUPST = PPIST \times TOPPAUP \quad (2.274)$$

$$AUPG = PPIG \times TOPPAUP \quad (2.275)$$

上式中，PPILV、PPISH、PPIST、PPIH 和 PPIG 分别为叶片、叶鞘、茎、颖壳和籽粒磷分配指数，AUPLV、AUPSH、AUPST 和 AUPG 分别为叶片、叶鞘、茎和籽粒累积吸磷量。TOPPAUP、为地上部累积吸磷量。

(5) 作物对钾的吸收与分配模拟

①作物临界含钾率：作物临界含钾率由氮、磷、钾充分供应的高产栽培试验数据得出。根据张立言等的试验数据，建立小麦地上部临界含钾率动态模型。

三叶期至起身期：

$$TCKP = 0.358 \times PDT^2 - 6.51 \times PDT + 55.33 \qquad PDT \leqslant 14.5 \quad (2.276)$$

起身期至成熟期：

$$TCKP = 484.4 \times PDT^{-0.9543} \qquad PDT > 14.5 \tag{2.277}$$

上式中，TCKP 为小麦地上部临界含钾率，PDT 为生理发育时间。

②作物吸钾量：作物潜在需钾量定义为土壤水分与其他营养元素充分满足的条件下所吸收的钾量，它由生物量的潜在增长和最大含钾率两方面决定，而两者又与生育进程有关。

$$TUKP = 1.2 \times TCKP \tag{2.278}$$

$$TOPKDEM(t) = [TOPWT(t) \times TCKP(t) - TOPAKUP(t-1)] / TCKA \tag{2.279}$$

$$RTKDEM(t) = [WRT(t) \times RCKP(t) - RTAKUP(t-1)] / TCKA \tag{2.280}$$

$$TKDEM(t) = TOPKDEM(t) + RTKDEM(t) \tag{2.281}$$

上式中，TOPKDEM、RTKDEM、TKDEM 分别为地上部、根系、总潜在需钾量，TOPKUP、RTKUP 分别为地上部、根系累积吸钾量，TCKA 为钾素获取时间系数，可能需要 3d 时间。TOPWT 为地上部生物量，WRT 为根系生物量，TCKP 为地上部临界含钾率，RCKP 为根部临界含钾率，TUKP 为作物上限含钾率。

作物的实际吸钾量受到土壤钾素供应水平的影响，用土壤供钾因子反映钾素供应的满足程度。

$$KFS = 1 - \exp[-4.0 \times SK_{SOLU} / SK_{opt}] \tag{2.282}$$

$$SKO_{SOLU} = 0.88 \times SKM_{SOLU} + 0.2 \times SKM_{SOLU} \times RAPK / MRARK \tag{2.283}$$

上式中，KFS 为土壤钾素供应因子，SKO_{SOLU} 为充分满足作物需要的土壤溶液钾浓度，SKM_{SOLU} 为生育期中充分满足钾需要的最高钾浓度，是与作物种类（品种）有关的量。据研究，对钾要求较高的作物 SKM_{SOLU} 一般为 10mg/L，而要求较低的作物 SKM_{SOLU} 一般为 8mg/L。RARK、MRARK 分别为高产条件下第 t 天钾的相对积累速率和生育期中出现的最大相对积累速率。

③钾素的分配与运转：

$$KPI = KPILV + KPISH + KPIST + KPIH + KPIG = 1 \tag{2.284}$$

$$AUKLV = KPILV \times TOPKAUP \tag{2.285}$$

$$AUKSH = KPISH \times TOPKAUP \tag{2.286}$$

$$AUKST = KPIST \times TOPKAUP \tag{2.287}$$

$$AUKH = KPIH \times TOPKAUP \tag{2.288}$$

$$AUKG = KPIG \times TOPKAUP \tag{2.289}$$

上式中，KPI 为钾素分配指数，KPILV、KPISH、KPIST、KPIH 和 KPIG 分别为叶片、叶鞘、茎、穗和籽粒钾分配指数，AUKLV、AUKSH、AUKST、AUKH 和 AUKG 分别为叶片、叶鞘、茎、穗和籽粒累积吸钾量。作物钾素的分配指数，随 PDT 而变化。TOPKAUP 为地上部累积吸钾量。

2.1.6.5　养分效应因子

（1）氮效应因子

氮亏缺对作物生长的影响主要是对作物叶片增大、光合作用强度、分蘖及籽粒氮素累积的影响。作物模型中，通常用的氮效应因子 FN 为：

$$FN=(ANCL-LNCL)/(MNCL-LNCL) \quad (2.290)$$

上式中，ANCL 为叶片实际含氮量，LNCL 为进入叶组织中不可逆氮浓度，MNCL 为叶片自由（生长）氮浓度。因氮亏缺对不同过程的作用程度不同，相应氮效应因子的数值也不一样。作物在氮素亏缺时，光合作用强度、分蘖和籽粒氮素累积的氮效应因子为：

$$FN_1=FN_2=FN_4=FN\times FN \quad (2.291)$$

叶片增大的氮效应因子 FN_3 为：

$$FN_3=FN \quad (2.292)$$

上式中，FN 为氮效应因子，FN_1、FN_2、FN_4分别为作物在氮素亏缺时，光合作用强度、分蘖和籽粒氮素累积的氮效应因子，FN_3为叶片增大的氮效应因子。

（2）磷效应因子

磷缺乏导致生物量和产量下降。生物量生产下降的原因既可以是叶面积的下降，也可以是 PAR 转换效率的下降引起。一些研究表明，光截获能力是受磷供应水平影响最敏感的因子。在土壤低磷的条件下，作物叶面积减少，最大叶面积出现时间推迟。温室试验发现，玉米在低磷条件下，叶片扩展速率下降，扩展时期缩短。Colomb 等（2000）的研究表明，土壤磷不足，玉米出叶速度下降，主穗下部叶的叶间隔增加，单叶面积变小，叶片老化速度下降，因而，在整体上，低磷对叶面积持续期的影响比最大叶面积的影响较小。尽管土壤磷供应水平差异很大，叶片受磷的影响没有氮缺乏影响那样大。当磷供应不足时，RNA 的合成降低，从而影响蛋白质的合成，影响植株营养生长，因此缺磷植株矮小，茎细，根系发育也差，禾谷类作物分蘖受影响。磷供应充足，促进作物的快速发育，提早成熟，例如，玉米的吐丝期磷供应充足时要比磷供应不足时提早好几天。由于研究的缺乏，现有资料还不足以对作物生长发育、产量与磷供应水平的关系进行较为准确的定量描述。磷素效应因子为：

$$FP(t)=1.0-[TCPP(t)-TAPP(t)]/[TCPP(t)-TLPP(t)] \quad (2.293)$$

$$TLPP(t)=0.3\times TCPP(t) \quad (2.294)$$

上式中，FP 为磷素效应因子，TCPP、TAPP、TLPP 分别为植株地上部临界含磷率、实际含磷率、低限含磷率。

（3）钾效应因子

钾对作物的许多生理过程和生长发育有影响，钾缺乏导致生物量和产量下降。很多研究表明，缺钾导致叶片光合作用和光呼吸速率下降，而暗呼吸增加。由于研究的缺乏，现有资料还不足以对作物生长发育和产量关系进行较为准确的定量描述，钾素效应因子可表示如下：

$$FK(t)=1.0-[TCKP(t)-TAKP(t)]/[TCKP(t)-TLKP(t)] \quad (2.295)$$

$$TLKP(t)=0.3\times TCKP(t) \quad (2.296)$$

上式中，FK 为钾素效应因子，TCKP、TAKP、TLKP 分别为植株地上部临界含钾率、实际含钾率、低限含钾率。

（4）养分亏缺因子

作物对 NPK 的需求比例依作物种类及生育期不同而异。根据李比希最小养分律，限制作物生长和产量的是土壤中相对含量最小的养分元素。因此，综合养分效应因子应为NPK效应因子中的最小者：

$$FNUT = \min(FN, FP, FK) \tag{2.297}$$

上式中，FNUT为综合养分效应因子，FN、FP、FK分别为N、P、K效应因子。

则养分胁迫下的作物生长速率=无养分胁迫的作物生长率×FNUT。

2.2 APSIM、SIMPLE模型介绍

2.2.1 APSIM模型

农业生产系统模型APSIM（Agricultural Production System Simulator）属于机理模型，是由农业生产系统组（APSRU）研制开发，隶属澳大利亚联邦科工组织和昆士兰州政府，可以用于模拟农业系统中各主要组分及生物物理过程。模拟土壤的反映过程是APSIM生物物理模块的中心。有关土壤-作物模型，前人已做了许多研究。20世纪90年代初期开发的优秀模型如NTRM、CENTURY、EPIC和PERFECT等，重点模拟土壤变化过程，但对作物层次的模拟不够彻底。事实上，气候、生产管理措施和作物的遗传基因都对作物生产层有较密切的影响。APSIM起初的开发理念是通过作物品种选择，气象、土壤N、土壤水等的设置，模拟土壤有机质动态、土壤盐渍化、水土流失和土壤酸化等，使模型可以准确模拟农业系统中长期资源管理的影响，确定农业系统长期发展进程及管理措施的反映。

APSIM为了避免科研上重复建模，Mccown等（1996）在现有模型如CERES和GRO等模型的基础上研制开发，组合一定范围内的模拟方法并达到彼此和谐，该模型与以往的模型区别主要是注重土壤过程，并且可以进行气候预测等功能。

2.2.1.1 APSIM模型概述

APSIM是由澳大利亚农业生产系统研究小组（APSRU）研制开发的模块化模拟平台，它被用来模拟农业系统中的生物物理过程。APSIM允许描述农业系统中关键组成部分的独立模块（模型开发者开发、使用者选择）“插入”到平台中，研究者可以根据需要对独立模块进行灵活开发，适于比较准确地预测在不同的气候、品种、土壤和管理因素下的作物产量变化等，同时评估在未来气候变化条件下作物生产的风险。

APSIM模拟平台包括：生物物理模块、管理模块、输入输出模块和模拟引擎。作物模型在通用模板基础上采用同样的代码模拟，不同作物以各自的作物参数文件区分（沈禹颖，2002）。采用统一的原则、比较不同的模拟途径与方法。

2.2.1.2 APSIM模型的核心

APSIM通过中心模拟引擎与其他模块进行沟通（图2-1），模块可以用任何编程语言写成，用户可以在不同的模拟中选择不同的模块组合配置APSIM。这种处理方法吸引了多个国家的农业、灌溉、土壤等不同领域、不同机构的专家按照该平台提供的标准开发相应的模块，并无缝地连接到该平台上，有效地避免了该领域的代码重复。APSIM模型由4部分组成：

(1) 生物物理模块——用于模拟农业系统中生物和物理过程；

(2) 管理模块——控制模拟行为并允许用户确定反映模拟场景特征的管理决策；

(3) 输入输出模块——调用模拟过程进出数据的模块；

(4) 中心引擎——用于控制独立模块间的信息传输和各种驱动模拟过程。

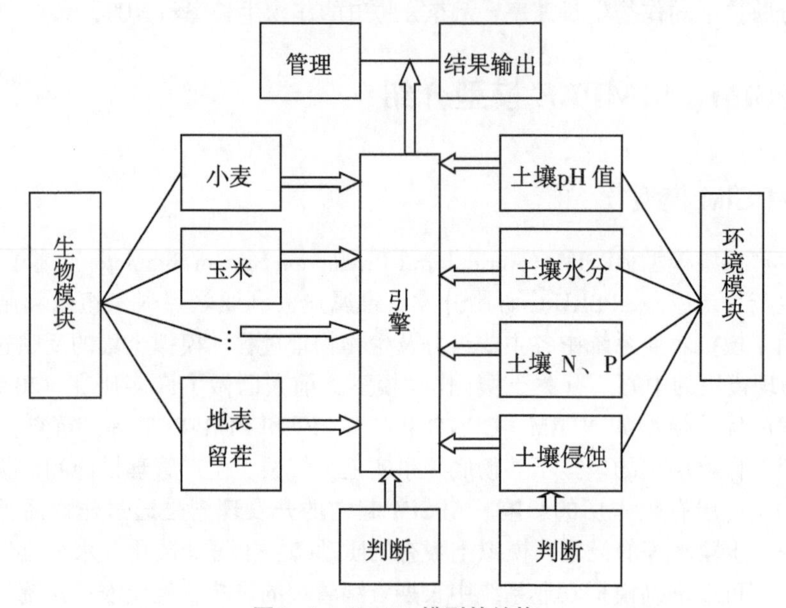

图 2-1 APSIM 模型的结构

Fig 2-1 Diagrammatic representation of the APSIM

2.2.1.3 APSIM 软件体系

APSIM 软件体系由用于模型构建、测试和应用的 APSIM 用户界面构成，通过 APS-GRAPH、APSIM outlook 等多种数据库工具作进一步的数据分析，显示输出的模拟结果，提供了不同的测试工具、文件工具（APSRUDO、APSTOOL）和模型发展，以及为 Web 用户和开发者的支持设施。

APSIM 主体软件是用 FORTRAN 语言编写的，可在微机上运行。有关的设计结构由三部分组成：

(1) 数据库管理系统

①气象数据库：模型运行需要的起码气象数据有每日最高温度、最低温度、辐射、太阳纬度、降水量和温度变幅等。

②土壤属性数据库：模型运行需要输入的土壤数据有土壤结构、理化性状等。

③作物品种数据库：模型运行需要输入的作物数据包括品种遗传属性、成熟期分组等。

(2) 作物模型运行文件

作物模型的构建是在气象、土壤和作物品种数据库建立的基础上，根据田间试验的数据模拟植物的生长过程，主要包含管理文件（. man）、控制文件（. con）和参数文件（. par）3 个文件，由控制文件与 APSIM 系统交互。作物模型运行文件是有关播期、施肥、灌溉和收获期等模块的组合。APSIM 系统根据作物模型运行文件和所建数据库中大量的计算公式和生物统计量模拟作物生长的多种要素，相当于一个黑箱操作，用户不需要理解系统的机理，只需确定数据库的特性。

在 APSIM 平台上模拟作物模型的关键在于，构建模型至少需要同一个地区至少 2 年的观测数据，旨在校正和率定模型运行参数保证模型模拟的准确性，模型进行验证时要求将作物产量、土壤水分和氮等模拟结果与实际测定值进行比较，并计算相应的模拟误差，以判断所构建模型的拟合度与精确度。目前 APSIM 可以模拟的植物包括：玉米、水稻、小麦、高粱、甘蔗等以及大豆、花生、苜蓿等 20 多种粮食作物和豆类植物。

（3）系统分析

以电子计算机为工具，采用几种语言 FORTRAN、C++、VB. NET 等语言编写的作物模拟模型，输入输出格式标准，用户界面友好，利用 APSIM 模型能够模拟某一地区的作物生长情况，也可以模拟预测今后几年作物生长和发育情况。

2. 2. 1. 4　APSIM 模型模块

APSIM 模型运用土壤、气候、种植方式和管理等属性来模拟作物生长，可以模拟整个生长过程中的有机物和整个作物生理过程。整个模拟过程是用“欧拉”方法，生长以日为单位进行模拟。

（1）气候模块

APSIM 的气候模块为模型提供气象输入数据，模型中封装气候资料是为了进一步提高农业生产系统模拟的可靠程度。主要包括模拟时间段内的气候资料与输入模型。APSIM 模型有两种获取气候数据的方式：

①利用模型附带的统计软件生成逐月气象要素统计参数，再模拟生成逐日气象要素数据。

②事先建立实际观测的逐日气象数据文件，模型构建与运行时将气象数据文件 . met 导入 APISM 平台，进行实时模拟研究。

（2）土壤模块

APSIM 的土壤模块主要包括的数据资料有：土壤的理化性状、土壤反射率、土壤蒸腾量、土壤水分传导系数、径流曲线号码，按土壤自然结构分层的各层土壤厚度、各层土壤初始含水量、各层土壤田间持水量、各层土壤饱和持水量、各层土壤凋萎湿度等。其中，APSIM 的土壤水分模块利用了 CERES 和 PERFECT 模型中的水分模块研发，是基于层叠的水分平衡模型。

土壤水分特征曲线由最大田间持水量（DUL）、饱和体积含水量（SAT）、作物利用下限（CLL）和萎蔫系数（LL15）来表示。降水径流采用美国农业部土壤保持局 SCS 提出的径流曲线数字法计算。土壤水分蒸腾量分两个阶段计算：稳速蒸发阶段和蒸发速率递减阶段。第一阶段的土壤实际蒸腾速度就是土壤潜在蒸腾速率，因为这一时期的土壤含水量高，土壤本身的释水速度大于潜在蒸腾速率；第二阶段是土壤蒸腾速率递减阶段，土壤蒸腾量 $Es = cona\ t^{1/2}$，即土壤经过一段时间的蒸腾使土壤实际蒸发速率等于土壤释水速率时，进入蒸发速率递减阶段。计算过程同 CERES 模型。

APSIM 较 CERES 和 PERFECT 模型的改进之处在于：

①APSIM 的土壤水分模块是逐日、连续的模拟水分动态。

②APSIM 可以计算土壤中每层大于最大持水量的逐日饱和含水量，饱和水分移向下层；土壤扩散系数随着土壤类型的不同而不同。

③非饱和水流在邻近土壤层间运动，直到达到特定的水分梯度。

（3）肥料模块及肥料数据库

正确与合理的施用肥料有利于作物生长和减少环境污染，因此正确设置作物模型中的肥料参数显得尤为重要。

APSIM 模型的肥料模块在 CERES 基础上，将土壤有机质分为活性碳、土壤有机质库（Hum）和土壤微生物及其产物库（Biom），用于反映土壤碳、氮动态。两库间的碳流计为全碳，相应的氮流由碳库中的 C/N 比决定。模型假定 2 个库中的碳/氮比不随时间变化而保持恒定，土壤微生物库 C/N 比由初始文件给定，土壤有机质库碳/氮比则取决于输入的土壤碳/氮比。

肥料模块的第 1 级计算过程是分解 Biom 和 Hum 库，由土壤层温度和水分决定其速率稳定性。新鲜有机质库的分解受碳/氮比的影响，氮素分解、腐殖质形成过程与微生物合成的平衡决定了速效氮的矿质化和进入库蓄的速率。硝态氮和铵态氮均对进入库蓄过程有影响。有机质库的分解将碳转送到 Biom 和 Hum 库，产生并释放 CO_2。微生物库则分解为碳素的内部循环。

（4）APSIM 地表留茬模块

APSIM 地表留茬模块将各种作物的地表留茬量、留茬盖度作为输入数据，进而计算地表留茬转换成的土壤氮。如有新生成的留茬，模型计算其平均重量后加入系统，构成地表留茬总量。APSIM 地表留茬模块沿用了 PERFECT 模型的计算法，将留茬分为耕作入土部分和盖度部分两部分，更加注重地表留茬的分解以及分解对于维持碳、氮平衡的机理。可以通过下述 3 种方法减少地表留茬量：

①不留茬：采用不改变留茬碳/氮比的打捆焚烧地表留茬方法。

②秸秆还田：采用耕作将地表留茬还田，将一部分地表留茬转入一定土壤层次的土壤有机质库。

③就地分解：任何进入库蓄的部分均从地表开始，地表留茬的分解类似于土壤有机质库的分解，分解后有机碳释放出氨态氮加入到表层土壤中。地表留茬量决定了留茬的分解速率。

地表留茬和覆盖模块主要包括：覆盖类型、覆盖量、分解率和覆盖时间等。

（5）作物模块

在 APSIM 模型中，采用一个通用作物模拟模型来模拟各种一年生和多年生作物的生长，各作物采用不同的模型参数值加以区分。

APSIM 模型可以根据作物生长的气候土壤条件和品种遗传参数，以 1d 为步长，逐日模拟作物在温度、降水、太阳辐射、作物品种等影响下，作物从出苗到成熟、从阶段发育到产量形成的基本生理过程。APSIM 中物候生长由 3 基点温度控制，可模拟作物的整个生命过程：从物候发育、叶面积、根生长、作物水分平衡与氮平衡，到植物的衰老和死亡。APSIM 采用积温或日长法模拟作物的物候期；采用潜在叶面积指数法模拟作物的叶面积指数，叶片又按叶龄分组，随着作物的生长发育，有一些叶片会因老化而死亡；干物质生产根据冠层吸收的太阳辐射量和群体叶面积来计算，是冠层总 CO_2 的同化量，日同化量通过吸收的太阳辐射和单叶片的光合特性计算得到，其中一部分同化产物用于维持呼吸和生长呼吸作用而消耗；产生的总干物质根据分配系数分配给茎、叶、根和果，分配系数随发育阶段的不同而不同，各器官干重根据分配系数计算得出。

APSIM 模型是一个农业系统模型，可以模拟作物、牧草、树木的生长发育，可以预测作物产量以及作物间的轮作效应等。当前已经开发并成功应用的作物模型有大麦、小麦、加拿大油菜、水稻、大豆、棉花、豇豆、羽扇豆、苜蓿等。

（6）地表径流模块

径流曲线数字（USDA-Curve Number）方程由美国土壤保持局（SCS）提出。该方法将地表径流与土壤类型、降水量、田间管理措施、残茬覆盖等不同的影响因子联系起来，并进行修正，以曲线数值（CN）作为本研究模型输入参数。SCS 归纳了 3 000 多种土壤类型资料及相应的径流曲线数字值，编制了国家工程手册供参考查用。

CN 法的基本公式为：

$$Q=\begin{cases}\dfrac{(P-0.2S)^2}{(P+0.8S)} & P\geqslant 0.2S \\ 0 & P<0.2S\end{cases} \tag{2.298}$$

$$S=25.4\left(\frac{1000}{\mathrm{CN}}-10\right) \tag{2.299}$$

上式中，Q 是径流量，P 是降水量，S 是下垫面总持水量，CN 为曲线数值。

在土壤水文学分组中，将土壤分为四组：

A 组土壤水分传输速率较高，由沙土和石砾组成为低径流，排水性非常高；

B 组土壤水分入渗速率中等，由质地较粗、土层深厚的轻壤土组成，排水性良好；

C 组土壤水分入渗速率较慢，由质地较细的重壤土组成，存在阻止水分下渗的障碍层；

D 组土壤水分传输速率非常慢，由在表层或近表层存在黏土层的土壤、高膨胀潜力的黏土、土层较浅的在不透水材料上的土壤以及永久性高含水量土壤组成为高径流潜力土壤。

2.2.1.5　APSIM 软件实现

APSIM 模型可以通过中心引擎方便地与其他模块进行接口对具体过程进行模拟。模型的模拟是完全黑色的，用户不需要理解它的机理，但可以任意增加不同组合的模块。

APSIM 通过中心模拟引擎与其他模块进行沟通，模块可以用任何编程语言写成，用户可以在不同的模拟中选择不同的模块组合配置 APSIM。当给定模型运行所需要的各个参数值，并且模块建立完成后，便可运行模型。

2.2.1.6　APSIM 数据要求

APSIM 模型模拟过程主要配置用户自定义模拟模块和数据集。自定义模块是用户根据需要自己编写的，也可以套用模型提供的标准模块；数据集主要包括初始数据和现时数据。

①初始数据在开发程序的时候，就已经通过标准文件打包在各个模块中，不需要用户设定。

②现时数据主要包括作物遗传参数、土壤属性参数和模拟地点、耕作类型和管理方式等。模拟地点主要包括土壤、气候、土壤表层和表层类型等模块来实现。数据以关键字为变量的形式［变量=值（单位）］存储在文本文件中，变量的命名方式为：变量名.模块名.参数类型。

2.2.1.7 APSIM 模型测试

很多 APSIM 模型用户已经在各种条件下通过大量试验对模型进行了验证，发表的文章和报告有很多。其中一些主要研究作物属性，而有一些主要集中研究土壤属性。

2.2.1.8 用户自定义模块的设计与编写

当模型初始参数模拟校正完成以后，就可以通过用户编写这三个文件（控制文件、参数文件或管理文件）进行任意的模拟。模拟的准确性除了跟给定的初始参数有关以外，还跟用户编写的 3 个文件有着密切关系。

（1）控制文件的设计

控制文件（.con）：主要完成整个模拟所需要的所有信息，读写哪些文件、文件所在的位置等。即参数文件是否起作用，主要通过参数文件进行控制。主要控制的模块有：

①时钟模块：控制模拟起止时间；

②输出模块：控制模拟输出文件、变量；

③气候模块：控制气候资料的读写；

④管理模块：核心模块，所有管理和设定参数都可以通过管理模块来控制，如种植方式、耕作措施，作物管理等；

⑤土壤水分模块：控制土壤水分初始参数；

⑥作物残茬模块：控制作物的覆盖量和类型；

⑦作物模块：控制作物初始参数；

⑧肥料模块：控制土壤肥料参数。

（2）管理文件或参数文件的设计

管理文件（.man）或参数文件（.par）：这是用户使用过程中最为核心的模块，用户所有设定都可以通过该模块来完成。主要包换以下主要内容：

①耕作模块：耕作时间、耕作类型、耕深、覆盖类型和覆盖量等；

②播种模块：播种时间、播量、播深、行距等；

③肥料模块：肥料使用时间、年份、用量、类型和深度。

2.2.1.9 APSIM 模型的应用研究动态

APSIM 在国外已经进行大量的研究，应用方面也有了很大的进步，包括用于作物生产管理决策、用于轮作系统的模拟、用于水土保持功能的研究、用于农业旱情预报管理、用于排水的管理调控、用于气候变化对作物生产的影响研究、用于保护性耕作对作物生产的影响研究等。

APSIM 模型在国外已应用到不同的土壤类型：欧洲大陆荷兰的粉沙黏土和粉沙壤土；澳大利亚降水变率大的红壤、西澳大利亚州的黏土和沙黏土、南澳大利亚州的胀缩土壤以及菲律宾的黏红壤等。涉及的作物或树种有小麦（*Triticum aestivum*）、玉米（*Zeamays*）、大麻（*Cannabis sativa*）、甘蔗（*Saccharum* spp.）、桉树（*Eucalyptus grandis*）和苜蓿（*Medicago sativa*）等。另外，在不同的气候带都得到应用，如荷兰的海洋性气候带以及新西兰的温带海洋气候带、澳大利亚昆士兰州北部的亚热带干旱带以及冬季降水为主带和全年均匀降水带、西澳大利亚州的地中海气候带、温带大陆的美国密歇根州和菲律宾的热带湿润高海拔区等。

但在国内 APSIM 的应用研究只限于少数作物。刘志娟等（2012）研究了 APSIM 玉米模型在东北地区的适应性；李广等（2011，2012）利用 APSIM 模型研究了春小麦轮作系统及气候变化影响等；奥海玮等（2014）研究了 APSIM 苜蓿模型在宁夏地区的适应性；杨轩（2013）运用 APSIM 模型分析评估了玉米、冬小麦和紫花苜蓿的生产潜力。关于利用 APSIM 模型构建胡麻生长发育的模型研究尚鲜见报道。

2.2.2　SIMPLE 模型

2.2.2.1　SIMPLE 模型概述

作物模型是模拟作物生长发育及气候变化评估的重要工具。目前，多种作物模拟模型已经对多种作物如小麦、玉米、水稻和马铃薯等进行了模拟研究。但是，仍有一些重要作物如油料和纤维作物、蔬菜、水果等模型的模拟较少。这些作物属作物系统的一部分，为农业食品、饲料、纤维、能量及未来气候变化对作物系统影响评估方面做出了很大贡献。一个大规模的基于过程的模型通常需要大量数据用于模型构建、校准和检验，诸如 DSSAT，要模拟一个新作物需要许多遗传参数，而这些参数有些在构建模型时并不是真正有用。APSIM 构建新作物需要 39 个参数。一些简单模型诸如 EPIC，也需要 22 个参数构建新的作物模型和品种，AquaCrop 则需要 29 个参数。鉴于此，统计模型（非动态回归）的应用在研究气候变化的影响方面是较动态过程模型更简单的方法。在过去的研究中，已经研制了很多种统计模型（Nicholls，1997；Lobell and Asner，2003；Tao et al.，2008；Schlenker et al.，2009；Welch et al.，2010；Tach et al.，2015），成为气候变化影响评估的替代方法。但是，统计模型在考虑气候因素及其与遗传和作物管理的相互作用时缺少对生物物理过程的内在机制的研究。所以，统计模型在研究历史气候变化影响评估方面受到限制，也极少用于未来要考虑通用及管理适应性等方面的研究。

美国佛罗里达大学农业与生物工程系开发的 SIMPLE 模型（Zhao，2019），是一种简单通用动态作物模拟模型，仅需要少量参数和数据，包括 9 个物种参数和 4 个品种参数。该模型既可用于模拟谷类和豆类作物，也可用于模拟具有少量数据的蔬菜及水果作物，还可以用 SIMPLE 对温度、CO_2 及空间变异性响应的敏感性分析。SIMPLE 模型对 14 种作物参数进行初始化，包括谷类、豆类作物，以及水果（如香蕉）、蔬菜（如胡萝卜）等。目前可用模型框架有独立的 R 语言版本，DSSAT 以及 Excel 版本，其中 R

语言版本可用于区域尺度模拟，模型用4个参数定义土壤特性，这4个参数可以很方便的从世界土壤数据库获取，如FAO/IIASA和谐世界土壤数据库（IIASA/FAO，1996）。虽然简单，模型仍包括对温度、热胁迫、水（干旱胁迫）和CO_2浓度的基本生理反应，以模拟与观测结果相似的生物量和产量。

2.2.2.2　SIMPLE模型原理

在SIMPLE模型中增加新作物需要准备的模型输入包括试验、处理、气象、经纬度、CO_2、播种收获日期、灌溉、土壤、作物遗传参数、作物品种参数。

（1）物候

SIMPLE运用热时间的生长度日（GDD）确定物候发育。GDD的计算如下：

$$\Delta TT=\begin{cases}T-T_{base} & T>T_{base}\\ 0 & T\leqslant T_{base}\end{cases} \tag{2.300}$$

$$TT_{i+1}=TT_i+\Delta TT \tag{2.301}$$

上式中，TT_i为第i天的累积平均温度，ΔTT为每天的累积平均温度，T是日均温，T_{base}是物候发育及作物生长基温。

（2）生长

光合作用是以辐射利用率的概念（Monteith，1965）为基础的，通过辐射利用效率，植物冠层截获一小部分日光合有效辐射，并将其转化为植物生物量，最终产量由生物量及收获指数HI的乘积获得（Amir & Sinclair，1991）。生物量的日变化量可以被温度、热胁迫、干旱胁迫、CO_2浓度所影响。见式（2.302~2.303）：

$$Biomass_{rate}=Radiation\times f_{Solar}\times RUE\times f(CO_2)\times f(Temp)\cdots\min(f(Heat),f(Water)) \tag{2.302}$$

$$Biomass\_cum_{i+1}=Biomass_{cum_i}+Biomass_{rate} \tag{2.303}$$

$$Yield=Biomass\_cum_{maturity}\times HI \tag{2.304}$$

上式中，$Biomass_{rate}$为生物量日增量，$Biomass_cum_{i+1}$为i天的累积生物量，f_{Solar}是植物冠层截获辐射，RUE为辐射利用率，f（Heat）、f（CO_2）、f（Temp）、f（Water）分别为热胁迫、CO_2、温度和水分对生物量生长的影响，叶片生长和衰落期间的f_{Solar}计算公式如下：

$$f_{Solar}=\begin{cases}\dfrac{f_{Solar\_max}}{1+e^{-0.01\times(TT-I_{50A})}}\\[2ex] \dfrac{f_{Solar\_max}}{1+e^{0.01\times(TT-(T_{sum}-I_{50B}))}}\end{cases} \tag{2.305}$$

上式中，I_{50A}是叶面积发育需要的热时间，在冠层关闭期间截获50%辐射量，I_{50B}是从成熟到冠层衰落期间50%辐射截获量所需要的热时间，f_{Solar_max}是作物可达到的最大辐射截获百分比，是管理参数而非作物参数，对于大多数高密度作物，该参数设置为0.95。

（3）温度、热量、干旱及CO_2影响

温度对生物量增长率的影响计算如下。

$$f(\text{Temp})=\begin{cases}0 & T<T_{base}\\ \dfrac{T-T_{base}}{T_{opt}-T_{base}} & T_{base}\leqslant T<T_{opt}\\ 1 & T\geqslant T_{opt}\end{cases} \tag{2.306}$$

上式中，T 是日均温，T_{base}和 T_{opt}分别是生物量增长的基温和适宜温度。

热胁迫对生物量增长率和辐射截获的影响计算如下。

$$f(\text{heat})=\begin{cases}1 & T_{max}\leqslant T_{heat}\\ 1-\dfrac{T_{max}-T_{heat}}{T_{extteme}-T_{heat}} & T_{heat}<T_{max}<T_{extreme}\\ 0 & T_{max}\geqslant T_{extreme}\end{cases} \tag{2.307}$$

上式中，T_{max}是日最高温，T_{heat}是阈值温度，即由热胁迫引起生物量增长率开始下降时的温度，$T_{extreme}$是热胁迫导致生物量增长率到达 0 值的极端温度阈值。冠层衰落期间达到 50%辐射截获所需的热时间（I_{50B}）可以通过热胁迫增加，即加速冠层衰落：

$$I_{50B,i+1}=I_{50B,i}+I_{max,heat}\times(1-f(\text{heat})) \tag{2.308}$$

上式中，$I_{max,heat}$是由热胁迫引起的 I_{50B}最大日减少量。

CO_2 对生物量增长率的影响：

以前的研究得出，CO_2 浓度在 700mg · kg^{-1}以下时，RUE 会随着 CO_2 的增加而线性增长，当 CO_2 浓度超过 700mg · kg^{-1}时，RUE 将保持不变。SIMPLE 模型中 CO_2 对 RUE 的影响计算如下：

$$f(CO_2)=\begin{cases}1+S_{CO_2}\times([CO_2]-350) & 350\text{mg}\cdot\text{kg}^{-1}\leqslant[CO_2]<700\text{mg}\cdot\text{kg}^{-1}\\ 1+S_{CO_2}\times 350 & [CO_2]>700\text{mg}\cdot\text{kg}^{-1}\end{cases} \tag{2.309}$$

上式中，S_{CO_2}是随着 CO_2 升高 RUE 的作物敏感性（如 C_3 作物的 S_{CO_2}小于 C_4 作物），CO_2 是大气 CO_2 浓度。

水分胁迫对 RUE 及辐射截获的影响：

水分平衡模拟和干旱胁迫由水分平衡程序确定，不需要详细的土壤剖面持水特性：

$$f(\text{Water})=1-S_{water}\times \text{ARID} \tag{2.310}$$

上式中，ARID 是干旱指数（Woli et al.，2012），范围是从 0（不缺水）到 1（极端缺水和干旱胁迫）的标准化指数，ARID 基于水分利用率和参照蒸腾量 ET_0计算得出，S_{water}是 RUE 对干旱指数的敏感性。

$$\text{ARID}=1-\frac{\min(ET_0, 0.096\times \text{PAW})}{ET_0} \tag{2.311}$$

上式中，PAW 是土壤剖面中的植物有效含水量，0.096 是通用日根系吸水常数（Woli et al.，2012），代表一天中可用水的最大比例，ET_0是参照蒸腾量，干旱胁迫会降低 RUE，并加速辐射截获的减少：

$$I_{50B,i+1}=I_{50B,i}+I_{max,water}\times(1-f(\text{water})) \tag{2.312}$$

上式中，$I_{max,water}$是干旱胁迫引起的 I_{50B}最大日增量。此外，当干旱胁迫低于 0.1 时，辐射截获将受到影响：

$$f_{\text{Solar\_water}}=\begin{cases}0.9+f(\text{water}) & f(\text{water})<0.1\\ 1 & f(\text{water})\geq 0.1\end{cases} \tag{2.313}$$

2.2.2.3 SIMPLE 模型的局限性

该模型的简单特性也使其具有一定限制，如缺乏土壤作物养分动态，对输入数据较少的系统很重要，主要的限制之一是 SIMPLE 没有考虑对有些作物和品种如胡萝卜非常重要的物候期春化时间和光周期；此外，辐射利用率会随温度、可用水量、CO_2 水平变化，SIMPLE 模型并未考虑漫射光对辐射利用率 RUE 的影响；如果漫射光组件在有些地区差别很大，则相应的辐射利用率 RUE 需要重新调整（Yang et al.，2013），还有对作物生长和产量有一定影响的一些作物管理措施，如播种密度、播种深度等；同时，假定收获指数不变对极度干旱环境的模拟有影响。SIMPLE 模型还可以在其他特性方面得以扩展，如考虑霜、病虫害等的影响。

第3章　胡麻生产及胡麻模型概述

3.1　胡麻生产概述

3.1.1　亚麻类型

胡麻（油用亚麻、油纤兼用亚麻），学名：*Linum usitatissimum* L.，英文名：oil flax（有些国家和地区也译为 oilseed flax），为亚麻科（Linaceae）亚麻属（*Linum*）普通亚麻种群（*Linum usitatissimum* L.）一年生草本植物。亚麻科共有22个属，其中有实用价值的只有亚麻属。亚麻属包括200多个种类，染色体基数为 x=8、9、10、12、14、15、16；大部分都是野生植物，生产上广为栽培利用的只有普通亚麻一种。胡麻的染色体数为 2n=30，它是唯一具有蒴果不开裂或半开裂特性的种，适于大面积栽培。亚麻为一年生双子叶草本植物，茎直立，高30~125cm，上部细软，有蜡质，多在上部分枝，有时自茎基部亦有分枝，但密植则不分枝，基部木质化，无毛，韧皮部纤维强韧有弹性，构造如棉。叶互生；叶片线形、线状披针形或披针状，长2~4cm，宽1~6mm，表面有白霜，先端锐尖，基部渐狭，无柄，内卷，有3（5）出脉。花单生于顶枝或枝的上部叶腋，组成疏散的伞状花序；花直径为15~25mm，花梗长1~3cm，直立；萼片5，卵形或卵状披针形，长5~8mm，先端凸尖或长尖，有3（5）脉；中央一脉明显突起，边缘膜质，无腺点，全缘，有时上部有锯齿，宿存；花瓣5，倒卵形，长8~12mm，蓝色或紫蓝色，白色，红色或黄色，先端啮蚀状；雄蕊5枚，花丝基部合生；退化雄蕊5枚，钻状；子房5室，花柱5枚，分离，柱头比花柱微粗，细线状或棒状，长于或等于雄蕊。果实为蒴果，球形，干后棕黄色，直径5~10mm，顶端微尖，室间开裂成5瓣；种子10粒，扁卵圆形，长4~6mm，颜色有白、黄、棕、褐、深褐等色。花期6—8月，果期7—10月。喜凉爽湿润气候（图3-1，见书末彩图）。

亚麻生产上按用途可分为纤用亚麻、油用亚麻和油纤兼用亚麻3种类型，其中以收种子榨油为主要栽培目的的亚麻称为油用亚麻，以收获纤维为主要栽培目的的亚麻称为纤用亚麻，介于二者之间，既收种子又收纤维的亚麻称为油纤兼用亚麻（图3-2）。胡麻是油用亚麻和油纤兼用亚麻的俗称，生产上主要以收获籽粒为主，是我国华北和西北高寒干旱地区的重要油料作物之一。

纤用亚麻特征：生育期70~80d，株高70~125cm，原茎工艺长度（子叶痕至主茎第一分枝点的长度，用其衡量茎秆纤维长的质量）一般为55cm以上，茎秆平滑、原茎基部直径1.5mm。在密植条件下，一般只有一根主茎，茎内纤维含量一般为20%左右，

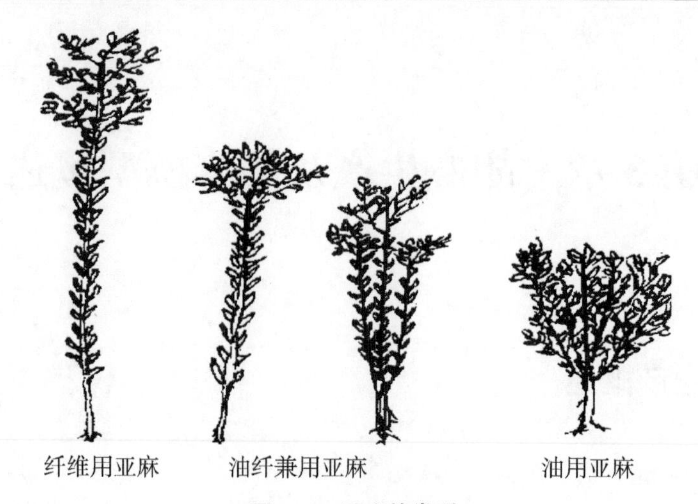

图 3-2　亚麻的类型

Fig. 3-2　Type of oil flax.

——引自：党占海，赵利，胡冠芳，等．胡麻技术 100 问［M］．北京：中国农业出版社，2009.

种子千粒重 5g 以下。其突出特点是根部不分枝，只从梢部分出 4~5 个分枝，每个分枝只结蒴果 1~3 个。原茎内纤维含量可高达 20%~30%。因其栽培目的是获得优质纤维，所以在成熟期收获的纤用亚麻种子成熟只有七八成，一般不做采籽使用。叶长 36~40mm、宽 2~2.4mm。开放的花直径为 15~24mm，花有蓝色、浅蓝色、蓝紫色或白色，少数是红色或黄色。蒴果和种子比较小，成熟易裂蒴，口松落粒。

油用亚麻特征：植株矮，一般株高 30~50cm，主茎工艺长度 40cm 以下，下部分茎多，单株结蒴果数多达 100 个以上，栽培的目的是生产种子，用以榨油。茎内纤维含量低，纤维束短而粗糙，产量低，不适宜作为纺织用。每亩* 产种子 180kg 左右，含油率 41%~45%。在我国西北、华北地区有较大种植面积。

油纤兼用亚麻特征：株高中等，一般为 50~70cm，原茎工艺长度 40~55cm，种子千粒重 5~8g。茎基部有分茎，花序比纤维用亚麻发达，结有较多蒴果。我国西北、华北地区分布的品种属一年生长日照作物，生育期 100d 左右。因其生育特征、特性居油用、纤用亚麻类型中间，所以栽培目的是油用、纤用兼顾，种子产量、千粒重高于纤用品种，含油率通常为 42%左右，麻茎内纤维含量 12%~17%，综合利用价值高，经济收益大，是目前我国大力发展的亚麻类型。

3.1.2　胡麻生产概况

胡麻是一种古老、重要的油料作物，有数千年的栽培历史，在世界各地有广泛种植。据统计，世界上种植胡麻的国家有 40 多个，随着历史的发展，主产国家不断变化。目前，主要生产国有加拿大、中国、俄罗斯、印度、哈萨克斯坦、美国、埃塞俄比亚、法国、英国等。2014 年，我国胡麻收获面积 $3.10\times10^5 hm^2$，位列世界第五，总产量次于

* 1 亩 ≈ $667m^2$，$1hm^2 = 15$ 亩。全书同

加拿大和俄罗斯，位列世界第三。2008—2014 年，全世界胡麻年均收获面积 224. 96×10^4hm^2，年均总产量是 215. 91×10^4t，年均单产是 963. 20kg/hm^2。我国年均收获面积是 32. 31×10^4hm^2，仅次于加拿大和印度，居世界第三，占同期世界面积的 14. 36%；年均总产量是 35. 98×10^4t，仅次于加拿大，为世界第二，占同期世界年均总产量的 16. 66%；年均单产是 1116. 07kg/hm^2，低于英国、加拿大、法国、美国和俄罗斯，居第六位，分别是其年均单产的 58. 82%、79. 53%、84. 22%、92. 98%和 93. 31%，高出世界平均水平 15. 87%（表 3-1、表 3-2）。

在我国，胡麻是第五大油料作物，主要分布在西北地区的甘肃省、宁夏回族自治区、新疆维吾尔自治区和华北地区的内蒙古自治区、山西省、河北省等地；青海、陕西两省次之，西藏自治区、云南省、贵州省、广西壮族自治区、广东省等地也有零星种植。据联合国粮食及农业组织（FAO）数据统计，2008—2014 年，我国胡麻年平均收获面积 32. 31×10^4hm^2，年均总产量 35. 98×10^4t，年均单产 1 116. 07kg/hm^2。国家统计局数据表明，甘肃、山西、内蒙古、宁夏、河北和新疆年均收获面积的 31. 82%；年均总产量 14. 75×10^4t，占同期全国总产量的 41. 68%；年均单产 1 468. 29kg/hm^2，高出全国平均水平 29. 33%，但低于新疆和青海，分别是其年均单产的 93. 06%和 94. 48%。可见，甘肃是我国胡麻种植面积最大、总产量最高的省份（表 3-3、表 3-4）。

表 3-1、表 3-2 数据来源于 FAO 数据统计；表 3-3、表 3-4 数据来源于国家统计局数据。

3. 2　胡麻作物生长模型研究进展

周志业等（2005）研究了亚麻品种阿里安在秋播条件下的密度，氮、磷、钾肥施用量及氮肥施用时期 5 个主要可控栽培因子与原茎产量之间的效应关系及其数学模型。姚玉璧等（2006）采用 EOF、小波分析和积分回归等统计分析方法分析甘肃省胡麻产量的时空特征，对胡麻逐年气候产量及相应年份胡麻生长阶段的降水量、旬平均气温及日照时数进行整理分析，通过积分回归处理计算不同生育阶段胡麻产量的气象影响因子，分析其对胡麻产量的影响，同时通过相关分析胡麻生长发育阶段的气温及降水因子与相应年份的胡麻产量，构建了胡麻气候产量预测模型。曹秀霞（2009）采用二次旋转组合回归设计方法，对影响胡麻籽粒产量的主要农艺措施，进行效应分析和优化研究，建立了旱地胡麻密肥高产栽培技术数学模型。曹秀霞等（2010）研究了半干旱地区立地条件下，采用二次正交旋转组合回归设计，种植密度和施肥水平对水地胡麻产量的影响，建立了胡麻产量与密肥因素的数学模型。姚玉璧等（2011）研究了黄土高原半干旱区气候变化对胡麻生长发育的影响，以及胡麻水分利用效率与气象条件的关系，分析了胡麻生长关键时段，关键气象因子对产量的影响，构建了胡麻产量的气候模型。高国强（2012）等应用五因素二次通用旋转组合设计方法，探讨了以盐池为代表的宁中地区在干旱雨养立地条件下宁亚 10 号胡麻高产优质栽培模型。以上模型都是揭示自变量因子（气候、肥料等单因素）对因变量（产量）影响的数学模型，而目前关于基于生理生态过程的胡麻生长发育模拟模型的研究尚属空白。

表 3-1 2008—2014 年全世界胡麻生产情况

Table 3-1 Production of oil flax all over the world from 2008 to 2014

项目 Item	2008 年		2009 年		2010 年		2011 年		2012 年		2013 年		2014 年	
	收获面积 Harvest area	总产量 Total yield	收获面积 Harvest area	总产量 Total yield	收获面积 Harvest area	总产量 Total yield	收获面积 Harvest area	总产量 Total yield	收获面积 Harvest area	总产量 Total yield	收获面积 Harvest area	总产量 Total yield	收获面积 Harvest area	总产量 Total yield
全世界 AW	209. 52	199. 01	210. 58	218. 44	200. 48	182. 96	207. 20	218. 37	257. 22	206. 17	229. 66	229. 94	260. 08	256. 45
中国 China	33. 78	34. 97	33. 69	31. 81	32. 44	35. 28	32. 21	35. 86	31. 79	39. 05	31. 29	39. 88	31. 00	35. 00
加拿大 Canada	62. 52	86. 11	62. 33	93. 01	35. 33	42. 30	27. 32	36. 83	38. 44	48. 89	42. 21	73. 07	62. 08	87. 25
美国 USA	13. 76	14. 52	12. 71	18. 86	16. 92	23. 00	14. 00	14. 18	13. 60	14. 73	7. 33	8. 23	12. 59	16. 18
俄罗斯 RF	5. 74	9. 29	8. 07	10. 26	12. 67	17. 82	26. 47	47. 12	55. 83	36. 90	43. 84	32. 58	44. 15	39. 30
印度 India	46. 80	16. 30	40. 79	16. 92	34. 20	15. 37	33. 88	14. 70	43. 10	15. 20	33. 80	14. 70	36. 00	14. 10
埃塞俄比亚 Ethiopia	15. 21	16. 99	14. 08	15. 06	7. 37	6. 54	11. 65	11. 28	12. 79	12. 21	9. 56	8. 80	8. 23	8. 31
法国 France	6. 79	1. 46	6. 62	4. 31	7. 33	4. 08	1. 64	3. 06	1. 21	2. 37	0. 85	1. 62	1. 10	2. 33
哈萨克斯坦 Kazakhstan	1. 128	1. 03	5. 84	4. 77	22. 52	9. 46	30. 97	27. 31	36. 96	15. 79	38. 43	29. 50	44. 60	33. 05
乌克兰 Ukraine	1. 91	2. 08	4. 68	3. 73	5. 63	4. 68	5. 87	5. 11	5. 29	4. 14	3. 79	2. 54	3. 34	4. 08
英国 UK	1. 61	2. 93	2. 80	5. 40	4. 40	7. 20	3. 60	7. 10	2. 80	4. 20	3. 40	6. 20	1. 50	3. 90

注：1. 表中 AW 是 All over the world；USA 是 United States America 的缩写；RF 是 Russian Federation 的缩写；UK 是 United Kingdom 的缩写；

2. 收获面积单位为万公顷（$10^4 hm^2$）；总产量单位为万吨（$10^4 t$）

Note：1. AW，USA，RF and UK indicated all over the world，United States America，Russian Federation and United Kingdom，respectively；2. Harvest area was 10^4hectare；total yield was 10^4 ton

表 3-2　2008—2014 年全世界胡麻单产情况

Table 3-2　Seed yield of oil flax all over the world from 2008 to 2014

(kg · hm^{-2})

项目 Item	2008 年	2009 年	2010 年	2011 年	2012 年	2013 年	2014 年	平均值 mean
全世界 AW	949.80	1 037.30	912.60	1 053.90	801.50	1 001.20	986.10	963.20
中国 China	1 035.10	944.20	1 087.58	1 113.45	1 228.54	1 274.60	1 129.03	1 116.07
加拿大 Canada	1 377.30	1 492.20	1 197.28	1 348.10	1 271.85	1 731.11	1 405.44	1 403.33
美国 USA	1 055.20	1 483.80	1 359.84	1 012.58	1 083.10	1 122.87	1 285.16	1 200.36
俄罗斯 RF	1 619.60	1 271.60	1 406.57	1 780.20	661.02	743.14	890.20	1 196.05
印度 India	348.30	414.80	449.42	433.87	352.67	434.91	391.67	403.66
埃塞俄比亚 Ethiopia	1 116.50	1 069.80	887.81	967.57	954.50	920.11	1 009.79	989.44
法国 France	215.00	651.50	556.66	1 868.20	1 965.89	1 897.41	2 121.26	1 325.13
哈萨克斯坦 Kazakhstan	804.70	815.90	420.12	881.76	427.16	767.68	741.03	694.05
乌克兰 Ukraine	1 089.00	797.00	831.26	870.53	782.61	670.01	1 222.16	894.65
英国 UK	1 822.20	1 928.60	1 636.36	1 972.22	1 500.00	1 823.53	2 600.00	1 897.56

注：表中 AW 是 All over the world；USA 是 United States America 的缩写；RF 是 Russian Federation 的缩写；UK 是 United Kingdom 的缩写

Note：AW，USA，RF and UK indicated all over the world，United States America，Russian Federation and United Kingdom，respectively

表 3-3　2008—2014 年全国胡麻生产情况

Table 3-3　Production of oil flax from 2008 to 2014 in China

(kg · hm^{-2})

项目 Item	2008 年		2009 年		2010 年		2011 年		2012 年		2013 年		2014 年	
	收获面积 Harvest area	总产量 Total yield	收获面积 Harvest area	总产量 Total yield	收获面积 Harvest area	总产量 Total yield	收获面积 Harvest area	总产量 Total yield	收获面积 Harvest area	总产量 Total yield	收获面积 Harvest area	总产量 Total yield	收获面积 Harvest area	总产量 Total yield
全国 Nationwide	33.78	34.97	33.69	31.81	32.44	35.28	32.21	35.86	31.79	39.05	31.29	39.88	30.61	38.65
河北 Hebei	4.81	3.86	4.93	1.58	4.10	2.71	3.54	2.85	3.71	3.08	3.63	3.75	3.55	2.80
山西 Shanxi	6.48	6.14	6.17	5.00	6.28	5.50	6.39	6.03	6.05	7.26	5.97	7.03	6.03	6.99

（续表）

项目 Item	2008 年		2009 年		2010 年		2011 年		2012 年		2013 年		2014 年	
	收获面积 Harvest area	总产量 Total yield	收获面积 Harvest area	总产量 Total yield	收获面积 Harvest area	总产量 Total yield	收获面积 Harvest area	总产量 Total yield	收获面积 Harvest area	总产量 Total yield	收获面积 Harvest area	总产量 Total yield	收获面积 Harvest area	总产量 Total yield
内蒙古 Inner Mongolia	4. 85	3. 38	4. 86	2. 91	4. 83	2. 91	5. 63	3. 20	5. 87	3. 67	6. 07	4. 16	6. 31	4. 14
陕西 Shaanxi	0. 48	0. 39	0. 44	0. 51	0. 29	0. 33	0. 28	0. 26	0. 35	0. 41	0. 34	0. 41	0. 35	0. 43
甘肃 Gansu	11. 90	15. 13	11. 27	14. 38	10. 55	15. 15	10. 09	13. 83	9. 70	15. 12	9. 53	15. 55	8. 82	15. 28
青海 Qinghai	0. 29	0. 42	0. 22	0. 40	0. 47	0. 65	0. 44	0. 59	0. 44	0. 69	0. 41	0. 64	0. 27	0. 47
宁夏 Ningxia	3. 83	4. 29	4. 57	5. 14	5. 04	6. 69	4. 77	7. 48	4. 79	7. 40	4. 51	6. 96	4. 47	7. 06
新疆 Xinjiang	0. 95	1. 23	1. 24	1. 89	0. 88	1. 33	0. 78	1. 23	0. 87	1. 40	0. 81	1. 37	0. 81	1. 49

注：收获面积单位为万公顷（$10^4 hm^2$）；总产量单位为万吨（$10^4 t$）

Note：Harvest area was 10^4hectare；total yield was 10^4 ton

表 3-4　2008—2014 年全国胡麻单产情况

Table 3-4　Seed yield of oil flax in our country from 2008 to 2014

（$kg \cdot hm^{-2}$）

项目 Item	2008 年	2009 年	2010 年	2011 年	2012 年	2013 年	2014 年	平均值 mean
全国 Nationwide	1 035. 10	944. 20	1 087. 58	1 113. 45	1 228. 54	1 274. 60	1 129. 03	1 116. 07
河北 Hebei	802. 08	321. 03	661. 32	806. 07	831. 37	1 031. 85	788. 79	748. 93
山西 Shanxi	954. 31	809. 71	876. 21	943. 69	1 199. 22	1 176. 93	1 158. 33	1 016. 91
内蒙古 Inner Mongolia	696. 87	598. 40	602. 65	568. 85	624. 91	686. 01	655. 96	633. 38
陕西 Shaanxi	819. 38	1 152. 50	1 145. 17	940. 00	1 175. 43	1 194. 71	1 214. 86	1 091. 72
甘肃 Gansu	1 271. 22	1 275. 98	1 435. 94	1 370. 26	1 558. 85	1 632. 17	1 731. 97	1 468. 04
青海 Qinghai	1 440. 00	1 827. 73	1 381. 49	1 347. 73	1 564. 55	1 554. 88	1 743. 70	1 551. 44
宁夏 Ningxia	1 118. 90	1 124. 88	1 327. 60	1 568. 24	1 545. 41	1 543. 41	1 578. 59	1 401. 00
新疆 Xinjiang	1 293. 16	1 522. 58	1 511. 36	1 571. 28	1 604. 37	1 693. 33	1 840. 62	1 576. 67

第4章　研究内容、试验设计及方法

4.1　研究内容及思路

采用APSIM模型，以胡麻生长发育的生理生态过程为主线，结合试验测定的胡麻遗传属性参数及气象参数、土壤参数等，构建基于APSIM的胡麻生长发育模型并进行验证。

4.1.1　胡麻物候期模拟模型构建

以积温法为基础，充分考虑品种对春化和光周期反映的遗传特性，构建胡麻物候期模拟模型。通过回归分析，验证模型模拟天数与实际观测天数拟合效果，以及降水量、气温、实际日照时数、氮素水平、水分对胡麻生育期的影响。

4.1.2　胡麻叶面积指数模型构建

充分考虑环境效应和作物遗传特性对叶面积指数的作用，通过分别构建潜在叶面积指数、实际叶面积指数和衰老叶面积指数，最终构建胡麻叶面积指数模型；并利用不同密度、不同施氮、磷量等试验获得的数据资料对模型进行检验。

4.1.3　胡麻光合生产与干物质积累模型构建

采用辐射利用率，考虑环境因子对光合速率的影响及呼吸作用消耗的同化量，构建基于生理生态过程的胡麻光合生产与干物质积累模拟模型。通过不同肥料、播种方式、种植密度及氮磷水平对模型的模拟效果和适用性进行初步检验。

4.1.4　胡麻干物质分配与器官生长模型构建

通过关键遗传参数根发芽率、叶片生物量、蒴果生物量、收获指数增长率、最大收获指数、籽粒含油量、碳水化合物含油率、籽粒水分含量等确定各器官的物质分配比例，充分考虑胡麻在不同生长发育阶段的器官生长特征，构建胡麻干物质分配与器官生长模拟模型，并利用不同肥料、不同播种方式、不同种植密度和不同氮磷水平的试验资料对胡麻地上部总干重和地上部各器官干重的模拟结果进行较广泛的验证。

4.1.5　胡麻产量构成模型

分别采用产量构成因素法和粒壳比法构建，基于品种遗传参数单位面积蒴果数、每果粒数、粒重与水肥胁迫因子、累积光合速率的产量构成模型和基于粒壳比和蒴果干物质总量的产量形成模型，通过验证比较各模型的模拟精度，最终确定精确预测胡麻产量的模拟方法。

4.2 研究思路与技术路线

综合运用计算机数据处理数据拟合技术、系统工程和模型模拟技术，在充分整理分析试验数据和查看大量文献的基础上，通过借鉴和吸收前人的研究成果，结合胡麻自身的品种特性，对胡麻生长发育的基本规律及其与环境因子的相互关系予以解析和综合，构建胡麻生长发育模拟模型，以期对胡麻在不同施肥条件、不同气候条件、不同种植条件下的生产能力进行预测。旨在为胡麻生产管理的数字化、标准化、优化管理提供理论和决策依据。本研究技术路线见图 4-1。

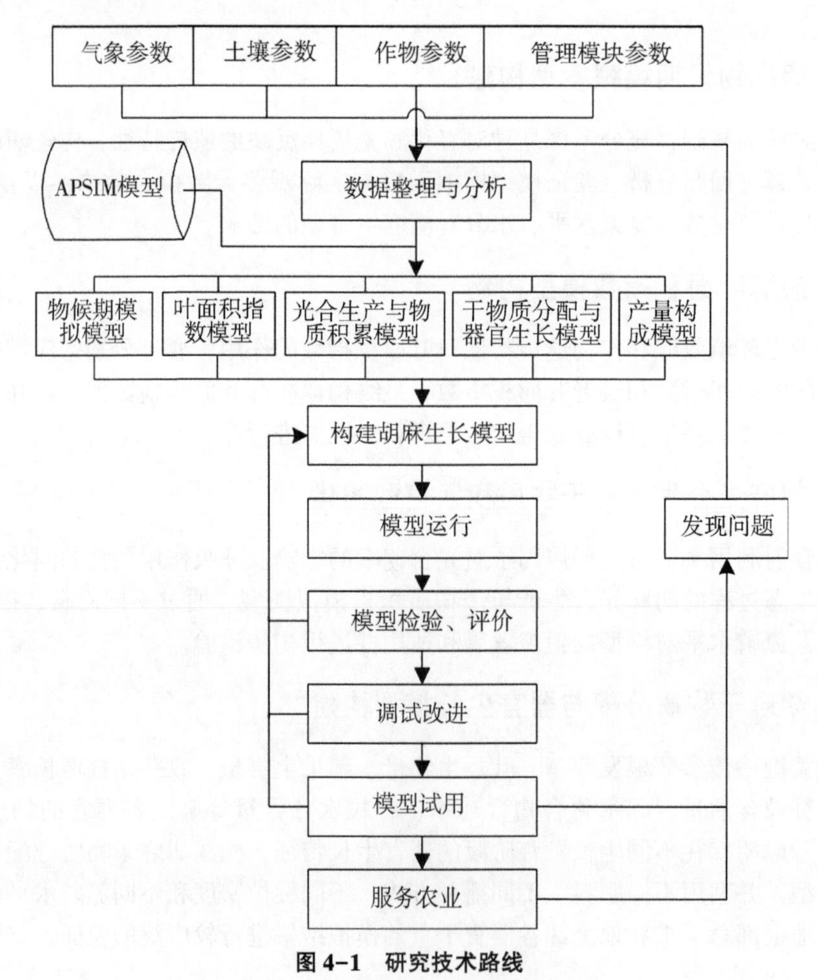

图 4-1　研究技术路线

Fig. 4-1　Research technique route

4.3　材料与方法

4.3.1　田间试验

本论文设计了 8 个试验方案，涉及不同播种方式、播种密度、氮磷水平。

试验Ⅰ：试验于 2012—2013 年在甘肃省兰州市榆中县育种繁殖场（E103°49′15″ ~ E104°34′40″，N35°34′20″ ~N36°26′20″）进行。试验区属水地。该区地处黄河中游黄土高原沟壑区，海拔高度 1 793m，播种期 2012 年日平均气温 13.76℃，≥10℃积温 2 326℃ · d，日照时数 1 396h，无霜期 146d，降水量 295.6mm。2013 年日均气温 14.62℃，≥10℃积温 2 467.2℃ · d，日照时数 1 018h，降水量 356.6mm。年蒸发量平均为 1 341mm，年辐射量 1 310MJ · m^{-2}。供试土壤为沙壤土，有机质含量 16.56g · kg^{-1}，全氮 1.10g · kg^{-1}，碱解氮 59.01mg · kg^{-1}，速效磷 13.83mg · kg^{-1}，速效钾 127.62mg · kg^{-1}，pH 值 7.75。

以氮、磷施用量为试验因素，采用二因素随机区组设计。氮设 3 个水平，分别为：N1—75kg N · hm^{-2}，N2—150kg N · hm^{-2}；N3—225kg N · hm^{-2}；磷设 2 个水平，分别为：P1—75kg P_2O_5 · hm^{-2}，P2—150kg P_2O_5 · hm^{-2}。氮、磷肥品种分别为尿素和普通过磷酸钙；氮肥的 2/3 作为基肥，1/3 作为追肥于现蕾前追施；磷肥作为基肥施用。重复 3 次，小区面积 20m^2。各小区均施钾肥 52.5kg K_2O · hm^{-2}，钾肥品种为硫酸钾，作为基肥施用。各小区灌溉定额均为 $2.7\times10^3 m^3$ · hm^{-2}（分茎期灌水 $1.2\times10^3 m^3$ · hm^{-2}、现蕾期灌水 $1.5\times10^3 m^3$ · hm^{-2}）。胡麻品种选用‘陇亚杂 1 号’（春性长日照）。种植密度为 900 万株 · hm^{-2}，条播，播深 3cm，行距 20cm。2012 年 3 月 24 日播种，8 月 4 日收获，2013 年 4 月 15 日播种，8 月 9 日收获。栽培管理同大田生产。

试验Ⅱ：试验于 2011—2012 年在甘肃省定西市西巩驿镇（E104°37′12″，N35°34′48″）进行。试验区属旱地。该区地处黄河中游黄土高原沟壑区，海拔高度 1 793m，播种期 2011 年日平均气温 14℃，日照时数 1 419.5h，无霜期 146d，降水量 212.6mm，蒸发量 767.9mm。2012 年日均气温 14.45℃，日照时数 1 387.7h，无霜期 146d，降水量 363.7mm，蒸发量 684.6mm。供试土壤为黑垆土，有机质含量 11.06g · kg^{-1}，全氮 0.99g · kg^{-1}，碱解氮 72.15mg · kg^{-1}，速效磷 8.31mg · kg^{-1}，速效钾 247.02mg · kg^{-1}，pH 值 8.3。

以氮磷施用量为试验因素。氮设 3 个水平，分别为：N1—75kg N · hm^{-2}，N2—150kg N · hm^{-2}；N3—225kg N · hm^{-2}；磷设 2 个水平，分别为：P1—75kg P_2O_5 · hm^{-2}，P2—150kg P_2O_5 · hm^{-2}。氮、磷肥品种分别为尿素和过磷酸钙；氮肥的 2/3 作为基肥，1/3 作为追肥于现蕾前追施；磷肥作为基肥施用。试验随机排列，重复 3 次，小区面积 20m^2。各小区均施钾肥，52.5kg K_2O · hm^{-2}，钾肥品种为硫酸钾，作为基肥施用。胡麻品种选用‘陇亚杂 1 号’。种植密度为 900 万株 · hm^{-2}，条播，播深 3cm，行距 20cm。2011 年和 2012 年均为 4 月 1 日播种，8 月 5 日收获。栽培管理同大田生产。

试验Ⅲ：于 2012—2014 年在甘肃省定西市西巩驿镇（E104°37′12″，N35°34′48″）

进行，属旱地操作。试验设种植密度单因素随机区组设计。前茬为全膜双垄沟玉米，前一年玉米收获后保护地膜，以草木灰或沙土覆盖破损处，冬季避免牲畜践踏和人为损坏地膜，来年春天免耕直接播种。地膜为聚乙烯吹塑农用地膜，厚度 0.008mm，甘肃省天水天宝塑业有限责任公司生产。品种选用‘陇亚杂 1 号’；种植密度设 7 个处理，3×10^6 粒 · hm^{-2}（D1）、4.5×10^6 粒 · hm^{-2}（D2）、6×10^6 粒 · hm^{-2}（D3）、7.5×10^6 粒 · hm^{-2}（D4）、9×10^6 粒 · hm^{-2}（D5）、1.05×10^7 粒 · hm^{-2}（D6）、1.2×10^7 粒 · hm^{-2}（D7）；每穴播种子粒数对应种植密度分别为 6、9、12、15、18、21、24 粒。各小区氮、磷、钾施肥量均分别为 N 112.5kg · hm^{-2}、P_2O_5 75kg · hm^{-2}、K_2O 52.5kg · hm^{-2}；氮、磷、钾肥品种分别为尿素、过磷酸钙和硫酸钾。磷、钾肥均作为基肥施用；氮肥的 2/3 作为基肥，1/3 作为追肥于现蕾前追施。小区面积 13.3m^2，行距 15cm，穴距 11cm，3 次重复。小区间走道 30cm，重复间走道 50cm，四周设 1m 的保护行。2012—2014 年均为 4 月 1 日播种，8 月 5 日收获。栽培管理同大田生产。

试验Ⅳ：于 2012—2014 年在甘肃省兰州市榆中县育种繁殖场（E103°49′15″~E104°34′40″，N35°34′20″~N36°26′20″）进行，属水地操作。试验因素为氮和磷，采用二因素随机区组设计。氮（N）设 3 个水平，分别为：N0（0kg · hm^{-2}），N1（75kg · hm^{-2}），N2（150kg · hm^{-2}）；磷（P_2O_5）设 3 个水平，分别为：P0（0kg · hm^{-2}），P1（75kg · hm^{-2}），P2（150kg · hm^{-2}）。氮、磷肥品种分别为尿素和过磷酸钙；氮肥 2/3 作为基肥，1/3 作为追肥于现蕾前追施；磷肥作为基肥施用。共 9 个处理，重复 3 次，共 27 个小区。各小区均施钾肥 K_2O 52.5kg · hm^{-2}，作为基肥施用，钾肥品种为硫酸钾。各小区灌溉定额均为 2.7×10^3 m^3 · hm^{-2}（分茎期灌水 $1.2\times10^3m^3$ · hm^{-2}、现蕾期灌水 $1.5\times10^3m^3$ · hm^{-2}）。品种选用陇亚杂 1 号，种植密度为 900 万株 · hm^{-2}，条播，播深 3cm，行距 20cm。小区长 5m，宽 4m，面积 20m^2。小区间间隔 30cm，重复间间隔 50cm，四周设 1m 的保护行。2012 年 3 月 24 日播种，8 月 4 日收获；2013 年 4 月 15 日播种，8 月 9 日收获；2014 年 4 月 1 日播种，8 月 8 日收获。栽培管理同大田生产。

试验Ⅴ：试验于 2012—2015 年在甘肃省定西市西巩驿镇（E104°37′12″，N35°34′48″）进行，属旱地操作。试验设肥料单因素随机区组设计。前茬为全膜双垄沟玉米，前一年玉米收获后保护地膜，以草木灰或沙土覆盖破损处，冬季避免牲畜践踏和人为损坏地膜，来年春天免耕直接播种。供试地膜为聚乙烯吹塑农用地膜，厚度 0.008 mm，甘肃省天水天宝塑业有限责任公司生产。试验设计：不施肥作对照（CK）、油渣分别设 40kg（Y1）、80kg（Y2）、60kg（Y3）3 个水平；磷酸二铵分别设 6kg（R1）、12kg（R2）、18kg（R3）3 个水平；复合肥分别设 10kg（F1）、20kg（F2）、30kg（F3）3 个水平，共 10 个处理，每个处理 3 次重复，共 30 小区。小区面积 20m^2，小区间走道 30cm，重复间走道 50cm，四周设 1m 的保护行。品种选用‘定亚 22 号’，播种密度 750 万株 · hm^{-2}，行距 15cm，穴距 11cm，每穴播 10 粒左右种子（每亩播 40 400 穴）。4 月 1 日播种，8 月 5 日收获。栽培管理同大田生产。

试验Ⅵ：试验于 2012—2015 年在甘肃省定西市西巩驿镇（E104°37′12″，N35°34′48″）进行，属旱地操作。试验设播种方式单因素随机区组设计。前茬为全膜双垄沟玉米，前一年玉米收获后保护地膜，以草木灰或沙土覆盖破损处，冬季避免牲畜践踏和人为损坏地膜，来年春天免耕直接播种。供试地膜为聚乙烯吹塑农用地膜，厚度 0.008mm，甘肃省天水天宝塑业有限责任公司生产。试验处理：（T1）残膜直播；（T2）残膜覆至春天，播种前揭残膜，覆盖新膜播种；（T3）残膜覆至春天，播种前揭残膜后直接播种。各小区氮、磷、钾施肥量均分别为 112.5kg N·hm^{-2}、75kg P_2O_5·hm^{-2}、52.5kg K_2O·hm^{-2}；氮、磷、钾肥品种分别为尿素、过磷酸钙和硫酸钾。磷、钾肥均作为基肥施用；氮肥的 2/3 作为基肥，1/3 作为追肥于现蕾前追施。小区面积 20m^2，3 次重复。小区间走道 30cm，重复间走道 50cm，四周设 1m 的保护行。品种选用‘陇亚 10 号’，播种密度 750 万株·hm^{-2}，行距 15cm，穴距 11cm，每穴播 10 粒左右种子（每亩播 40 400 穴）。4 月 1 日播种，8 月 5 日收获。栽培管理同大田生产。

试验Ⅶ：试验于 2012—2015 年在甘肃省定西市西巩驿镇（E104°37′12″，N35°34′48″）进行，属旱地操作。试验设种植密度单因素随机区组设计。前茬为全膜双垄沟玉米，前一年玉米收获后保护地膜，以草木灰或沙土覆盖破损处，冬季避免牲畜践踏和人为损坏地膜，来年春天免耕直接播种。供试地膜为聚乙烯吹塑农用地膜，厚度 0.008 mm，甘肃省天水天宝塑业有限责任公司生产。品种选用‘陇亚 10 号’；种植密度设 7 个处理，3×10^6 粒·hm^{-2}（D1）、4.5×10^6 粒·hm^{-2}（D2）、6×10^6 粒·hm^{-2}（D3）、7.5×10^6 粒·hm^{-2}（D4）、9×10^6 粒·hm^{-2}（D5）、1.05×10^7 粒·hm^{-2}（D6）、1.2×10^7 粒·hm^{-2}（D7）；每穴播种子粒数对应种植密度分别为 6、9、12、15、18、21、24 粒。各小区氮、磷、钾施肥量均分别为 112.5 kg N·hm^{-2}、75 kg P_2O_5·hm^{-2}、52.5 kg K_2O·hm^{-2}；氮、磷、钾肥品种分别为尿素、过磷酸钙和硫酸钾。磷、钾肥均作为基肥施用；氮肥的 2/3 作为基肥，1/3 作为追肥于现蕾前追施。小区面积 13.3m^2，行距 15cm，穴距 11cm，3 次重复。小区间走道 30cm，重复间走道 50cm，四周设 1m 的保护行。4 月 1 日播种，8 月 5 日收获。栽培管理同大田生产。

试验Ⅷ：试验于 2012—2015 年在甘肃省兰州市榆中县育种繁殖场（E103°49′15″~E104°34′40，N35°34′20″~N36°26′20″）进行。试验区属水地。试验因素为氮和磷，采用二因素随机区组设计。氮设 3 个水平，分别为：N0——0 kg N·hm^{-2}，N1——75 kg N·hm^{-2}，N2——150 kg N·hm^{-2}；磷设 4 个水平，分别为：P0——0 kg P_2O_5·hm^{-2}，P1——75 kg P_2O_5·hm^{-2}，P2——150 kg P_2O_5·hm^{-2}，P3——225 kg P_2O_5·hm^{-2}。氮、磷肥品种分别为尿素和过磷酸钙；氮肥 2/3 作为基肥，1/3 作为追肥于现蕾前追施；磷肥作为基肥施用。共 12 个处理，重复 3 次，共 36 个小区。各小区均施钾肥 52.5 kg K_2O·hm^{-2}，作为基肥施用，钾肥品种为硫酸钾。各小区灌溉定额均为 2.7×10^3 m^3·hm^{-2}（分茎期灌水 1.2×10^3 m^3·hm^{-2}、现蕾期灌水 1.5×10^3 m^3·hm^{-2}）。品种选用‘陇亚杂 1 号’，种植密度为 900 万株·hm^{-2}，条播，播深 3cm，行距 20cm。小区长 5m，宽 4m，面积 20m^2。小区间间隔 30cm，重复间间隔 50cm，四周设 1m 的保护行。2012 年 3 月 24 日播种，8 月 4 日收获；2013 年 4 月 15 日播种，8 月 9 日收获；2014 年 4 月 1 日播种，8 月 5 日收获；2015 年 3 月 25 日播种，8 月 5 日收获。栽培管理同大田生产。

定西地区地处黄河中游黄土高原沟壑区，海拔高度 1 793m，年均气温 7℃，年日照时数 2 500h，无霜期 146d，年降水量 300~400mm，年均蒸发量 1 524.8mm。供试土壤为黑垆土，土壤理化性状见表 4-1。

榆中地区地处黄河中游黄土高原沟壑区，海拔高度 1 793m，年均气温 6.7℃，≥10℃积温 2 350℃ · d，年日照时数 2 563h，无霜期 146d，年降水量 300~400mm，年均蒸发量 1 341mm，年辐射量 1 310MJ · m^{-2}。供试土壤为沙壤土，土壤理化性状见表 4-1。

表 4-1　定西和榆中试验站土壤理化性状

Table 4-1　Basic physical-chemical properties of Dingxi and Yuzhong experiment site

试验站 Experiment site	土壤类型 Soil type	有机质含量 Organic matter (g · kg^{-1})	全氮 Total nitrogen (g · kg^{-1})	碱解氮 Available nitrogen (mg · kg^{-1})	速效磷 Available phosphorus (mg · kg^{-1})	速效钾 Available potassium (mg · kg^{-1})	pH
定西 Dingxi	黑垆土 heilu soil	11.06	0.99	72.15	8.31	247.02	8.3
榆中 Yuzhong	沙壤土 Sandy loam	16.56	1.10	59.01	13.83	127.62	7.75

4.3.2　主要测定指标及方法

观测项目包括胡麻生育时期，各生育时期各器官根、茎、叶、果的干物质量、叶面积，收获时测定产量构成要素及产量，播种前和收获后分别测定土壤理化性状及土壤水分动态。

①土壤基础参数：播种前分别测定 0~30 cm 土壤的铵态氮、硝态氮、有机质、土壤含水率。在收获后测定土壤水分特征曲线和容重。

②物候期：分别记录苗期、现蕾期、盛花期、子实期和成熟期。

③叶面积和干物质量：在苗期、现蕾期、盛花期、子实期和成熟期进行取样和测定。叶面积每小区定株 10 株进行叶面积的连续观测；生物量每小区随机取样 10 株，分别测定茎、叶和蒴果的干鲜重量。

④产量：成熟期按小区进行实产测定，考种测定产量构成三要素。

采用 SPSS 20.0 统计分析软件进行数据整理和分析。

作物参数测量方法　分别于胡麻各生育时期（榆中试验区于生育期内每隔 10d）选取叶龄基本一致的植株进行叶龄标记，采用 WDY-500A 叶面积仪测定叶面积；于各生育时期按小区（重复 3 次）采样叶龄基本一致的植株 10 株作为样品，烘箱内 105℃杀青 15min 后在 85℃烘 6~8h 至恒重，测定全株及各器官干重。CO_2 吸收量用红外线 CO_2 气体分析仪测定，O_2 释放量用氧电极测氧装置测定。

土壤参数测量方法　试验期间每隔 15d 测定一次土壤水分。200cm 土层内每隔 20cm 取 1 个样测定。同时测定田间最大持水量 DUL、作物有效水分下限 LL 及土壤容重 BD，并计算作物需水能力 PAWC，根水分提取值 KL 和根探索因子 XF 是每层土壤能够提取的有效水分，由土壤氯离子 CI、交换性钠 ESP、电导率 EC 决定。在黄土高原地区，根据土壤质地的区域分布特征，北部风沙区土壤属于 A 组土壤，丘陵沟壑区土壤属于 B 组土壤，高原沟壑区土壤属于 B 组或 C 组土壤。根据土地利用方式、保护耕作措施和土壤水文学分组，可以在用户手册中查到相应的径流曲线代码 Cn2 的值，模拟取值为 Cn=80。土壤蒸发通过作物蒸发蒸腾仪测量。

土壤有机碳测定方法　分别对作物播种前和收获后用土钻取 0~5、5~10、10~30cm 土层的土样，多点取样混合后风干，过 1mm 土壤筛后备用。用 $K_2Cr_2O_7-H_2SO_4$ 氧化外加热法测定土壤有机碳：称取过 0.25mm 土壤筛的风干土样 0.4900g 于一硬质试管中，加入 0.8000g 重铬酸钾标准溶液 5mL 后，加浓硫酸 5mL，在 170~180℃ 油浴中沸腾 5min 冷却后待测，滴加 2 滴邻啡啰啉指示剂后，用 0.2N 硫酸亚铁溶液滴定待测液。重复 3 次。

气象资料的获取　气象站点设置在定西市李家堡镇甘肃农业大学旱农试验站，运行模型所需的气象资料由甘肃省气象局提供，包括降水、辐射、地温和气温（包括平均温、最高温和最低温）等。

4.4　模型的构建与检验

4.4.1　模型的构建

胡麻生长发育模型 APSIM-Oilseed Flax 是基于 APSIM 模型构建的。APSIM 模型通过嵌入气候模块、土壤模块、地表有机质模块、施肥模块、胡麻作物模块和管理模块，采用 VB.NET 编程语言来动态模拟胡麻生长发育。模型输入参数包括气象参数［逐日太阳辐射量、逐日最高温、逐日最低温、降水量、蒸发量、年均环境温度（tav）、年均月气温变幅（amp）、经度、纬度等］，由甘肃省气象局提供；土壤参数，包括土壤水分参数（各土层容重 BD、体积含水量 SAT、最大田间持水量 DUL、萎蔫系数 LL15、风干系数 Airdry、土壤导水率 SWCON、裸露土壤径流曲线数 Cn2_ bare、累积蒸腾量 U、第二阶段累积蒸腾量 Cona）和土壤氮素参数（有机碳 OC、土壤微生物及其产物库 FBiom、惰性有机物 FInert、硝态氮、铵态氮、土壤 C：N 值）；作物参数（作物有效水分下限 LL、根探索性因素 XF、作物需水能力 PAWC 和提取率 KL）与品种遗传参数等，输出数据为胡麻生长模型各子模型的模拟结果：生育时期、叶面积指数、地上部干物质量、各器官分配量及产量。

4.4.2　模型参数的确定与求算方法

APSIM 已建立的作物模型有鹰嘴豆、绿豆、大豆、柱花草、花生、蚕豆、紫花苜蓿、加拿大油菜、小麦等。本研究通过借鉴 APSIM-canola 加拿大油菜模型，根据胡麻生长发育的生理生态过程，确定影响胡麻生长发育的品种遗传参数。胡麻生理生态参数主要包括：基温、适宜温度、最高温度、叶面积生长、主干结节出现率、每主干节点植物叶片数、叶片尺寸（随节点数变化）、主干节点叶片死亡率、新叶的最大叶面积（随 LAI 变化）、累计生物量、辐射利用率、绿色叶片消光系数（衰落系数）、蒴果壳（pod）消光系数、蒸腾效率系数、生物量分配、盛花前期分配给叶片的干物质量、籽粒填充期收获指数增加速率、粒重占种子能量的倍数、根冠比（随生长期变化）等各项指标，如表 4-2 所示。

确定作物参数过程：首先，调查收集研究区作物性状介绍与试验资料，作为估计作物品种资料遗传参数的基本依据；其次，采用基于神经网络的投影寻踪自回归 BPPPAR 模型，用 RAGA 优化投影指标函数，调整品种遗传特性参数（付强，2006）。

位于北半球的研究区与位于南半球的澳洲大陆相比，地理位置、环境基质、气候格局、土壤特征均有显著差异，所以模型在进行模拟以前，需要进行大量试验和科学的方法对模型参数进行校准和反复调整。模型至少需要 2 年的试验数据。

近 20 年来国际统计界兴起了"直接审视数据—计算机分析模拟—设计软件程序检验"这样一条探索性数据分析方法。基于神经网络——BP 网络的投影寻踪自回归模型 BPPPAR（projection pursuit auto-regression based on error back propagation）就是这类方法的突出代表，它既克服了单纯使用人工神经网络—BP 算法易于陷入局部极值的缺陷，也弥补了单纯使用 PPAR 方法的没有自学习能力的不足，并用基于实数编码的加速遗传算法 RAGA（real coded accelerating genetic algorithm）来优化投影指标函数，从而使模型精度、稳健性、实用性都得到提高。

4.4.3 模型的检验

在模型校准与验证结果的评价中所用的误差统计指标有均方根误差 RMSE（root mean square error）、决定系数 R^2（determination coefficient）、平均绝对误差 MAE（mean absolute error）相对误差 RE（relative error），其中 R^2 用于评价模型的预测能力，MAE、RMSE、RE 用于显示模型预测中的误差，RMSE 和 MAE、RE 越接近 0、R^2 越接近 1 时表示模型性能越好，模型测量值与预测值间误差越小，拟合效果越好，一般来说预测生育期的 RMSE 值控制在 5%以内表明模拟值与预测值一致性好。

$$\mathrm{RMSE}=\sqrt{\frac{\sum_{i=1}^{n}(\mathrm{M}_i-\mathrm{S}_i)^2}{n}} \tag{4.1}$$

$$R^2=\left(\frac{\sum_{i=1}^{n}(\mathrm{M}_i-\bar{\mathrm{M}})(\mathrm{S}_i-\bar{\mathrm{S}})}{\sqrt{\sum_{i=1}^{n}(\mathrm{M}_i-\bar{\mathrm{M}})^2}\sqrt{\sum_{i=1}^{n}(\mathrm{M}_i-\bar{\mathrm{M}})^2}}\right)^2 \tag{4.2}$$

$$\mathrm{MAE}=\frac{1}{n}\sum_{i=1}^{n}|\mathrm{S}_i-\mathrm{M}_i| \tag{4.3}$$

$$\mathrm{RE}=|\bar{\mathrm{M}}-\bar{\mathrm{S}}|/\bar{\mathrm{M}} \tag{4.4}$$

上式中，S_i 和 M_i 分别为模拟和实测值，$\bar{\mathrm{M}}_i$ 为 M_i 的平均值，n 是观察值的数目。

表 4-2 胡麻作物主要品种遗传特性参数

Table 4-2 The main cultivar genetic parameters ofoilseed-flax

物候期	
1	基温、适宜温度、最高温度
叶面积生长	

（续表）

2	主干结节出现率
3	每主干节点植物叶片数
4	叶片尺寸（随节点数变化）
5	主干节点叶片死亡率
6	新叶的最大叶面积（随 LAI 变化）
累计生物量	
7	辐射利用率
8	绿色叶片消光系数（衰落系数）
9	荚（pod）消光系数
10	蒸腾效率系数
生物量分配	
11	盛花前期分配给叶片的干物质量
12	籽粒填充期收获指数增加速率
13	粒重占种子能量的倍数
14	根冠比（随生长期变化）
吸水	
15	根生长速度
氮需求	
16	使植物亏缺氮浓度范围（随植物和生长发育期变化）
17	最大氮浓度（随植物和生长发育期变化）

第5章　基于APSIM的胡麻物候期模拟模型

研究胡麻生长模型对评估和调控胡麻主产区生产能力意义重大。在作物生长模拟研究中，物候期的模拟尤为重要，它控制着作物生长模拟在不同发育阶段相应的子模型或模型参数，同时，作物生育时期的模拟还是作物干物质积累与分配、养分吸收与转移、产量和品质等方面模拟的基础，对于开展作物的生理生态研究，安排合适的农作制度，制定适时的农艺措施，都具有重要的理论和实践意义。

关于作物生育期模拟模型的研究，孙成明等（2007）研究了FACE水稻生育期模拟，王冀川等（2008）研究了基于生理发育时间的加工番茄生育期模拟模型，严美春等（2000）研究了小麦发育过程及生育期机理模型，黄冲平等（2004）对马铃薯生育期进程进行了动态模拟。国外自20世纪70年代以来，Baker等（1972）和Mutasaers等（1984），先后建立并发表棉花生育期模拟模型；此外，还有ORYZA、CFRFS-RTCF、S1MRF、IRRIMOD、TRYM、R1CFMOD、RSM等颇具影响的水稻系列模型（徐寿军等，2009），以及预测性较好的美国的CERES-Wheat（Ritchie et al.，1985）、ShootGro（McMaste et al.，1991）和英国的AFRCWHEAT小麦模型（Porter et al.，1993）等。但关于胡麻生育期模拟研究鲜见报道。由于作物生理和形态性状均随生育时期的变化而变化，因而准确定量模拟生育时期是作物生长模型构建的基础。为此，本文以研究区多年胡麻试验资料和同期气象资料为基础，构建了基于APSIM模型的胡麻生长模型APSIM-Oilseed Flax之子模型——胡麻物候期模型，检验校正了APSIM模型相关参数，对胡麻各生长发育物候期进行了模拟及验证，以期为构建胡麻生长模型奠定基础。

5.1　模型的构建

通过综合分析胡麻生长发育生态生理过程，借鉴国内外现有作物生育时期模拟模型，将胡麻的生育时期分为苗期、现蕾期、开花期、子实期、成熟期5个时期，构建了胡麻物候期模拟模型，本模型是胡麻生长模型的一个子模型，基于APSIM平台，运用VB. NET设计胡麻作物模块，通过链接气象参数weather. met、土壤数据soil. par等模块构建，实现了胡麻生育时期的动态模拟预测。

胡麻的生育时期由累积积温和影响因子确定。播种—发芽期取决于播种深度和积温，种子发芽由土壤有效水分决定；发芽—出苗期受播深的影响，由初始期（根伸展缓慢，即停滞期）和线性期（期间根延伸率为 r_e，相对于地平面，与气温线性相关）组成。

$$T_{emer}=T_{lag}+r_e\times D_{seed} \tag{5.1}$$

式（5.1）中，T_{emer}为出苗期积温，T_{lag}为停滞期（℃·d），r_e为根延伸率（℃·d·mm^{-1}），D_{seed}为播深（mm）。

每个生育时期的日积温受品种遗传特性和环境因子影响。光周期由年中天数和纬度根据标准天文方程，利用曙暮光参数 twilight（胡麻取-2.2°）计算得出。光周期因子 f_D 影响胡麻的出苗—现蕾生育时期的积温，春化因子 f_V 影响胡麻出苗—现蕾期的积温。环境因子（包括土壤水分胁迫 f_W、氮胁迫 f_N、磷胁迫 f_P）影响除播种—出苗期外的所有生育时期。

$$TT' = \sum(\Delta TT \times \min(f_D, f_V) \times \min(f_W, f_N, f_P)) \quad (5.2)$$

式中，假设f_W、f_N、f_P 对胡麻生育时期没有太大影响，即$f_W = f_N = f_P = 1$，故上式简化为

$$TT' = \sum(\Delta TT \times \min(f_D, f_V)) \quad (5.3)$$

$$\Delta TT - \begin{cases} T_c & 0 < T_c \leqslant 26 \\ 26/8 \times (34 - T_c) & 26 < T_c \leqslant 26 \\ 0 & T_c \leqslant 0 \text{ 或 } T_c > 34 \end{cases} \quad (5.4)$$

$$f_D = 1 - 0.002 \times R_p \times (20 - L_p)^2 \quad (5.5)$$

$$f_V = 1 - (0.0054545 R_V + 0.0003) \times (50 - V) \quad (5.6)$$

$$V = \sum(\Delta V - \Delta V_d) \quad (5.7)$$

$$\Delta V = \min(1.4 - 0.0778 T_c, 0.5 + 13.44 \quad [T_c / (T_{max} - T_{min} + 3)^2)]$$

$$T_{max} < 30℃ \text{ 和 } T_{min} < 15℃ \quad (5.8)$$

$$\Delta V_d = \min[0.5(T_{max} - 30), V] \quad T_{max} > 30 \text{ 和 } V < 10 \quad (5.9)$$

式（5.5）~式（5.9）中，TT′为每个生育时期日积温，ΔTT 为日积温，T_c 为日均冠层温度，由最高温 T_{max}、最低气温 T_{min} 计算得出，f_D 为光周期因子，L_p 为日长（h），R_p 为光周期敏感度（=3），f_V 为春化因子，R_V 为春化作用敏感度（=1.5），V 为总春化，ΔV 为日春化，ΔV_d 为再春化。

5.2　模型参数校准

本研究分别利用 2012 年榆中站点和 2011 年定西站点的大田试验数据对 APSIM 模型进行参数校准，使实测值与模拟值间的差值尽可能小。运用本地化的 APSIM 模型参数模拟胡麻生长，并以榆中 2013 年和定西 2012 年胡麻大田试验对该模型进行验证。校准的胡麻栽培品种参数包括播种—出苗期积温、出苗—现蕾期积温、现蕾—开花期积温、开花—成熟期的积温、光周期、收获指数增长率、茎重和株高等。除播种—发芽期是由土壤水分决定外，胡麻的每个发育阶段的起始由≥5℃有效积温决定。积温利用基温、最适宜温度和最高温，将一天 24h 划分为 8 个温度段估算日积温的平均值，以日积温的累计和确定每个物候期的持续期间。利用前一年的试验数据调整校准的胡麻栽培品种参数如表 5-1 所示。

5.3 模型验证

利用大田试验Ⅰ和Ⅱ的试验数据，结合研究区2011—2013年气象数据、土壤数据和胡麻作物数据，以及管理模块的灌溉数据和施肥数据，构建APSIM-Oilseed flax生育时期模型，通过对模型参数的反复校正，得到胡麻生育时期模拟值，模拟值与观测值如表5-2所示。利用该模型预测定西站2012年和榆中站2013年的生育时期，并与实测值进行比较，结果如表5-2所示。

由表5-2和图5-1的胡麻生育时期模拟值与测定值的比较可知，模型的RMSE最大2.18d，最小只有0.33d，平均1.08d，平均绝对误差1.20≤MAE≤3.20，表明生育时期模型的预测误差最大只有2.18d，平均绝对误差最大3.20d，同时，在99%的置信区间内的决定系数范围是$0.81 \leq R^2 \leq 0.99$，表明胡麻生育时期模型拟合效果较好。

研究区多年试验数据显示，胡麻播种—苗期20~25d，苗期—现蕾期35~40d，现蕾—花期20~25d，成熟期25~30d，总生育期115~135d。由表5-2可见，榆中试验站2012年的生育期天数总体小于2013年生育期天数，定西试验站2011年生育期比2012年缩短。主要原因是，胡麻生育期的长短，除主要由品种遗传特性决定外，还受试验区气候条件和栽培管理技术等因素的影响。定西试验区2012年总日照时数2 539.1h，降水量478.9mm，年均环境温度（tav）7.66℃，而2011年总日照时数2 390.1h，降水量327.5mm，年均环境温度（tav）7.96℃。榆中试验区2013年总日照时数2 508.7h，降水量489.50mm，年均环境温度（tav）7.86℃，而2012年总日照时数2 483.8h，降水量393.3mm，年均环境温度（tav）6.62℃。通过结合气象数据与表5-2的试验与模拟数据分析表明，当低温寡照，空气湿度大，胡麻现蕾期、花期推迟7~10d，气温与生育期形成负效应；降水较少，水分供应不足，加速生育进程，导致胡麻提早进入成熟期，表明降水量对生育期天数形成正效应；日照时数增加，作物光合作用延长，有利于有机物质的形成，使生长速度加快，生育期提前，表明日照与生育期为负效应。

此外，栽培过程中胡麻的水肥管理也会影响生育期的长短。胡麻生育期间要求土壤含水量应达到田间最大持水量的60%~80%，低于40%则受旱，现蕾—开花期对土壤水分最为敏感，子实期要求晴朗干燥的气候，苗期土壤湿度过大，易使根系纤弱，易患立枯病。榆中试验区2013年降水量达489.50mm，加之$2.7\times10^3 m^3 \cdot hm^{-2}$（分茎期灌水$1.2\times10^3 m^3 \cdot hm^{-2}$、现蕾期灌水$1.5\times10^3 m^3 \cdot hm^{-2}$）灌溉量，导致水分过剩，影响胡麻根部呼吸，导致胡麻生育不良，大面积倒伏。定西试验站属典型的旱区作业，由气象数据得知，定西2011年降水量327.5mm，6月44.5mm，少雨且干旱严重，胡麻枞形末期进入快速生长，营养生长受阻，植株矮小，影响花芽分化，7月上旬气温高且少雨(63mm)，导致胡麻现蕾期分枝少且短，加速早熟，使胡麻总生育期缩短7~10d。同时，N1、N2、N3分别代表氮素亏缺、适量氮肥和氮素过量3个氮肥处理水平，由表5-2可见，在氮素亏缺处理水平，胡麻总生育期缩短4~6d，若配合灌溉水分过多情况下生育期延长；当氮素过量时，胡麻总生育期推迟5~7d，试验测定与模型模拟数据均表明氮素含量与胡麻现蕾期天数呈正相关。榆中试验区供试土壤初始氮含量较定西试验区高，因而，同样养分处理水平下，榆中生育期天数较定西推迟。

表 5-1　校准的胡麻栽培品种参数

Table 5-1　Parameters of oilseed flax for modelcalibration

试验站点 Experiment site	播种出苗期≥5℃积温 Accumulated temperature (≥5℃) from sowing to emergence/(℃·d)	出苗—现蕾期≥5℃积温 Accumulated temperature (≥5℃) from emergence to budding/(℃·d)	现蕾—开花期≥5℃积温 Accumulated temperature (≥5℃) from budding to flowering/(℃·d)	开花—成熟期≥5℃积温 Accumulated temperature (≥5℃) from flowering to maturity/(℃·d)	出苗—现蕾期光周期 Photoperiod from emergence to budding/h	收获指数增长率 Rate of HI increase (%)	茎重 Stem weight/($g \cdot plant^{-1}$)	株高 Plant height/cm
榆中 Yuzhong	184	501	565	707	12. 85	0. 014	3. 24	74
定西 Dingxi	218	427	471	821	12. 65	0. 014	2. 33	60

表 5-2　2011—2013 年胡麻生育时期模拟值与实测值比较

Table 5-2　Simulated and measured value of oilseed flax of developmental stages in 2011—2013　　(月-日)

年份 Year		处理 Treatment	播期 Sowing	苗期 Emergence	现蕾期 Budding	开花期 Flowering	子实期 Fruiting	成熟期 Maturity	全生育期天数 Days of whole developm-ent duration/d	决定系数 The determin-ation coefficient (R^2)	均方根误差 Root mean squared error (RMSE)/d	平均绝对误差 Mean absolute error (MAE)/d	模拟值与实测值关系式 Relationship between simulated and measured value
2012 I (榆中 Yuzhong)	N1	实测值 Measured	3-24	4-17	5-17	7-2	7-12	07-27	125	0. 97	0. 88	1. 40	$y=0.97x+0.0259$
		模拟值 Simulated		4-16	5-18	7-4	7-14	07-28	126				
	N2	实测值 Measured		4-18	5-22	6-21	7-9	07-29	127	0. 96	0. 88	3. 20	$y=0.96x+0.0285$
		模拟值 Simulated		4-15	5-20	6-17	7-5	07-26	124				
	N3	实测值 Measured		4-11	5-20	6-28	7-13	08-03	132	0. 97	0. 96	1. 80	$y=0.97x+0.0286$
		模拟值 Simulated		4-13	5-21	6-30	7-16	08-04	133				

（续表）

年份 Year		处理 Treatment	播期 Sowing	苗期 Emergence	现蕾期 Budding	开花期 Flowering	子实期 Fruiting	成熟期 Maturity	全生育期天数 Days of whole developm-ent duration/d	决定系数 The determin-ation coefficient (R^2)	均方根误差 Root mean squared error (RMSE)/d	平均绝对误差 Mean absolute error (MAE)/d	模拟值与实测值关系式 Relationship between simulated and measured value
2013Ⅰ（榆中 Yuzhong）	N1	实测值 Measured	3-24	4-18	5-24	7-6	7-16	07-28	126	0.97	0.82	1.80	$y=0.97x+0.0242$
		模拟值 Simulated		4-18	5-26	7-9	7-18	07-30	128				
	N2	实测值 Measured		4-15	5-23	6-27	7-14	08-01	130	0.81	2.18	1.40	$y=0.81x+0.1627$
		模拟值 Simulated		4-15	5-25	6-24	7-13	8-2	131				
	N3	实测值 Measured		4-15	5-25	6-30	7-14	8-5	134	0.97	0.86	2.20	$y=0.97x+0.0247$
		模拟值 Simulated		4-16	5-28	7-2	7-17	8-7	136				
2011Ⅱ（定西 Dingxi）	N1	实测值 Measured	4-1	4-20	5-18	6-15	7-10	7-25	115	0.93	1.22	1.40	$y=0.97x+0.0512$
		模拟值 Simulated		4-21	5-17	6-17	7-11	7-27	117				
	N2	实测值 Measured		4-21	5-20	6-15	7-6	7-25	115	0.96	0.85	2.00	$y=0.96x+0.0248$
		模拟值 Simulated		4-20	5-19	6-17	7-9	7-28	118				
	N3	实测值 Measured		4-24	5-23	6-19	7-12	7-30	120	0.84	1.84	1.60	$y=0.84x+0.123$
		模拟值 Simulated		4-23	5-23	6-23	7-14	7-31	121				
2012Ⅱ（定西 Dingxi）	N1	实测值 Measured	4-1	4-21	5-23	6-19	7-10	7-30	120	0.91	1.37	1.80	$y=0.91x+0.0673$
		模拟值 Simulated		4-23	5-24	6-19	7-13	8-2	123				
	N2	实测值 Measured		4-25	5-25	6-20	7-11	8-1	122	0.97	0.81	1.40	$y=0.97x+0.0248$
		模拟值 Simulated		4-24	5-26	6-22	7-12	8-3	124				
	N3	实测值 Measured		4-26	5-28	6-24	7-14	8-5	126	0.99	0.33	1.20	$y=0.99x+0.004$
		模拟值 Simulated		4-24	5-27	6-23	7-13	8-4	125				

注：das 意为 days after sowing，即播种后天数。y 模拟值，x 实测值。

Note：das means after sowing，y is simulated value and x is measured value.

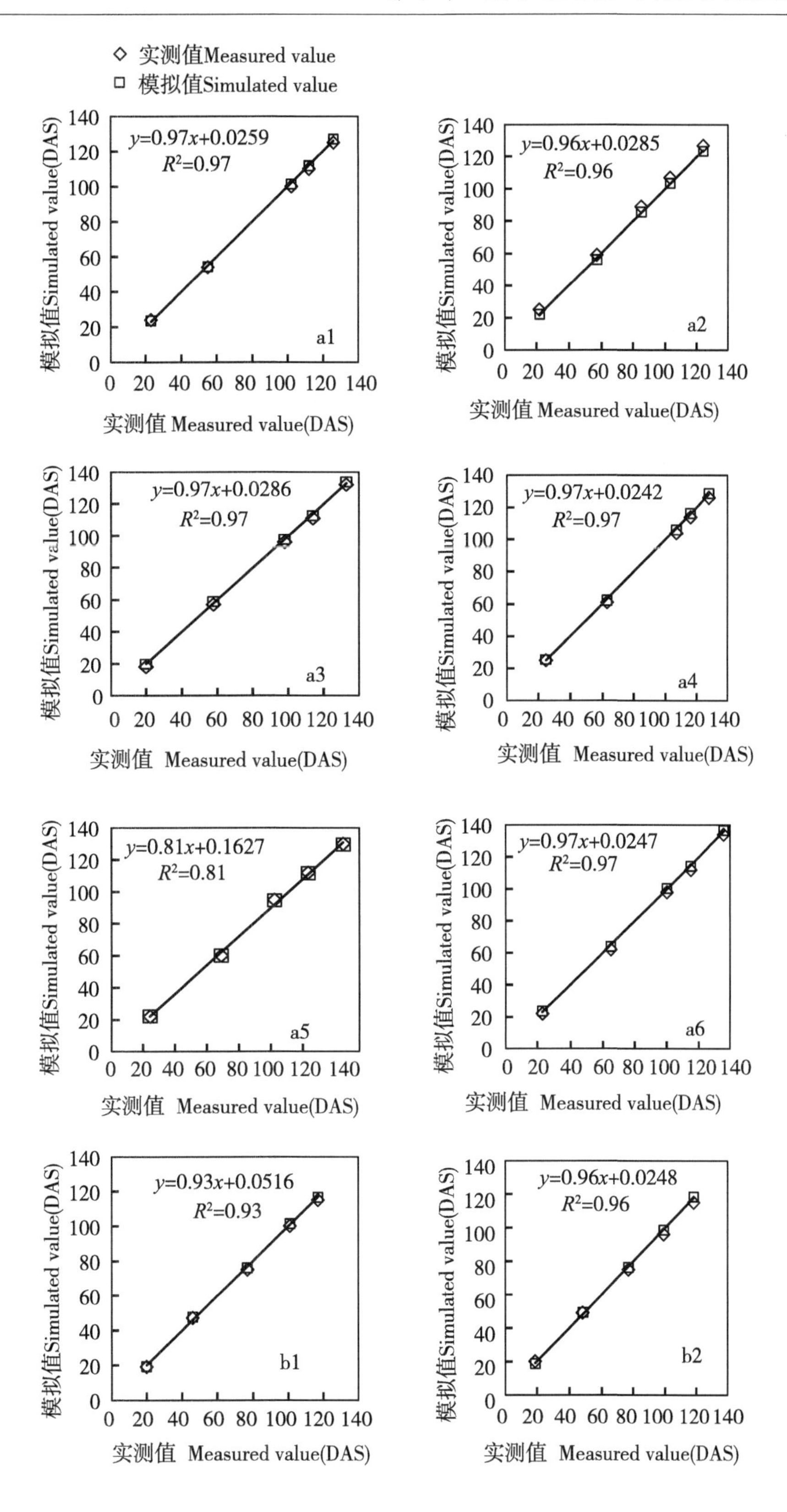
◇ 实测值Measured value
□ 模拟值Simulated value
y=0.97x+0.0259
R²=0.97
a1
y=0.96x+0.0285
R²=0.96
a2
y=0.97x+0.0286
R²=0.97
a3
y=0.97x+0.0242
R²=0.97
a4
y=0.81x+0.1627
R²=0.81
a5
y=0.97x+0.0247
R²=0.97
a6
y=0.93x+0.0516
R²=0.93
b1
y=0.96x+0.0248
R²=0.96
b2
模拟值Simulated value(DAS)
实测值 Measured value(DAS)

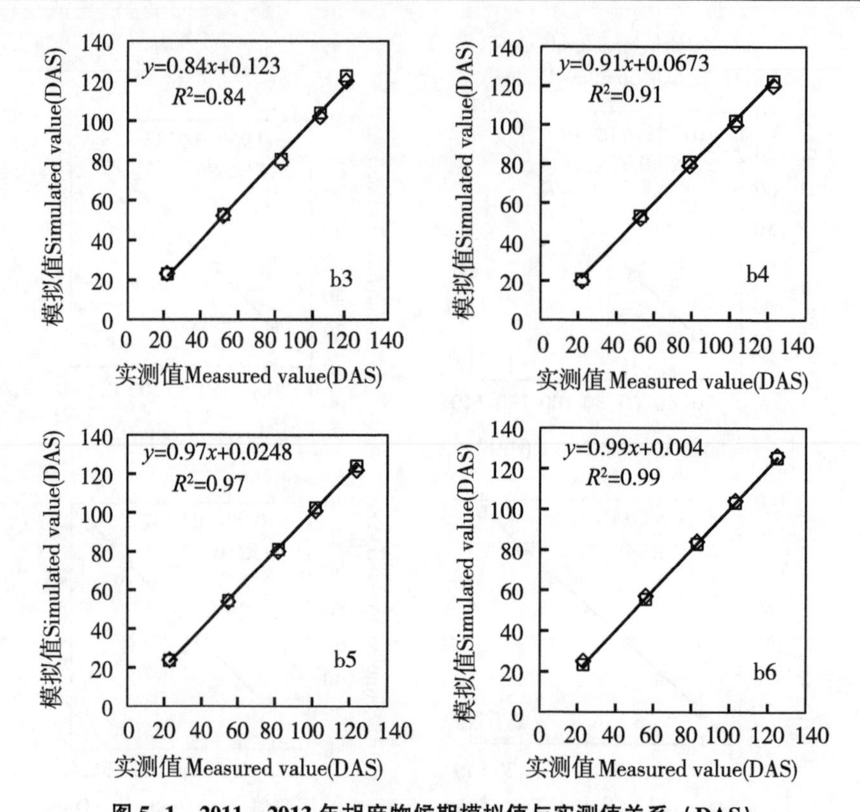

图 5-1　2011—2013 年胡麻物候期模拟值与实测值关系（DAS）

Fig. 5-1　Relationship between simulated value and measured value of development duration of oilseed flax in 2011-2013（days after sowing）

注：图 a1～图 a3 是榆中地区 2012 年 N1～N3 处理的模拟值与实测值对比图，图 a4～图 a6 是榆中地区 2013 年 N1～N3 处理的模拟值与实测值对比图，图 b1～图 b3 是定西 2011 年 N1～N3 处理的模拟值与实测值对比图，图 b4～图 b6 是定西 2012 年 N1～N3 处理的模拟值与实测值对比图。DAS 意为播种后天数（days after sowing）。

Note：a1 to a3 mean the treatments of N1 to N3 in Yuzhong site in 2012，a4 to a6 are the treatments in 2013；b1 to b2 are the treatment in Dingxi in 2011 and b4 to b6 are the data in 2012.

5.4　小结

以农业生产模拟系统 APSIM 为平台，以积温法为基础，充分考虑品种对春化和光周期反映的遗传特性，构建了胡麻生育期模拟模型，说明 APSIM-Oilseed Flax 胡麻生育期模型具有较好的模拟效果。

前人研究结果显示，胡麻生育期的长短，除主要由品种遗传特性决定外，还受试验区气候条件和水肥管理因素的影响。本研究通过模拟比较 2 个试验区 3 种施 N 水平处理（75 kg · hm^{-2}、150 kg · hm^{-2}、225 kg · hm^{-2}）的胡麻生育期，表明增施 N 肥可使胡麻的生育期延长，这与孙成明等（2007）在水稻生育期模拟模型研究中认为，常规条件下增施 N 肥使水稻的生育期延长的研究结果一致，也与黄建晔等（2005）研究认为，水稻不同生育期植株含 N 率与全生育期的天数均呈线性正相关的研究结果相一致。同时，通过分析气候因素对胡麻生育期的影响表明，降水量对生育期天数形成正效应。苗期、枞形期降水量少，使胡麻营养生长阶段受阻，现蕾期土壤贮水量逐渐下降，阻碍了干物质进一步积累和生殖器官形成，缩短生育期，这与吴兵等（2013）的研究结果一致。另外气温对生育期形成负效应，日照与生育期为负效应。这也与姚玉璧等（2011）的研究结论相一致。氮素水平对旱区胡麻生育期的影响不显著，而对水地胡麻生育期影响明显。增施 N 肥可使胡麻的生育期延长 5~7d，尤其延长现蕾时期；当施 N 量不足时，即氮素亏缺，对现蕾期和开花期影响明显，此阶段日积温受限，进而引起生育期缩短 4~6d。同时，水分供应也对胡麻生长发育有影响，当水分不足，高温干旱，可以加速胡麻的生长发育，导致胡麻提早进入成熟期；当水分过剩严重时，又会导致生育不良，倒伏或死亡，使胡麻物候期推迟。

本文研究的 APSIM-Oilseed Flax 胡麻生育时期模型具有一定实用价值，但在实际模拟中，胡麻品种遗传参数需考虑春化、光周期敏感性等的影响，其估算和调试过程较烦琐。另外，本研究只模拟分析了甘肃省 2 个研究区的试验资料，在其他胡麻主产（省）区还需进一步验证模型模拟的准确性和适用性。此外，气候变化，不同的胡麻品种、播期、其他养分等，对胡麻生育时期的影响模拟研究，都将是今后值得继续探究的内容。

第6章 基于APSIM的胡麻叶面积指数模型构建

绿色叶面积指数是反映生态系统植物叶面数量、冠层结构变化、能量交换、产量形成和植物群落生命活力及其环境效应的重要结构参数，也是作物生长发育模拟模型的一个重要变量，其大小直接与最终产量高低密切相关，并在生态系统碳积累和植被生产力与土壤、植物、大气间相互作用的能量平衡，以及植被遥感等方面起重要作用，是作物光合生产与物质积累子模型的重要参数，其模拟的精度直接影响整个作物生长模型的模拟效果。

关于叶面积指数模型的研究国内外已有很多报道，大体分为以下几种：①基于作物群体冠层总的叶面积进行模拟，采用统计回归法，对热时间或者日期与叶面积指数进行回归分析（张亚杰，2013；Petersen，1995），常以Logistic方程、Richards方程（刘铁梅，2010；Versteeg，1986），或采用该方程分段模拟叶面积指数随生育期的变化，模型总体经验性强，没有考虑到很多外界因子的限制；②采用比叶面积法（Habekotte，1997），通过模拟的绿色叶片重乘以比叶面积转换为叶面积指数，该方法参数少，将外界环境因子对叶面积指数的影响间接转换为叶片干物质生长分配，易受环境条件影响，模型对比叶面积过于敏感，容易导致较大的模拟误差；③采用潜在叶面积指数法，假设在理想条件下叶面积增长到潜在的最大尺寸或根据群体茎蘖数换算成群体叶面积（Sinclair，1992），采用同化物供应、水分和N胁迫的限制来调节实际生长量，修正叶面积的生长；④采用辐热积法模拟作物出叶速率、单叶扩展速率以及单株叶面积和叶面积指数（刁明等，2008）；⑤采用遥感数据建立光合面积指数与遥感数据间的定量关系等（梁栋等，2013）。目前国内外对胡麻叶面积指数的模拟研究较少。因此，本研究基于农业生产系统模型APSIM，充分考虑环境效应和作物遗传特性对叶面积指数的影响，利用潜在叶片数、叶片尺寸和植株密度构建潜在叶面积指数；碳供应、水分和氮素胁迫的限制得到实际叶面积指数；由熟化、光竞争、水分胁迫和低温计算每天各种胁迫引起的衰老叶面积指数。以此构建胡麻叶面积指数模拟模型，旨在为胡麻光合生产与物质积累模型提供重要参数，并为胡麻生长发育模拟模型APSIM-Oilseed Flax的构建奠定基础。

6.1 模型的构建

胡麻叶面积指数模型是油用亚麻生长发育模型APSIM-Oilseed Flax的子模型。利用试验Ⅲ定西试验站不同种植密度和试验Ⅳ榆中试验站2012—2013年不同氮磷水平的测定数据建立模型。出苗期，每株胡麻的初始叶面积和叶片数目被初始化，其他生育时期，热时间驱动每株胡麻的节生长率，即由参数出节数目与出节率确定；叶片生长率由每节出叶数目驱动，由参数每节叶片数和节数确定。采用以潜在叶片数、叶片尺寸和胡麻密度换算成潜在叶面积指数；碳供应、水分和氮素胁迫的限制得到实际叶面积指数；由熟化、光竞争、水分胁迫和低温计算每天各种胁迫引起的衰老叶面积指数，分别模拟胡麻潜在、实际、衰落叶面积指数。最终总叶面积指数是实际叶面积指数和衰落叶面积指数的总和。

$$tLAI_i = LAI_i + SLAI_i \tag{6.1}$$

6.1.1　潜在叶面积指数

潜在叶面积指数 $LAIP_i$ 是潜在叶片数、叶片尺寸（mm^2）、植株密度（株 · m^{-2}）与叶片扩展水分胁迫因子的乘积。

$$LAIP_i = LNP_i \times LS \times smm^2sm \times D \tag{6.2}$$

$$LNP_i = NN_i \times LPN \times SWsF \tag{6.3}$$

上式中，$LAIP_i$ 为潜在叶面积指数，LNP_i 为潜在叶片数，LS 叶片尺寸（mm^2）通过叶长乘以叶宽再乘以系数（0.75）求得，smm^2sm 用于将 mm^2 转换为 m^2，D 为植株密度（株 · m^{-2}），NN_i 为节数，LPN 为每节叶片数（=1），SWsF 为叶片扩展水分胁迫因子。

若使用光周期与叶面积扩展率之间的经验公式计算单个叶片叶面积发育潜在增长率（Teixeira et al.，2009），如下式：

$$LAIP\_pp_i = TT_i \times LaiRP \tag{6.4}$$

上式中，$LAIP\_pp_i$ 为单个叶片叶面积发育潜在增长率，TT_i 为物候期热时间，LaiRP 为基于光周期的叶面积扩展率，即 LAI，光周期即日长。

6.1.2　实际叶面积指数

模拟实际作物叶面积发育时，通过 LAI 每日增加的最大比叶面积，检查叶面积发育与生成干物质的匹配，若那一天没分配给叶片足够生物量，则实际叶面积指数 LAI 小于 LAIP。最大比叶面积（SLA_ max）定义了每克生物量可以伸展的最大叶面积（mm^2）。随着 LAI 增加最大比叶面积减小，即越小、越年轻的作物生产叶片越薄。

$$LAI_i = \min(LAI\_c_i, LAI\_s_i) \tag{6.5}$$

$$LAI\_c_i = DM \times SLA\_max \times smm^2sm \tag{6.6}$$

$$LAI\_s_i = LAIP_i \times \min(NsF, SWsF) \tag{6.7}$$

$$NsF = Nf \times ncr \tag{6.8}$$

上式中，LAI_i 为实际日叶面积指数，LAI_c_i 为同化作用 LAI 最大日增量，DM 为干物质量，SLA_max 为最大比叶面积，LAI_s_i 是由胁迫因子 sF（水分胁迫与氮胁迫）计算的日叶面积指数，NsF 为氮素胁迫因子，Nf 为叶片扩展所需临界 N 浓度，一般取 1.0，ncr 为叶片相对 N 浓度［=（叶片 N 浓度-叶片最小 N 浓度）/（叶片临界 N 浓度-叶片最小 N 浓度）］。水分胁迫因子 SWsF 表示当土壤水分供应需求比低于 1.1 时，叶片伸展生长变弱，当水分供应需求比达 0.1 时，叶片伸展停止。

6.1.3 衰落叶面积指数

叶片衰老有 4 个原因：熟化、光竞争、水分胁迫和低温。植物衰老程序计算每天各种亏缺引起的衰老叶面积指数 $SLAI_i$，4 个值中最大值作为当天的总衰老量。

$$SLAI_i=\max(\max(\max(\max(SLAI\_a_i,SLAI\_l_i),SLAI\_w_i),SLAI\_f_i),SLAI\_h_i) \quad (6.9)$$

①熟化衰老。花期后每天都有一小部分最老的绿色叶片死去，这种衰老由熟化产生一个每天的叶片熟化率，由每日热时间，每℃·d 的节衰老率，每节开始衰老的绿色叶片总数计算得到。将死叶片数转换为 SLAI。

$$SLAI\_a_i=TT_i/LDR \quad (6.10)$$

上式中，$SLAI\_a_i$ 为由叶龄即熟化引起的日衰老叶面积指数，TT_i 为每日热时间，LDR 为叶片死亡率（=节衰落率/每节叶片数）。植物其他部分的衰老率（如茎）根据冠层衰老部分干重确定。

②光竞争衰老。光竞争引起的叶面积被丢失，如高于 LAI 4.0 的光竞争开始衰老是因为光竞争与超过 4.0 的 LAI 总量有关。见公式：

$$SLAI\_l\_f=0.008\times(LAI-4.0) \quad (6.11)$$

$$SLAI\_l_i=LAI\times SLAI\_l\_f \quad (6.12)$$

上式中，SLAI_l_f 为光竞争导致的衰老叶面积指数比例，$SLAI\_l_i$ 为光竞争引起的日衰老叶面积指数。

③水分胁迫衰老。作物生长期间的光合作用水分胁迫将引起叶片衰老。由光合作用水分胁迫引起的衰老叶面积指数

$$SLAI\_w\_f=0.05\times(1-SWsF\_pho) \quad (6.13)$$

$$SLAI\_w_i=LAI\times SLAI\_w\_f \quad (6.14)$$

上式中，SLAI_w_f 为水分胁迫衰老叶面积指数比例，$SLAI\_w_i$ 为水分胁迫引起的日衰老叶面积指数。

④低温衰老。最低气温会引起从 0~100%线性增大的叶面积损失，由气温衰落与衰老因子间关系定义。根据 SLAI 值，植物模块可以计算出衰落的叶面积中的生物量和氮素，然而，这些叶片中的一部分碳素和氮素在衰老之前会转移到茎。

$$SLAI\_f_i=\min(LAI-min\_lai,mint\times SLAI\_a_i) \quad (6.15)$$

$$SLAI\_f=\min(LAI-min\_lai,mint\times LAI) \quad (6.16)$$

$$min\_lai=TPLA\_min\times D\times smm^2sm \quad (6.17)$$

$$SLAI\_h_i=\min(LAI-min\_lai,maxt\times SLAI\_a_i) \quad (6.18)$$

$$SLAI\_h=\min(LAI-min\_lai,maxt\times LAI) \quad (6.19)$$

上式中，$SLAI\_f_i$ 为低温引起的日衰老叶面积指数，SLAI_f 为低温衰老叶面积指数，min_lai 为最小叶面积指数，TPLA_min 为最小总体植物叶面积，$SLAI\_h_i$ 为高温引起的日衰老叶面积指数，SLAI_h 为高温导致衰老叶面积指数，mint 和 maxt 分别是最低温和最高温。

6.2　模型参数确定

APSIM 已建立的作物模型有鹰嘴豆、绿豆、大豆、柱花草、花生、蚕豆、紫花苜蓿、加拿大油菜、小麦等。本研究借鉴 APSIM-canola 加拿大油菜模型（Robertson et al.，1999），根据胡麻生长发育的生理生态过程，确定影响其叶面积指数的品种遗传参数，采用基于神经网络的投影寻踪自回归 BPPPAR 模型，用 RAGA 优化投影指标函数，调整作物品种遗传参数（表 6-1）。

表 6-1　胡麻叶面积指数模型参数

Table 6-1　Cultivar parameters of oilseed flax LAI model

试验区 Site	SLA_max/（$mm^2 \cdot g^{-1}$）	TPLA_min/（mm^2 · 株$^{-1}$）	P/h	f_s	f_N	f_p	l_p	L_s/mm
定西 Dingxi	21 200	200	12.65	1.1	1.0	0.6	249	34×5
榆中 Yuzhong	29 000	360	12.85	1.1	1.0	0.6	343	44×8

注：表中 SLA_max 代表全生育期最大比叶面积；TPLA_min 代表总体植物最小叶面积；P 代表光周期；f_s 代表叶片扩展水分胁迫因子；f_N 代表叶片扩展氮素胁迫因子；f_p 代表光合作用水分胁迫因子；l_p 代表潜在叶片数；L_s 代表叶片尺寸。

Note：The SLA_max means maximum specific leaf area；TPLA_min means minimize leaf area of total plant；P means photoperiod；f_s means water stress factor for leaf expansion；f_N means nitrogen stress factor for leaf expansion；f_p means water stress factor for photosynthesis；l_p means potential leaf number；L_s means leaf size in the table.

6.3　模型检验

分别利用试验Ⅲ、试验Ⅳ 2014 年叶面积指数测量数据检验模型。

6.3.1　不同密度胡麻叶面积指数模型检验

采用该模型对定西地区 2014 年密度单因素试验结果进行检验，图 6-1 所示为 7 种种植密度下叶面积指数模拟图，模拟值与测量值的均方根误差与决定系数如表 6-2 所示。模拟结果表明，RMSE 取值范围在 0.043～0.172，表明模拟值与测量值间误差较小；采用最小二乘法回归，分析得到的决定系数 R^2 取值范围为 0.69～0.98，表明该模型拟合效果较好。

表 6-2　定西地区不同播种密度叶面积模拟结果

Table 6-2　Simulated results of oilseed flax LAI for variety cultivar and density in Dingxi site

密度 Density	D1	D2	D3	D4	D5	D6	D7
RMSE	0.071**	0.172**	0.057**	0.043**	0.077**	0.166**	0.053**

（续表）

密度 Density	D1	D2	D3	D4	D5	D6	D7
R^2	0.91**	0.82**	0.96**	0.98**	0.97**	0.69**	0.98**

注：** $P<0.01$，表中播种密度对应：3×10^6 粒 · hm^{-2}（D1）、4.5×10^6 粒 · hm^{-2}（D2）、6×10^6 粒 · hm^{-2}（D3）、7.5×10^6 粒 · hm^{-2}（D4）、9×10^6 粒 · hm^{-2}（D5）、1.05×10^7 粒 · hm^{-2}（D6）、1.2×10^7 粒 · hm^{-2}（D7）。

Note: The density correspond to: 3×10^6plant · hm^{-2}（D1）、4.5×10^6plant · hm^{-2}（D2）、6×10^6plant · hm^{-2}（D3）、7.5×10^6plant · hm^{-2}（D4）、9×10^6plant · hm^{-2}（D5）、1.05×10^7plant · hm^{-2}（D6）、1.2×10^7plant · hm^{-2}（D7） in the table.

由图 6-1 可知，油用亚麻叶面积指数随生育时期推进呈现先升后降的单峰曲线，基本都是在初花到盛花期达最大值，7 种种植密度对叶面积指数的影响基本表现为随着种植密度增大，叶面积指数逐渐升高的态势。

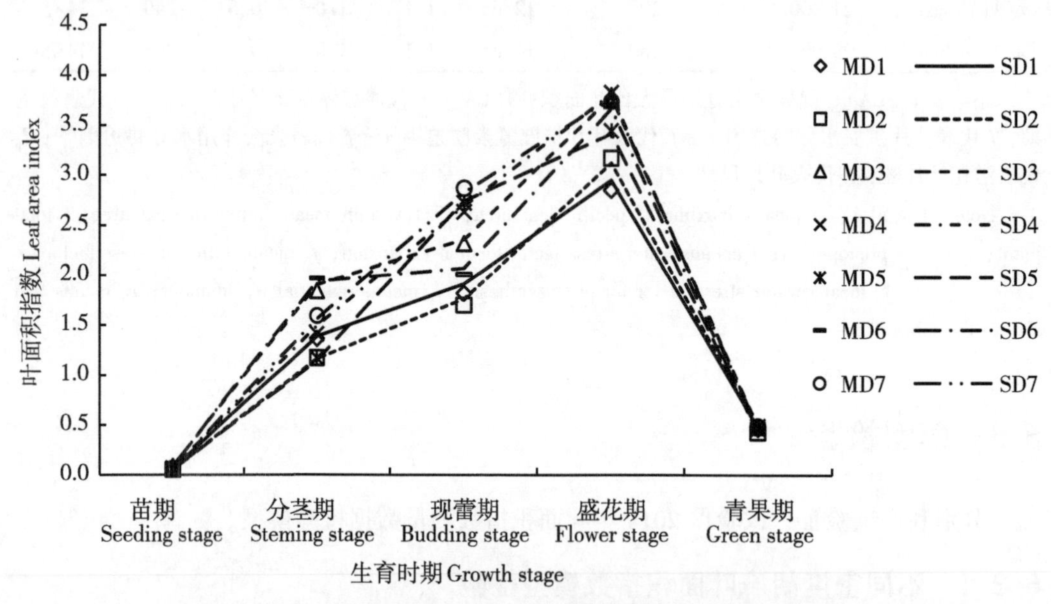

图 6-1　2014 年定西试验站油用亚麻不同密度叶面积指数模拟

Fig. 6-1　Measured and simulated value of oilseed flax LAI for variety cultivar and density in Dingxi site in 2014

注：图中 MD1～MD7 指密度设置为 D1～D7 时生育时期测量值，SD1～SD7 指密度设置为 D1～D7 的生育时期模拟值。

Note: MD1 to MD7 which mean measured value of growth stages when the density set to D1-D7, SD1 to SD7 which mean simulated value of growth stages when experiment set the same as above.

6.3.2　不同施氮、磷量胡麻叶面积指数模型检验

采用该模型检验榆中试验站 2014 年胡麻施氮、磷量二因素试验设计的叶面积指数，

模拟值与测量值直方图如图 6-2 所示。模拟结果表明，模型对不同施氮、磷量胡麻叶面积指数模拟效果，RMSE 值介于 0.224～0.672，决定系数 R^2 介于 0.56～0.97，$P<0.01$。决定系数最小值 0.56，主要原因是榆中地区 2013 年降水量（489.5mm）总体较高，加上榆中试验区属水地，试验过程中定额灌溉，到胡麻后期生长阶段已出现倒伏，因而影响了模拟精度。由图 6-2 可知，油用亚麻叶面积指数随生育期呈现单峰曲线，基本都是在播种后约 82d，即盛花期达最大值，叶面积指数在 N0P1 处理下达到最小值 3.348，在 N2P1 处理下，叶面积指数达最大值 4.696，而在苗期叶面积指数最小。模拟结果显示油用亚麻在 N1P1 处理下产量最高。不同时期取样的结果表明，随施氮量增加，叶面积呈增加趋势。磷在生长前期能增加叶面积，而在后期则加速叶片衰老。

6.4　小结

①采用潜在叶面积指数法，充分考虑作物遗传特性对叶面积指数的影响，假设在理想条件下叶面积增长到潜在的最大尺寸或根据群体茎蘖数换算成群体叶面积，采用同化物供应、水分和 N 胁迫的限制来调节实际生长量，修正叶面积的生长。在各生育期，由积温确定每株植物的节生长率，每节叶片数和节数确定叶片生长率。采用潜在叶片数、叶片尺寸和种植密度构建潜在叶面积指数；充分考虑同化作用、水分和氮素胁迫的限制构建实际叶面积指数；以及由熟化、光竞争、水分胁迫和低温构建衰老叶面积指数，从而构建了基于 APSIM 模型的油用亚麻叶面积指数模拟模型，其研究结果对构建油料作物生长模型有一定的科学意义和应用价值。

②充分考虑环境效应对叶面积指数的影响，分别设计了不同种植密度单因素、不同施氮量和不同施磷量二因素随机区组试验，模拟胡麻关键生育时期的叶面积指数。模型检验结果表明，定西试验区合理的种植密度为 7.5×10^6 粒 · hm^{-2}，能够使群体得到最好的发展，提高光能利用率，增大光合面积。这与高翔等（2003）的种植密度对胡麻光合性能的影响研究结果一致。其次，在生产实践中，为避免后期过于郁闭，叶面积的发展不宜太快。因此模型通过设计不同施氮量，检验获得油用亚麻叶片生长所需要的合理氮素水平，当施氮量为中氮 N1（75kg N · hm^{-2}）时，获得最大产量，其时盛花期叶面积指数 4.486，氮肥对叶宽和叶面积具有显著正相关，增加氮素用量可增加单叶的叶面积，过量的氮会造成茎叶徒长，导致倒伏，氮素胁迫致使叶片提前衰老。由模型模拟结果可知，研究区油用亚麻的最佳施磷量为 P1（75kg P_2O_5 · hm^{-2}），且作为基肥一次性施入时，得到最高产量。这与谢亚萍等（2014）的研究结果相一致。

③APSIM 模型是澳大利亚 APSRU 机构（Agricultural Production System Research Unit）研制的一种模块化作物生产模拟系统，在此平台上已建立的植物模型有很多种。本研究借鉴 APSIM-canola 加拿大油菜模型，采用基于神经网络的投影寻踪自回归 BPP-PAR 模型，用 RAGA 优化投影指标函数，通过大量试验和科学的方法对模型参数进行校准和反复调整，确定作物品种遗传参数，其精度较高于常用的试错法。

④模型检验结果表明，该模型能够较准确的模拟油用亚麻叶面积指数，RMSE 最小值 0.043，最大值 0.672，决定系数 R^2 取值范围为 0.56～0.98，拟合效果良好。在氮磷

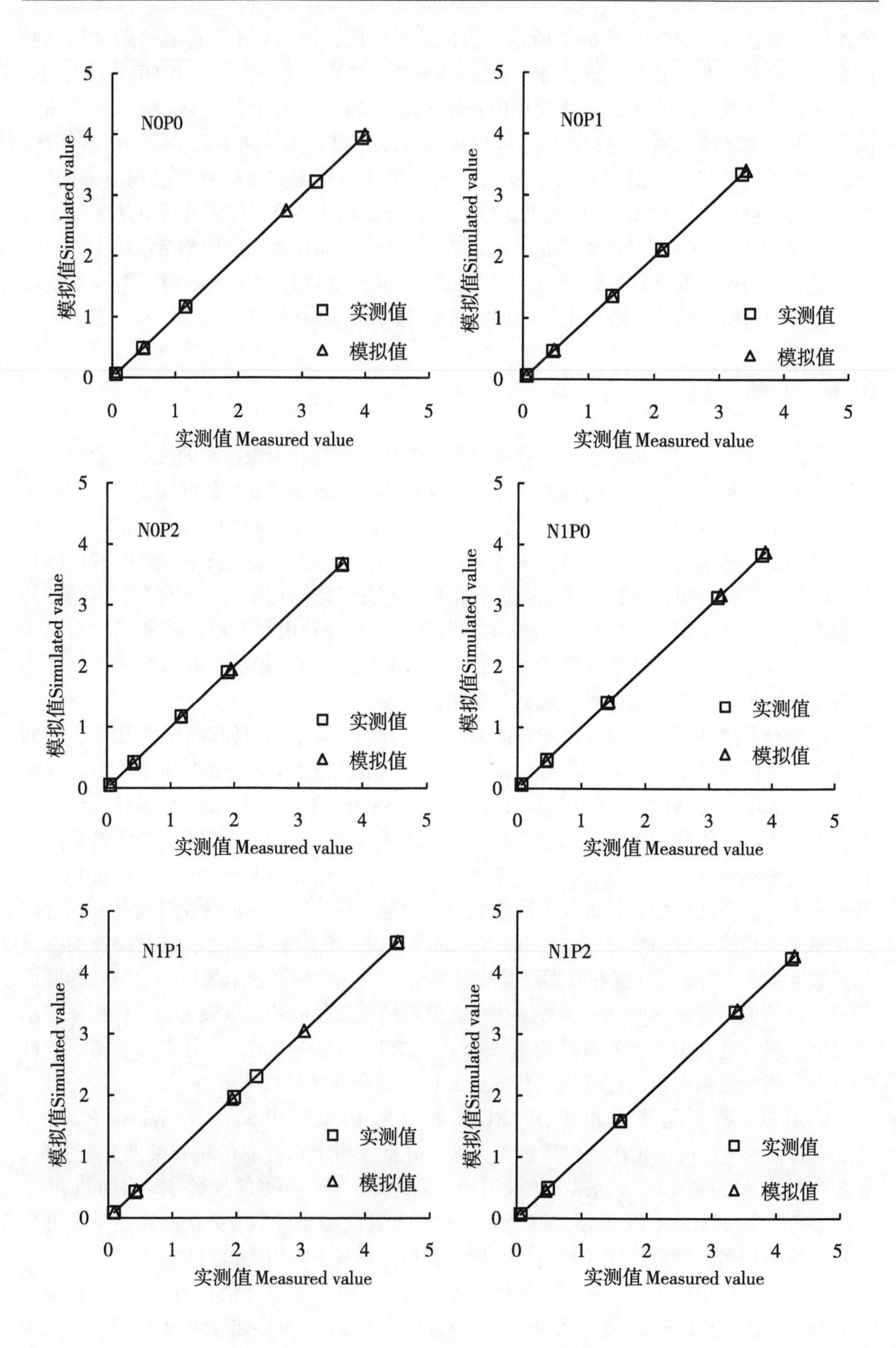
N0P0
N0P1
N0P2
N1P0
N1P1
N1P2
实测值
模拟值
模拟值Simulated value
实测值 Measured value
0
1
2
3
4
5

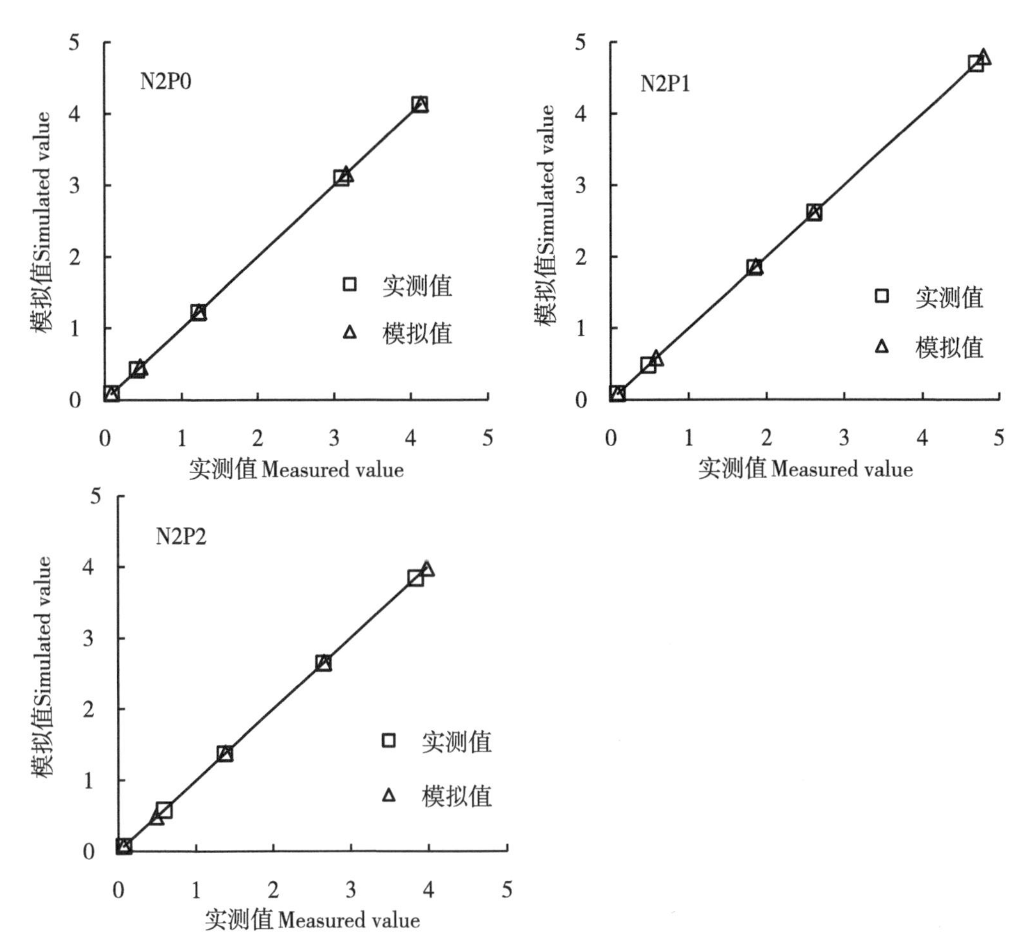

图 6-2　2014 年榆中试验站油用亚麻不同施氮磷量叶面积指数 1∶1 直方图

Fig. 6-2　Measured and simulated value of oilseed flax LAI for variety nitrogen and phosphorus in Yuzhong site in 2014

注：图中 5 组数据分别为苗期、分茎期、现蕾期、盛花期和青果期的叶面积指数。

Note：The 5 pairs of data which mean the leaf area index of seeding stage，stemming stage，budding stage，flower stage and green stage.

试验的模型检验中，模型决定系数最小值 0.56，主要是因为榆中地区 2013 年降水量（489.5mm）总体较高，加上榆中试验区属水地，试验过程中定额灌溉，到胡麻后期生长阶段已出现倒伏，因而影响了模拟精度。因对油用亚麻的生长模型研究尚属首次，因此模型中仍有许多不足之处，今后将进一步补充有机肥、灌溉、不同品种、不同播期等因素对叶面积指数的作用试验，以及全球气候变化条件下，对油用亚麻叶面积指数模型的测试和验证仍需要在更大范围内进行评价和完善。

第7章 胡麻光合生产与干物质积累模拟模型

植物在光合作用中吸收二氧化碳的能力称为光合速率，又叫作净光合强度或二氧化碳净同化率。光合速率越高，植物在光合作用中吸收的二氧化碳越多，制造的碳水化合物就越多，产量越高。因而作物光合生产与干物质积累模拟模型是作物生长模型的核心。对作物模型的研究最初始于1965年de Wit（荷兰，1965）、Duncan（美国，1967）等人发表的叶片冠层、植物群体光合作用模型，标志着作物模拟技术的问世。此后，作物模型研究在国内外得到迅速发展：20世纪80年代，荷兰的SUCROS模型（Penning de Vries et al.，1994）、Penning de Vries（1989）建立的MACROS以及ORYZA系列模型（Kropff et al.，1994；Bouman et al.，2000），采用光反应曲线模拟单叶光合速率，采用高斯积分法计算冠层每日光合同化量，具有较强的机理性。美国的CERES系列模型（Jones et al.，1986；Ritchie et al.，1985）建立了每日光合同化量与光合有效辐射之间的经验方程。GOSSYM模型（Marcelis et al.，1998）建立了棉花群体冠层光合生产量及呼吸量与日辐射和温度的关系方程。这些模型由于结构复杂、参数众多，忽视了将作物生长模拟与栽培优化原理相结合，对应用于生产管理考虑较少。在国内，大多数学者借鉴了国外模型有关光合作用的部分内容和方法，刘铁梅等（2000）、张立祯等（2003）、朱玉洁等（2007）、薛林等（2012）、张亚杰等（2013）、邹薇等（2009）大多将冠层分为3层或5层模拟冠层光分布，采用Lambert定律负指数方程或光响应曲线模拟单叶光合作用，采用高斯积分法（邹薇等采用复化辛普森积分法）计算每层光合量而得出每日的冠层总同化量，考虑了环境因子对光合速率的影响、呼吸作用消耗同化量，构建了小麦、紫花苜蓿、芝麻、油菜以及大麦等作物的干物质积累模拟模型。CERES-Rape（Gabrielle et al.，1998a）、LINTUL-BRASNAP（Habekotte et al.，1997）和APSIM-Canola（Robertson et al.，1999）等油菜模型，对光合作用和冠层中光辐射模拟采用辐射利用率（Radiation use efficiency，RUE）来计算生物量的累积。目前国内外对胡麻作物生长模型研究较少。因此，本模型在已有作物光合作用和干物质分配模型基础上，采用辐射利用率，考虑环境因子对光合速率的影响、呼吸作用消耗同化量，构建基于生理生态过程的胡麻光合生产与干物质积累模拟模型，为进一步构建综合胡麻生长模型奠定基础，为应用模型分析胡麻生长及制订生产决策提供依据。

7.1 模型的构建

胡麻光合生产与干物质积累模型是胡麻生长发育模型APSIM-Oilseed Flax的子模型。

利用试验Ⅴ~Ⅶ定西试验站不同肥料、不同播种方式和不同种植密度，试验Ⅷ榆中试验站不同氮磷处理水平 2012—2013 年的测定数据构建模型。光合速率是单位时间、单位叶面积 CO_2 吸收量或 O_2 释放量，也可用单位时间、单位叶面积上的干物质积累量来表示。

每天日生物累积量做两次计算，一次由蒸发可用水分限制（干物质蒸发量=土壤水分×蒸腾效率 ddt=sws×te，注：蒸腾效率来自蒸腾作用效率系数 tec 和蒸汽压差 vpd，由每日气温估算）；另一次被辐射能限制［潜在干物质量=辐射利用率×辐射截获 ddp=rue×ri。注：rue 辐射利用效率包含气温、氧气亏缺（水涝）和氮亏缺，rue 的值不受气温限制，当气温超出第一第二适宜温度范围，在基温与最大温度时 rue 减小为 0，rue 是生长发育阶段的线性插值］，这两次估计值的最小值即为当日的实际生物量产量。

7.1.1　潜在生物累积量

辐射截获干物质积累量由截获的辐射量 I，辐射利用率 RUE，散射因子 f_d，胁迫因子 fs 和二氧化碳因子 f_c 计算得到：

$$\Delta Q_r = I \times \mathrm{RUE} \times f_d \times f_s \times f_c \qquad (7.1)$$

$$I = I_0(1-\exp(-\mathrm{k} \times \mathrm{LAI} \times f_h)/f_h) \qquad (7.2)$$

$$\mathrm{k} = h_e(W_r) \qquad (7.3)$$

式中，ΔQ_r 为辐射截获干物质积累量；I 为辐射截获，由 LAI 叶面积指数和消光系数 k 计算得到；I_0 为冠层顶端总辐射（MJ），由气象数据获得；f_h 为光截获调整的跳行，由冠层宽度计算，此处取 1；消光系数 k 随行距的变化而变化（后者随行距/间距及间作行间距布置的变化而变化）；W_r 是行距；h_e 是一个关于行距的函数，用于定义绿色叶片与死叶片。此处，绿色叶片的消光系数取 0.5，死叶片的消光系数取 0.3。RUE 辐射利用率（$g \cdot MJ^{-1}$），是一个关于生长发育期的函数，如图 7-1 所示。生育期代码见表 7-1。

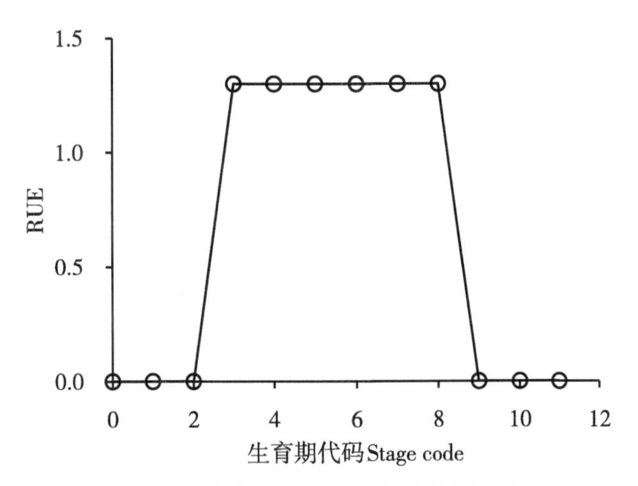

图 7-1　辐射利用率与生育时期的关系

Fig. 7-1　Relationship between RUE and stage code

表 7-1　生育期代码名称对应表

Table 7-1　Correspondence between stage code and name

生育期编码 stage code	1	2	3	4	5	6	7	8	9	10	11
生育期名称 stage name	播种期 sowing	发芽期 germination	出苗期 emergence	幼年期 end of juvenile	现蕾期 floral initiation	开花期 flowering	灌浆期 start grain fill	灌浆结束期 end grain fill	成熟期 maturity	收获期 harvest ripe	作物终止 end crop

①散射因子 f_d，日散射部分利用 Roderick（1999）方程计算：

$$\begin{cases} \dfrac{R_d}{R_s}=Y_0 & \dfrac{R_s}{R_o}\leqslant X_0 \\ \dfrac{R_d}{R_s}=A_0+A_1\dfrac{R_s}{R_o} & X_0<\dfrac{R_s}{R_o}\leqslant X_1 \\ \dfrac{R_d}{R_s}=Y_1 & \dfrac{R_s}{R_o}>X_1 \end{cases} \tag{7.4}$$

$$A_0=Y_1-A_1X_1 \tag{7.5}$$

$$A_1=\frac{Y_1-Y_0}{X_1-X_0} \tag{7.6}$$

$$X_0=0.26, Y_0=0.96, Y_1=0.05, X_1=0.80-0.0017|\varphi|+0.000044|\varphi|^2 \tag{7.7}$$

$$R_o=\frac{86400\times1360\times(\omega\times\sin(\varphi)\times\sin(\theta)+\cos(\varphi)\times\cos(\theta)\times\sin(\omega_0))}{1\,000\,000\pi} \tag{7.8}$$

$$\omega_0=\arccos(-\tan(\varphi)\tan(\theta)) \tag{7.9}$$

$$\theta=23.45\sin\left(\frac{2\pi}{365.25}(N-82.25)\right) \tag{7.10}$$

上式中，R_o为每日额外地面太阳辐射（大气顶端）；R_d和 R_s分别为地面日散射和太阳辐射量；X_0、X_1、Y_0、Y_1为 4 个经验参数；φ 是纬度；ω_0 为日出日落时间，根据当地日出日落时间由太阳赤纬 θ 与纬度 φ 计算；N 为年中天数；散射因子f_d由方程的散射部分计算得出，此处$f_d=1$。

②胁迫因子 f_s，实际日辐射截获生物积累量受胁迫因子限制，f_s取温度因子 f_t、氮因子 f_N、磷因子 f_p和氧气因子 f_o的最小值，即：

$$f_s=\min(f_t, f_N, f_p, f_o) \tag{7.11}$$

上式中，温度因子f_t 是日均温的函数（图 7-2）：$f_t=h_t[(T_{max}+T_{min})/2]$；磷因子与氧气因子取 1；氮因子由叶片氮浓度与叶片最小及临界氮浓度差值决定：

$$f_N=R_N\sum_{teaf}\frac{C_N-C_{N,min}}{C_{N,crit}-C_{N,min}} \tag{7.12}$$

上式中，C_N 为叶片氮浓度；R_N 为物候期氮胁迫效应的乘子，取 1.5。

③二氧化碳因子 f_c，由环境 CO_2 浓度和日均温计算（Reyenga et al. 1999）

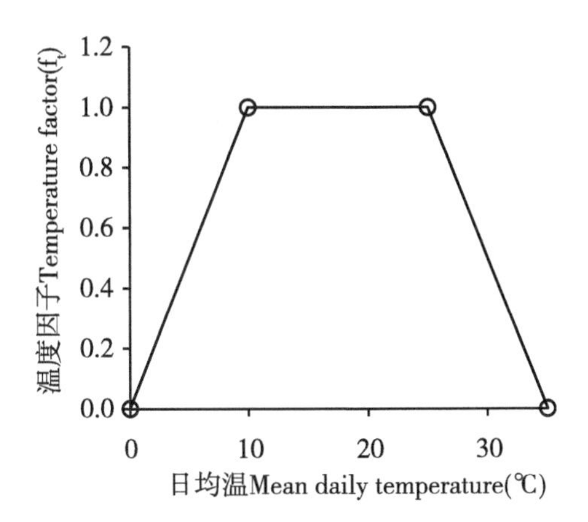

图 7-2　温度因子取值

Fig. 7-2　Temperure factor

$$f_c=\frac{(C-C_i)(350+2C_i)}{(C+2C_i)(350-C_i)} \tag{7.13}$$

上式中，C_i 为取决于 CO_2 补偿点的温度，$C_i=\frac{163-T_{mean}}{5-0.1T_{mean}}$

7.1.2　实际日生物累积量

实际日生物累积量 ΔQ 是由潜在辐射驱动生物累积量 ΔQ_r 加上水分受限生物量 ΔQ_w，ΔQ_w 是日水分吸收量 W_u 与需求量 W_d 的比率函数：

$$\Delta Q_w=\Delta Q_r f_w=\Delta Q_r \frac{W_u}{W_d} \tag{7.14}$$

上式中，f_w 为影响光合作用的水分胁迫因子，W_u 为从根系统实际日水分吸收量(即土壤水分供应量 W_s)，W_d 为叶片与顶端部分土壤水分需求量。

当土壤水分不受限，即 $f_w=1$，$W_d \geqslant W_s$，生物积累量受辐射控制，$\Delta Q=\Delta Q_r$；当土壤水分受限，生物积累量由水分供应量控制，$\Delta Q=\Delta Q_w$。

水分需求量即当土壤水分受限，作物用于蒸腾的水分总量，由潜在生物积累量 ΔQ_r 计算，根据 Sinclair（1986），蒸腾需求利用当日作物生长率模拟，由潜在生物积累量与辐射截获估算，除以蒸腾效率，即

$$W_d=\frac{\Delta Q_r-R}{TE} \tag{7.15}$$

$$R=R_G+R_M \tag{7.16}$$

$$R_G=R_g\times\Delta Q_r \tag{7.17}$$

$$R_M=R_M(T_0)\times Q_{10}^{\frac{T_{mean}-T_0}{10}} \tag{7.18}$$

$$R_M(T_0)=0.015W_r+0.010W_p+0.030W_l+0.030W_s \tag{7.19}$$

$$\mathrm{TE}=f_c\frac{f_{TE}}{\mathrm{VPD}} \tag{7.20}$$

$$VPD=f_v\left[6.1078\times\exp\left(\frac{17.269\times T_{max}}{237.3+T_{max}}\right)-6.1078\times\exp\left(\frac{17.269\times T_{min}}{237.3+T_{min}}\right)\right] \tag{7.21}$$

上式中，R 是日呼吸作用消耗量，McCree（1974）将植物呼吸作用分为两个部分：生长呼吸与维持呼吸，R_G 是日生长呼吸消耗量，是光合产物转化为植物组织结构物质时造成的消耗量；R_M（kg CO_2 hm^{-2} d^{-1}）为日维持呼吸消耗量，是植物体为了维持其生理生化状态，不断利用能量产生的消耗，与植株各器官的干物重有关，且对温度敏感。R_g为生长呼吸系数，取 0.3（kg CO_2/kg CO_2）（Goudriaan and Van Laar 1994）；T_0 为呼吸作用的标准参照温度，取25℃；T_{mean}为日均温；R_M（T_0）为标准参照温度 25℃下的日维持呼吸消耗量；Q_{10}为维持呼吸的温度系数，取 2.0；W_r、W_s、W_l、W_p（kg DM hm^{-2}）分别为胡麻根、茎、绿色叶片和蒴果的干物质重，0.015、0.010、0.030、0.030 依次为根、蒴果、茎和叶的维持呼吸系数（Goudriaan et al.，1994），单位为 kg CO_2 · kg^{-1} DM · d^{-1}。TE 是蒸腾效率，f_c 是 CO_2 因子，当 CO_2 浓度从 350mg · kg^{-1}增加到 700mg · kg^{-1}时，f_c从 1~1.37 线性增长；f_{TE}是蒸腾效率系数，为不同生长阶段的线性插值，如图 7-3；VPD 为蒸汽压差，采用 Tanner and Endo（1983）提出的方法，利用日最高温和最低温计算［式（7.20）］，式中，f_v取 75%。

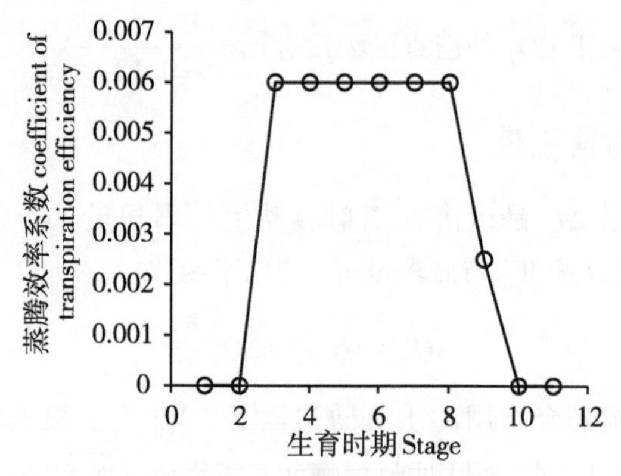

图 7-3　蒸腾效率系数与生育时期关系

Fig. 7-3　Relationship between coefficient of transpiration efficiency and stage

日生物积累量 ΔQ 即地上部干物质量，受辐射截获 ΔQ_r 或土壤水分亏缺 ΔQ_w 限制，所以，日生物积累量的计算方程如式（7.22）：

$$\Delta Q=\begin{cases}\Delta Q_r & W_u=W_d\\ \Delta Q_w & W_u<W_d\end{cases} \tag{7.22}$$

7.2　模型参数确定

通过试验Ⅴ定西试验站不同肥料、试验Ⅵ定西试验站不同播种方式、试验Ⅶ定西试验站不同种植密度和试验Ⅷ榆中试验站不同氮磷处理 2012—2013 年的测定数据构建模型，采用基于神经网络的投影寻踪自回归 BPPPAR 模型，用 RAGA 优化投影指标函数，调整模型参数（表 7-2）。

表 7-2　胡麻光合生产与干物质积累模型参数

Table 7-2　Cultivar parameters of oilseed flax photosynthetic production and dry matter accumulation model

试验区 Experiment site	辐射截获 intercepted radiation	辐射利用率 radiation use efficiency	冠层顶端辐射 total radiation at the top of the canopy	绿色叶片消光系数 extinction coefficient for green leaf	蒴果消光系数 extinction coefficient for green pod	胁迫因子 the stress factor	CO_2 因子 the CO_2 factor	光合作用水分胁迫因子 the water stress factor affecting photosynthesis	蒸腾效率系数 coefficient of transpiration efficiency
定西 Dingxi	19. 5	1. 3	23. 55	0. 5	0. 3	0. 9	0. 05	0. 6	0. 005
榆中 Yuzhong	19. 5	1. 3	23. 55	0. 5	0. 3	0. 9	0. 05	0. 6	0. 005

7.3 模型的检验

利用试验Ⅴ～Ⅶ定西试验站不同肥料、不同播种方式和不同种植密度，试验Ⅷ榆中试验站不同氮磷处理水平 2014—2015 年的测定数据对模型进行检验。采用 *RMSE* 对模拟值和测定值之间的拟合度进行统计分析，采用决定系数 R^2 反映模拟值与实际值的相关程度。运行模型得出生物累积量模拟结果（表 7-3）。

表 7-3　胡麻光合生产与干物质积累模型模拟结果

Table 7-3　Simulation results of oilseed flax photosynthetic production and dry matter accumulation model

试验 experiment	处理 treatment	RMSE	R^2	试验 experiment	处理 treatment	RMSE	R^2
试验Ⅴ（定西）肥料 Experiment Ⅴ (Dingxi) fertilize	CK	0.3486	0.9832	试验Ⅵ（定西）播种方式 Experiment Ⅵ (Dingxi) seeding method	T1	1.1164	0.8745
	Y1	0.5277	0.9629		T2	0.5685	0.9662
	Y2	0.7933	0.9348		T3	0.9227	0.9438
	Y3	1.2784	0.7434				
	R1	0.9855	0.8966				
	R2	1.6481	0.6311	试验Ⅷ（榆中）氮磷处理 Experiment Ⅷ (Yuzhong) nitrogen and phosphorus	N0P0	0.2747	0.9811
	R3	0.8912	0.9441		N0P1	0.2251	0.9894
	F1	1.9538	0.6947		N0P2	0.4910	0.9561
	F2	1.2649	0.7863		N0P3	0.3271	0.9727
	F3	0.7754	0.9552		N1P0	0.2840	0.9660
试验Ⅶ（定西）种植密度 Experiment Ⅶ (Dingxi) density	D1	0.2058	0.9883		N1P1	0.0952	0.9959
	D2	0.1740	0.9883		N1P2	0.3145	0.9841
	D3	0.1355	0.9921		N1P3	1.2375	0.8964
	D4	0.0807	0.9965		N2P0	0.3383	0.9739
	D5	0.1171	0.9937		N2P1	0.2597	0.9848
	D6	0.1869	0.9821		N2P2	0.1732	0.9879
	D7	0.2086	0.9677		N2P3	0.7793	0.9442

注：置信度 99.9%。

Note: Confidence level is 99.9%.

7.3.1 不同肥料胡麻光合生产与干物质积累模型检验

分别对试验Ⅴ中 10 种肥料的干物质累积量进行模型检验，干物质积累模拟值的 *RMSE* 值介于 0.3486～1.9538g · plant^{-1}，平均为 1.0467g · plant^{-1}，表明模拟值与测量值之间误差较小；$y=x$ 的线性回归方程的决定系数 R^2 取值范围在 0.6311～0.9832，平均为 0.8532，表明模型对不同肥料胡麻光合生产与干物质积累的模拟效果较好。

7.3.2 不同播种方式胡麻光合生产与干物质积累模型检验

分别对试验Ⅵ中 3 种播种方式的干物质累积量进行模型检验，干物质积累模拟值的

RMSE 值介于 0.5685~1.1164g · plant^{-1}，平均为 0.8692 g · plant^{-1}，表明模拟值与测量值之间误差较小；$y=x$ 的线性回归方程的决定系数 R^2 取值范围在 0.8745~0.9662，平均为 0.9282，表明模型对不同播种方式胡麻光合生产与干物质积累的模拟效果较好。

7.3.3　不同种植密度胡麻光合生产与干物质积累模型检验

分别对试验Ⅶ中 7 种种植密度的干物质累积量进行模型检验，如图 7-4 所示。干物质积累模拟值的 *RMSE* 值介于 0.0807~0.2086g · plant^{-1}，平均为 0.1584g · plant^{-1}，表明模拟值与测量值之间误差较小；$y=x$ 的线性回归方程的决定系数 R^2 取值范围在 0.9677~0.9965，平均为 0.9869，表明模型对不同种植密度胡麻光合生产与干物质积累的模拟效果很好。

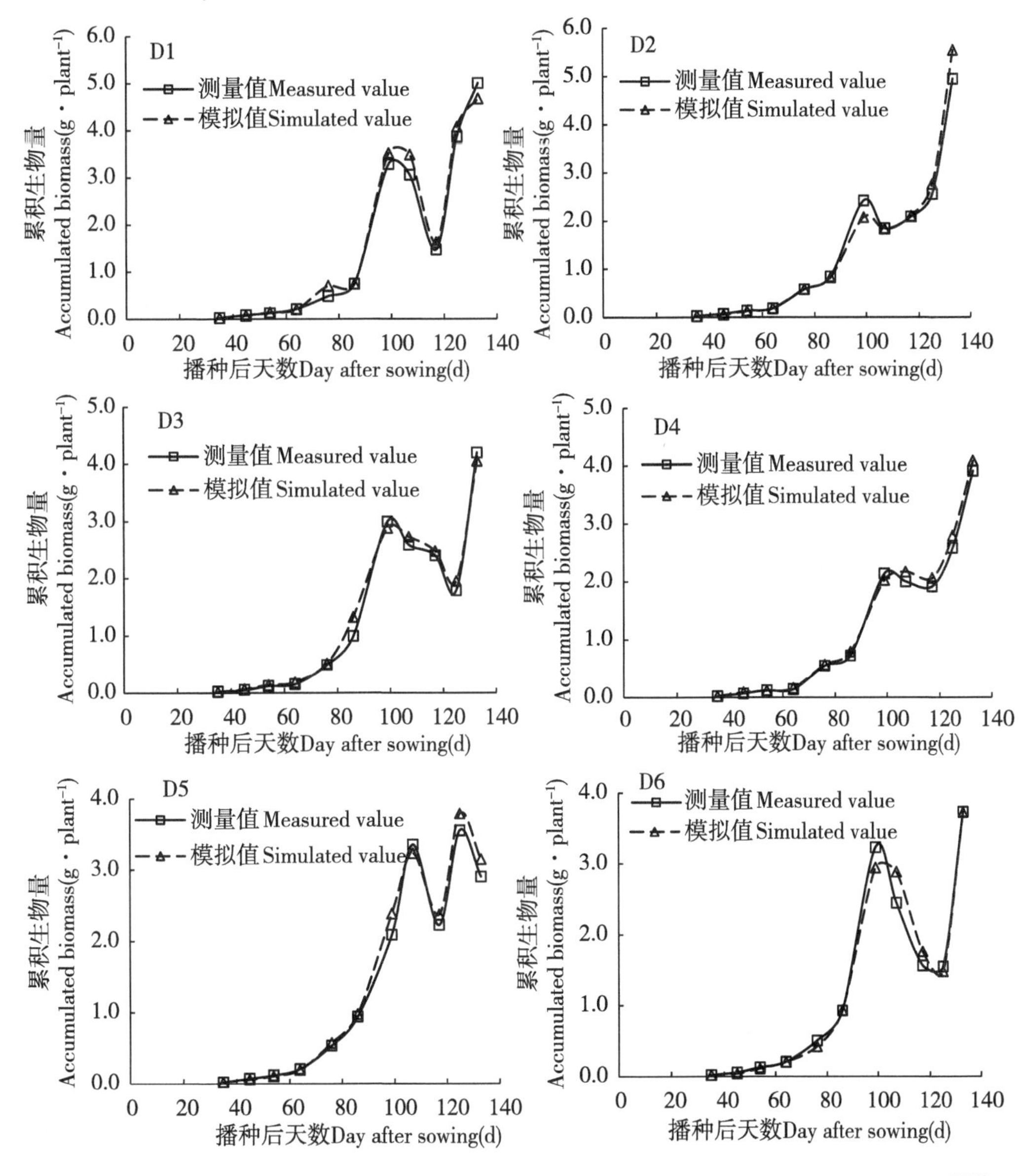

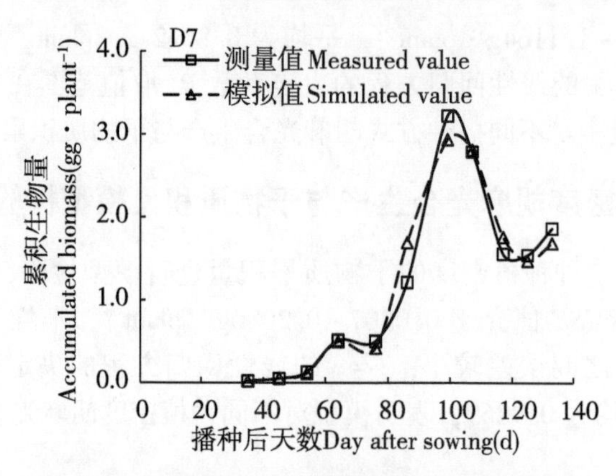

图 7-4　不同密度总干物质实测值与模拟值比较

Fig. 7-4　Comparison of the measured and simulated total dry weight of the different density

7.3.4　不同氮磷水平胡麻光合生产与干物质积累模型检验

分别对试验Ⅷ中 12 种氮磷水平的干物质累积量进行模型检验，如图 7-5 所示。APSIM 模型模拟干物质积累模拟值的 *RMSE* 值介于 0.0952～1.2375g · $plant^{-1}$，平均为 0.4000g · $plant^{-1}$，而在以前的研究（Li，2014）中用 AquaCrop 模型模拟的生物量 *RMSE* 平均为 0.42g · $plant^{-1}$；APSIM 模型 $y=x$ 的线性回归方程的决定系数 R^2 取值范围

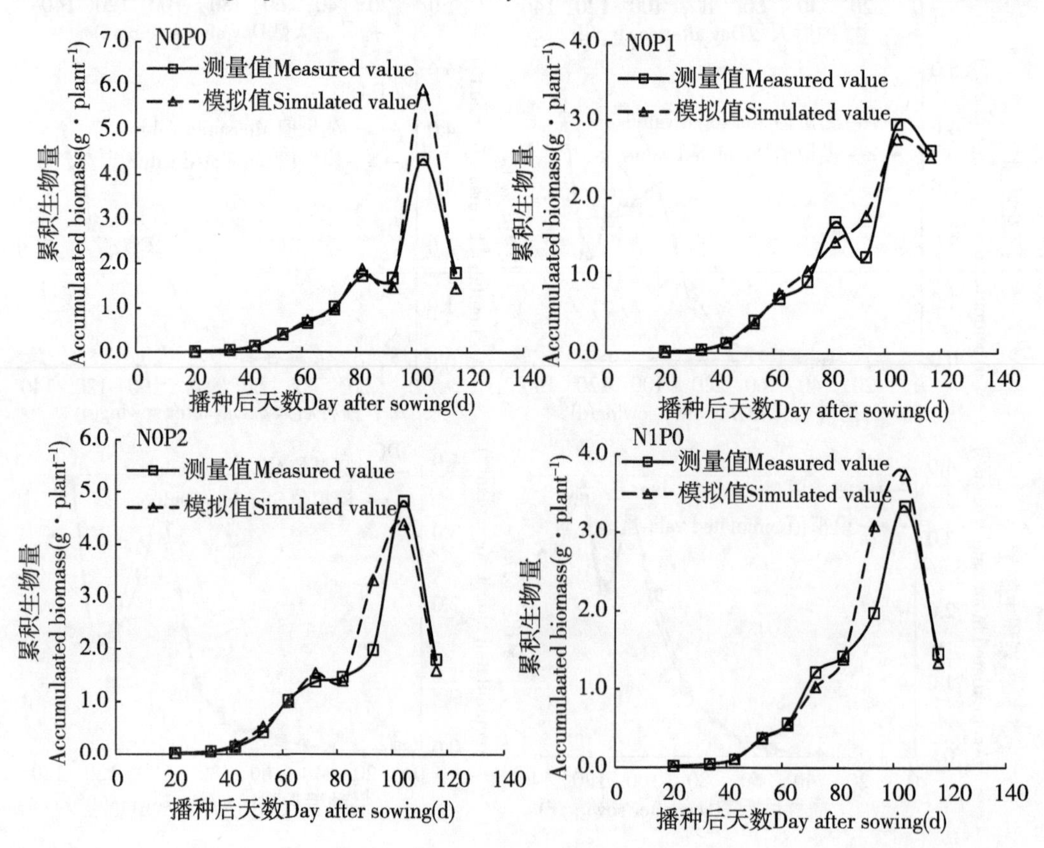

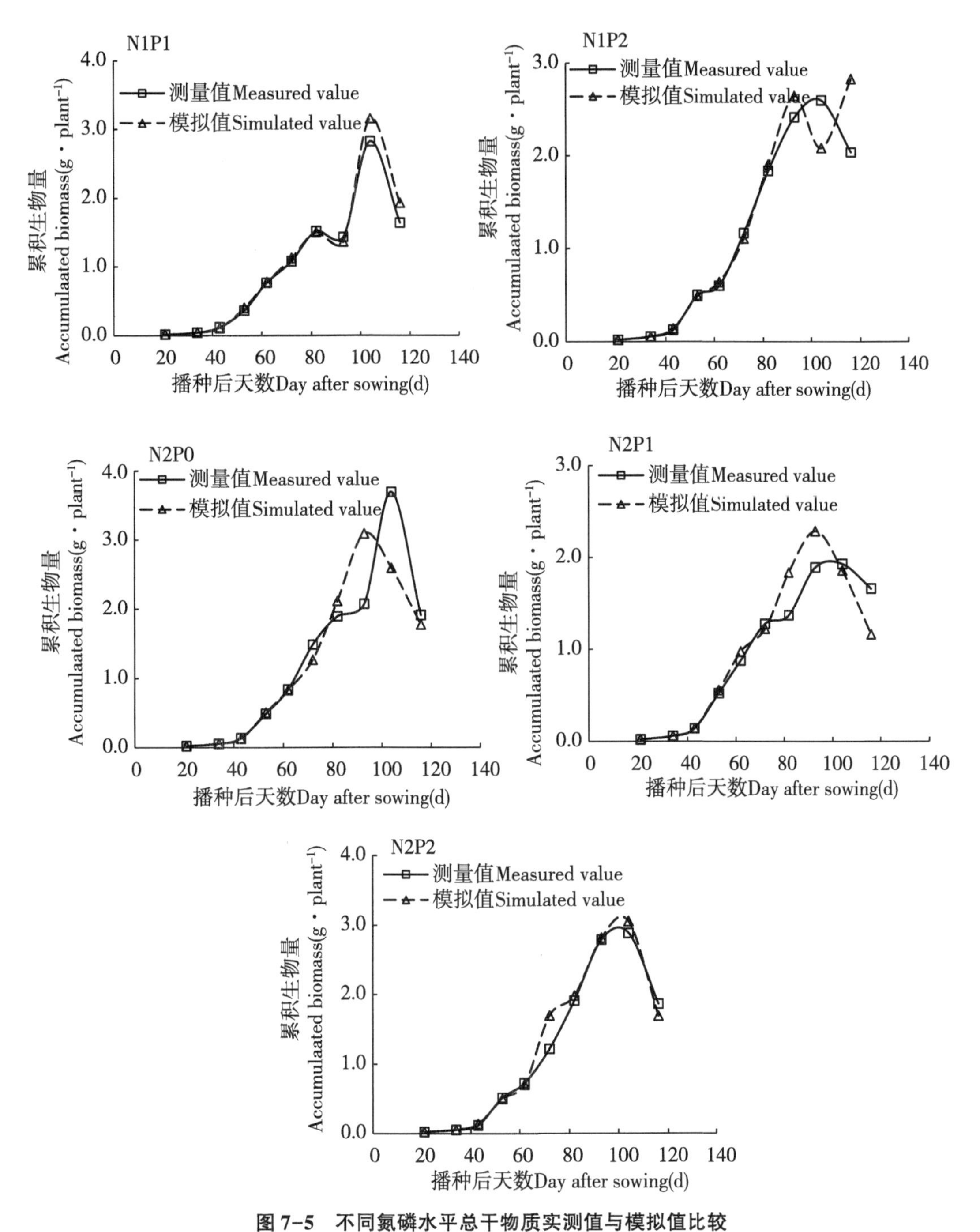

图 7-5 不同氮磷水平总干物质实测值与模拟值比较

Fig. 7-5 Comparison of the measured and simulated total dry weight of the different nitrogen and phosphorus

在 0.8964~0.9959，平均为 0.9700，而 AquaCrop 模型模拟的生物量 R^2 平均为 0.925，表明 APSIM 模型对不同氮磷水平胡麻光合生产与干物质积累的模拟效果很好，APSIM

模型模拟精度优于 AquaCrop 模型。

7.4 小结

本研究参考 APSIM 对油菜、小麦等其他作物的模拟研究，综合胡麻生长自身特点及充分考虑影响光合速率的内部因素和外部因素，建立了基于生理生态过程的胡麻光合生产与干物质积累模拟模型，为干物质分配与产量形成模型奠定基础。

以往作物的光合作用模型多采用分层结构，即冠层光合作用的模拟一般分三步进行。第一步，计算出冠层每一分层的瞬时光合作用速率；第二步，利用高斯积分法对冠层 5 个分层上的瞬时光合作用速率进行加权求和，得到整个冠层的瞬时光合作用速率；第三步，对每日所观测的 3 个时间点观察的瞬时光合作用速率进行加权求和，得到整个冠层每日的光合作用速率。本研究胡麻光合作用生物量积累采用辐射利用率 *RUE* 求得，充分考虑影响光合速率的内部因素，包括叶片的发育和结构、光合产物的输出；外部因素包含光照强度、光质、光照时间、CO_2、温度、水分、矿质营养以及光合速率的日变化，采用绿色叶片光合作用由叶片辐射利用效率、叶片消光系数、比叶面积确定；绿色蒴果光合作用由蒴果辐射利用效率、蒴果消光系数、比蒴果面积确定，辐射截获部分由叶面积指数与消光系数确定的方法构建胡麻光合作用和干物质积累模型，通过不同肥料、播种方式、种植密度及氮磷水平的初步检验，模型具有较好的模拟效果和较强的适用性。同时，经与水分驱动模型 AquaCrop 模拟的胡麻生物量 RMSE 值和 R^2 值作比较，表明 APSIM 模型对不同氮磷水平胡麻光合生产与干物质积累的模拟精度略优于 AquaCrop 模型。然而，根据部分数据显示也应该看到，无论是 APSIM 模型还是 AquaCrop 模型得出的模拟值和实测值还存在一定的差距，所以，今后还应该探索更为精确的模拟方法，以构建更完善的胡麻生长模型。

第8章 胡麻干物质分配与器官生长模拟模型

农业生产实践中，有机物运输是决定产量高低和品质好坏的一个重要因素。因为，即使光合作用形成大量有机物，生物产量较高，但人类所需要的是较有经济价值的部分，如果这些部分产量不高，仍未达到高产的目的。从较高生物产量变成较高经济产量就存在一个光合产物运输和分配的问题。因此，胡麻器官生长与干物质分配的准确模拟是预测胡麻产量的关键模型。然而，由于干物质分配机理较为复杂且研究较少，干物质分配模拟的薄弱一直是作物生长模型的重要限制因子之一，目前，国外关于作物干物质分配的模型研究有：描述性的异速生长模型、功能平衡模型、运输—阻力法模型、考虑和不考虑优先分配的潜在需求函数法、库源理论等，模型较复杂，机理性强，大多采用分配系数的方法进行模拟。Michael（1996）运用源库理论研究水稻整个生长季的氮素对植株各器官干物质分配的影响，Petersen 等（1995）采用分配系数法模拟油菜干物质分配，通过改变每个生育阶段的分配系数反映油菜生长过程对产量形成的影响，Wolswinkel 等（1985）基于作物的库强模拟干物质分配，TOMGRO（Jones et al.，1991）和 Tomsim（Heuvelink，1996）模型都是基于温室番茄的源库理论构建的温室番茄干物质分配模型，CERES-BARLEY 模型（Travasso et al.，1998）和春大麦模型 PIXGRO（Adiku et al.，2006）中均采用各发育阶段相对固定的分配系数方法，通过水肥亏缺因子改变分配系数值来间接反映器官生长和产量形成，Gabrielle（1998a）通过出叶数量模拟叶片干物质重，建立了莲的分配系数随度日变化的函数，计算莲的干物质积累量，通过角果光合产物分配给角果皮和籽粒来模拟油菜产量形成。

国内不同领域学者对多种作物的干物质分配模型做了相应研究。邹薇（2009）对不同地域、不同栽培条件下的大麦各器官物质分配和生长进行了较广泛的验证，建立了高产大麦群体物质分配指数与生理发育时间、每日光合有效辐射累积量及生物学参数之间的关系模型，通过水肥丰缺因子的修订得到实际条件下大麦物质分配指数动态；张亚杰（2013）通过田间取样数据分析和油菜生理生态理论知识描述植株各器官的出生、生长和衰退是随生育进程和外界环境因素而动态变化的规律，以能够反映外界环境因素对油菜生育进程影响的生理发育时间（PDT）为自变量，构建出油菜各器官分配指数随 PDT 变化的动态函数模型，进而构建油菜干物质分配和产量形成模型；王新（2013）采用生理发育时间（PDT）为发育尺度，拟合加工番茄的分配指数并与收获指数相结合来预测滴灌加工番茄地上部干物质分配与产量的形成；汤亮等（2007）通过量化油菜各器官干物质分配指数与生理发育时间（PDT）的动态关系及其受播期、水分、氮素因子的影响，从而构建解释性和适用性兼备的油菜干物质分配与产量形成模拟模型；刘铁梅等（2000）采用分配指数法计算干物质在各器官间的分配，从而准确模拟各器官干重的变化动态。综上所述，国内外学者对作物干物质分配与器官生长的模拟研究，大多采用分配指数与生理发育时间的动态关系构建，但国内外学者对胡麻的物质分配模拟模型鲜见报道。本研究对不同年份不同地区设置了不同肥料、不同播种方式、不同种植密度和不同氮磷水平的试验方案，充分考虑胡麻在不同生长发育阶段的器官生长特征，构建胡麻干物质分配与器官生长模拟模型，并在不同年份下进行了较广泛的验证，以期为进一步构建综合胡麻生长模型奠定基础，为应用模型指导胡麻生长及制定生产决策提供依据。

8.1 模型构建

胡麻干物质分配与器官生长模型是胡麻生长发育模型 APSIM-Oilseed Flax 的子模型。模型输入参数包括气象参数、土壤参数、作物参数与品种遗传参数等，输出数据为分配到各器官（根；顶端—籽粒；蒴果；叶；茎）的生物量。利用试验Ⅴ~Ⅶ定西试验站不同肥料、不同播种方式和不同种植密度，试验Ⅷ榆中试验站不同氮磷处理水平2012—2013 年的测定数据构建模型。

出苗—开花期间生物量产量分配给叶片，剩余的分配给茎，但是，分配给叶片的同化物总量多于叶面积增长的需求（叶片有最大厚度），则剩余部分分配给茎。同样的，如果分配给叶片的同化物太少而不能使叶面积潜在增长，则叶面积的增长减弱。

开花—开始灌浆期间，采用同样的程序确定叶片生物量，剩余的同化物分配给茎和蒴果，分配比率由参数蒴果生物量确定。

开始灌浆—成熟期间，生物量分配给籽粒、蒴果和茎，籽粒的分配率取决于籽粒需求，蒴果壳占籽粒需求的一小部分，由参数蒴果生物量确定。如果籽粒的需求量低于供应量，则剩余的生物量分配给叶片（由参数叶片生物量确定）和茎。若灌浆期籽粒吸收需求低，则引起叶面积生长。

籽粒需求的碳水化合物（生物量）由品种遗传参数收获指数 HI 日增长率驱动，任意一天分配给籽粒的生物量需求由 HI 计算，即籽粒生物量/顶端生物量。每天收获指数都会按收获指数日增长率增加，直到达到最大值。在油料作物品种中，有一个籽粒干物质合成的能量成本，是籽粒碳水化合物的标准，必须考虑额外的吸收需求，由参数籽粒含油量和碳水化合物含油率指定，利用这些计算用于产生含油量和植物部分累积油量的能量。能量并不包含在植物部分生物量总重量中，而是当计算籽粒对碳水化合物的需求时必须考虑。籽粒湿重通过参数籽粒水分含量计算（可变因素=产量-水分）。株高（mm）是每株植物茎重的函数，随品种的不同而不同。

胡麻作物按器官分为 4 个组成部分：根、顶端、叶、茎。叶仅包含叶片，茎从功能上定义为包含植物茎秆、叶鞘和叶柄，顶端分为籽粒和蒴果，籽粒分为胡麻籽粕和胡麻油。胡麻的日生物量产量划分为 6 个不同作物部分（表 8-1）。

表 8-1　胡麻日生物量分配

Table 8-1　Daily biomass partitioningof oilseed flax

序号 Serial	作物部分 Plant part	描述 Description
1	根 root	地下部分含纤维根 Below-ground fibrous roots
2	叶 leaf	叶片 leaf lamina
3	茎 stem	茎 stem
4	蒴果 pod	外壳（蒴果壳）hull（or pod wall）
5	胡麻籽粕 meal	籽粒（种子）粉，含油 grain（or seed）meal，excluding the oil
6	油 oil	籽粒含油量 oil contained in the grain

根每天以固定比率生长为顶端产量，即根发芽率——该比率由每个生育阶段决定。

出苗当天，植物部分的生物量（和氮）被初始化为：根 0.01g・plant^{-1}，叶 0.003 g・plant^{-1}，茎 0.0016g・plant^{-1}，蒴果 0g・plant^{-1}，胡麻籽粕 0g・plant^{-1}，胡麻油 0g・plant^{-1}，日生物产量在不同发育阶段按不同比率分配给不同器官。根生物量通过地上部生物量的根冠比计算，地上部生物量按层次分配给不同器官，分配的优先顺序为顶端（基于蒴果与籽粒的需求）、叶（按生育生物量的比例），最后是茎。再运移发生在灌浆期，当生物累积量不能满足顶端需求，分配给茎和蒴果的生物量将用于满足顶端蒴果和籽粒的需求。意味着如果生物产量受到限制，则所有器官都不能得到生物量的满足。

8.1.1　分配到根的生物量

日可用生物量的一部分被分配给根系，分配系数取决于生育时期函数，独立于土壤气候因素，分配给根系的生物量是个整体（结构部分），不能再运移到其他部分，见式(8.1)。

$$\Delta Q_{root}=\Delta Q\times R_{Root:Shoot} \tag{8.1}$$

式中，ΔQ_{root}为根生物量日增量，$R_{Root:Shoot}$为生物量根冠比，是植株根系与地上部分干重（或鲜重）的比值。

8.1.2　分配到顶端——蒴果的生物量

根系分配结束后，可用生物量的全部或部分根据顶端需求分配给顶端——蒴果，蒴果需求量分为籽粒需求和蒴果壳需求量。直接分配给蒴果或籽粒的生物量为结构部分不能再运移，但是再运移提供的生物量将积累成非结构生物量，因而蒴果的非结构生物量可以再运移到籽粒。

$$\Delta Q_{heat}=\min(\Delta Q,D_{grain}+D_{pod}) \tag{8.2}$$

$$\Delta Q_{grain}=\frac{D_{g}}{D_{head}}\Delta Q_{head} \tag{8.3}$$

$$\Delta Q_{\mathrm{pod}}=\frac{D_{\mathrm{p}}}{D_{\mathrm{head}}}\Delta Q_{\mathrm{head}} \tag{8.4}$$

上式中，ΔQ_{heat}为顶端日可用生物量，D_{head}、D_{grain}、D_{pod}分别为顶端、籽粒和蒴果需求，$\Delta Q_{\mathrm{grain}}$、$\Delta Q_{\mathrm{pod}}$分别为籽粒和蒴果生物量增量。

籽粒的生物量需求在开花后计算：

$$D_{\mathrm{g}}=N_{\mathrm{g}}R_{\mathrm{p}}h_{\mathrm{g}}(T_{\mathrm{mean}})f_{\mathrm{N}} \tag{8.5}$$

上式中，N_{g}是籽粒数目，R_{p}为潜在灌浆率（开花—开始灌浆取 0.0010grain^{-1} d^{-1}，灌浆期取 0.0020 grain^{-1} d^{-1}），h_{g}（T_{mean}）是影响灌浆率（0-1）的日均温函数，f_{N}为灌浆氮因子：

$$f_{\mathrm{N,grain}}=\frac{h_{\mathrm{N,poten}}}{h_{\mathrm{N,min}}}h_{\mathrm{N,grain}}\sum_{\mathrm{stem,leaf}}\frac{C_{\mathrm{N}}-C_{\mathrm{N,min}}}{C_{\mathrm{N,crit}}\times f_{\mathrm{c,N}}-C_{\mathrm{N,min}}} \quad (0\leqslant f_{\mathrm{N,fill}}\leqslant 1) \tag{8.6}$$

上式中，$h_{\mathrm{N,poten}}$为潜在灌浆率，取值 0.000055g grain^{-1} d^{-1}，$h_{\mathrm{N,min}}$为小灌浆率，取值 0.000015g grain^{-1} d^{-1}，$h_{\mathrm{N,grain}}$为籽粒氮亏缺效应乘子，取值 1，C_{N}为茎秆或叶片部分氮浓度，$C_{\mathrm{N,crit}}$、$C_{\mathrm{N,min}}$为临界与最小氮浓度，$f_{\mathrm{c,N}}$为 CO_2 因子，取值 1。

蒴果的生物量需求通过籽粒需求或日生物累计量计算：

$$D_{\mathrm{p}}=\begin{cases}D_{\mathrm{g}}h_{\mathrm{p}}(S) & D_{\mathrm{g}}>0\\ \Delta Q h_{\mathrm{p}}(S) & D_{\mathrm{g}}=0\end{cases} \tag{8.7}$$

上式中，h_{p}（S）是生育时期函数。

8.1.3 分配到叶片的生物量

顶端生物量分配结束后，基于阶段性功能将剩余生物量分配给叶片，如式（8.8）。

$$\Delta Q_{\mathrm{leaf}}=(\Delta Q-\Delta Q_{\mathrm{head}})\times F_{\mathrm{leaf}} \tag{8.8}$$

上式中，ΔQ_{leaf}为叶片生物量日增量，F_{leaf}为可用生物量分配到叶片的分配指数，为某日叶片地上部干重/地上部总干重。

8.1.4 分配到茎的生物量

直到灌浆期，65%的生物量分配给结构生物量，35%分配给非结构生物量，即非结构生物量都分配给了茎秆。

$$\Delta Q_{\mathrm{stem}}=\Delta Q-\Delta Q_{\mathrm{head}}-\Delta Q_{\mathrm{leaf}} \tag{8.9}$$

$$\Delta Q_{\mathrm{stem,stru}}=\Delta Q_{\mathrm{stem}}\times h_{\mathrm{stru}} \tag{8.10}$$

$$\Delta Q_{\mathrm{stem,unstru}}=\Delta Q_{\mathrm{stem}}\times(1-h_{\mathrm{stru}}) \tag{8.11}$$

上式中，ΔQ_{stem}为茎秆生物量日增量，$\Delta Q_{\mathrm{stem,stru}}$为茎秆的结构生物量，$\Delta Q_{\mathrm{stem,unstru}}$是茎秆的非结构生物量，$h_{\mathrm{stru}}$为结构生物量分配到茎秆的分配指数，其值依赖于发育阶段，灌浆期前取值 0.65，灌浆后取值 0。

8.1.5 生物量运输

如果籽粒对碳水化合物的需求不能满足日生物量生产分配需求，则会从植物其他部分转移来满足籽粒需求，APSIM 作物模块允许不超过叶片重量的叶片转移量、茎重的茎转移量和出现在灌浆开始蒴果壳重量的蒴果转移量的生物量运移。

8.2　模型参数确定

通过试验Ⅴ定西试验站不同肥料、试验Ⅵ定西试验站不同播种方式、试验Ⅶ定西试验站不同种植密度和试验Ⅷ榆中试验站不同氮磷处理 2012—2013 年的测定数据构建模型，采用基于神经网络的投影寻踪自回归 BPPPAR 模型，用 RAGA 优化投影指标函数，调整模型参数（表 8-2）。

8.3　模型检验

8.3.1　地上部总干重

利用试验Ⅴ~Ⅶ定西试验站不同肥料、不同播种方式和不同种植密度，试验Ⅷ榆中试验站不同氮磷处理水平 2014—2015 年的测定数据对模型进行检验。采用 *RMSE* 对模拟值和测定值之间的拟合度进行统计分析，采用决定系数 R^2 反映模拟值与实际值的相关程度。运行模型得出不同肥料和不同播种方式地上部干物质量模拟结果（表 8-3）。

采用本模型对第 4 章试验Ⅴ~Ⅵ不同肥料、不同播种方式的地上部总干重进行了模拟，模拟值与测定值 1∶1 直方图如图 8-1 所示。可以看出，模型模拟结果与实测值拟合较好，模型对不同肥料、不同播种方式处理的模拟较准确，不同肥料模拟的 RMSE 值介于 0.0251~2.2465，平均 1.7652g · $plant^{-1}$，R^2 介于 0.6251~0.9973，平均 0.8649，不同播种方式模拟的 RMSE 值介于 0.0640~2.3367，平均 1.8928g · $plant^{-1}$，R^2 介于 0.5934~0.9897，平均 0.8453。

采用本模型对第 4 章试验Ⅶ~Ⅷ不同种植密度、不同氮磷处理水平的地上部总干重进行模拟，其平均 RMSE 值分别为 1.5344g · $plant^{-1}$、1.9371g · $plant^{-1}$，平均 R^2 分别为 0.9135、0.8267，表明，本模型可较好模拟胡麻地上部总干重的变化动态。

8.3.2　地上部各器官干重

进一步利用本模型对第 4 章试验Ⅴ~Ⅵ不同肥料、不同播种方式的地上部各器官干重进行了模拟，各器官干重模拟结果及模拟值与测定值 1∶1 直方图如图 8-2 和图 8-3 所示。可以看出，模型模拟结果与实测值拟合较好，模型对不同肥料、不同播种方式处理的模拟较准确，不同肥料模拟的 RMSE 值介于 0.0377~1.9947，平均 1.3381g · $plant^{-1}$，R^2 介于 0.6547~0.9923，平均 0.8872，不同播种方式模拟的 RMSE 值介于 0.0436~2.1754，平均 1.5743g · $plant^{-1}$，R^2 介于 0.6239~0.9954，平均 0.8428。

采用本模型对第 4 章试验Ⅶ~Ⅷ不同种植密度、不同氮磷处理水平的地上部各器官干重进行模拟，茎、叶、果的平均 RMSE 值分别为 1.7751、2.6371、1.9785g · $plant^{-1}$，R^2 分别为 0.9344、0.8077、0.9118，表明，本模型可较好模拟胡麻地上部各器官干重的变化动态。

表 8-2　胡麻干物质分配与器官生长模型参数

Table 8-2　Cultivar parameters of oilseed flax dry matter partitioningand organ growth

试验区 Experiment site	根冠比（随生育时期变化）root shoot ratio is specified for each growth stage	盛花前期分配给叶片生物量 leaf biomass before flowering（$g\ plant^{-1}$）	成熟期分配给蒴果生物量 pod biomass in maturity（$g\ plant^{-1}$）	收获指数增加速率 daily rate of harvest index increase（d^{-1}）	最大收获指数 maximum harvest index	籽粒含油率 oil cntent of grain（%）	碳水化合物含油率 oil content of carbohydrate（%）	籽粒水分含量 water content of grain（%）	成熟期株高 stem height in maturity（mm）
定西 Dingxi	0. 05～0. 3	0. 35	0. 75	0. 014	0. 34	41	9. 8	5. 3	74
榆中 Yuzhong	0. 05～0. 3	0. 35	0. 75	0. 014	0. 34	42	9. 8	5. 3	60

表 8-3　胡麻干物质分配与器官生长模型模拟结果

Table 8-3　Simulation results of oilseed flax in dry matter partitioning and organ growth model

处理 treatment		生育阶段 developmental stage	出苗期 emergence	枞形期 fir shaped stage	现蕾期 budding	盛花期 flowering	青果期 green stage	成熟期 maturity
不同肥料 different fertilizer	CK	实测值 Measured	0. 0080	0. 0492	0. 6929	2. 5477	3. 5038	2. 9317
		模拟值 Simulated	0. 0062	0. 0516	0. 7853	2. 7610	3. 5573	2. 8300
	Y1	实测值 Measured	0. 0086	0. 0525	0. 6224	2. 2927	3. 6437	2. 2827
		模拟值 Simulated	0. 0064	0. 0535	0. 6340	2. 4110	3. 6800	2. 2820
	Y2	实测值 Measured	0. 0090	0. 0509	0. 5582	2. 6330	3. 6623	2. 7173
		模拟值 Simulated	0. 0136	0. 0515	0. 4727	2. 6090	4. 2050	2. 7720
	Y3	实测值 Measured	0. 0080	0. 0528	0. 6789	2. 5637	3. 4037	2. 6020
		模拟值 Simulated	0. 0065	0. 0527	0. 6493	2. 6350	3. 3470	2. 8390

（续表）

处理 treatment	生育阶段 developmental stage		出苗期 emergence	枞形期 fir shaped stage	现蕾期 budding	盛花期 flowering	青果期 green stage	成熟期 maturity
不同肥料 different fertilizer	R1	实测值 Measured	0. 0091	0. 0573	0. 6720	2. 4153	3. 3573	2. 7950
		模拟值 Simulated	0. 0139	0. 0605	0. 6247	2. 5560	3. 3810	3. 1820
	R2	实测值 Measured	0. 0088	0. 0517	0. 6209	3. 1053	4. 4350	3. 1007
		模拟值 Simulated	0. 0134	0. 0529	0. 6487	3. 0730	4. 4720	4. 2110
	R3	实测值 Measured	0. 0087	0. 0490	0. 6809	2. 3957	3. 1970	2. 9667
		模拟值 Simulated	0. 0072	0. 0471	0. 6433	2. 1300	3. 0200	3. 1870
	F1	实测值 Measured	0. 0088	0. 0600	0. 6216	2. 3630	3. 8487	3. 3953
		模拟值 Simulated	0. 0077	0. 0611	0. 6400	2. 4840	4. 2230	3. 7570
	F2	实测值 Measured	0. 0085	0. 0545	0. 6842	2. 5843	3. 5650	3. 5607
		模拟值 Simulated	0. 0070	0. 0541	0. 7467	3. 2590	4. 0390	3. 3150
	F3	实测值 Measured	0. 0087	0. 0519	0. 6632	2. 5732	3. 7513	3. 3237
		模拟值 Simulated	0. 0092	0. 0622	0. 7125	2. 9681	4. 1024	3. 9677
不同播种方式 different seeding method	T1	实测值 Measured	0. 0151	0. 1214	0. 6918	1. 5043	3. 7646	3. 1150
		模拟值 Simulated	0. 0098	0. 1389	0. 7937	1. 6927	3. 8844	3. 3092
	T2	实测值 Measured	0. 0166	0. 1093	0. 6017	1. 7940	3. 1148	2. 6210
		模拟值 Simulated	0. 0115	0. 1342	0. 6533	1. 9785	3. 0928	2. 6533
	T3	实测值 Measured	0. 0173	0. 1196	0. 7321	2. 0977	3. 0538	2. 7890
		模拟值 Simulated	0. 0275	0. 0981	0. 8045	2. 1359	3. 2276	2. 9667

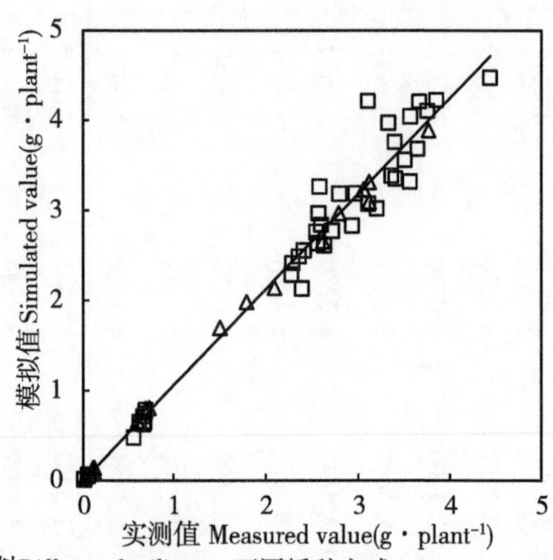

图 8-1　不同肥料不同播种方式胡麻地上部总干重模拟值与实测值 1∶1 直方图

Fig. 8-1　Comparison of measured and simulated total dry matter above ground with various sowing method and fertilizer

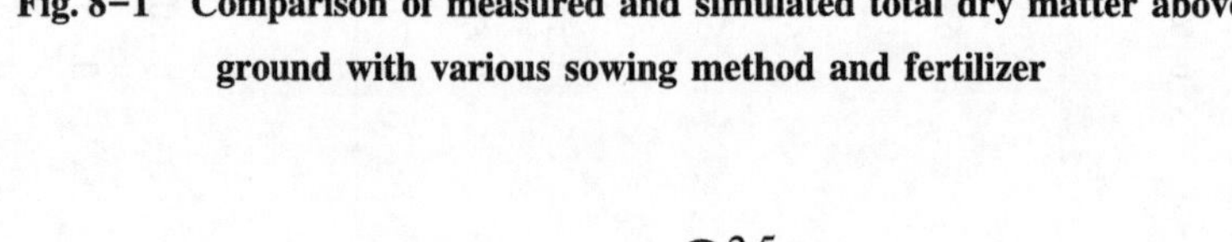

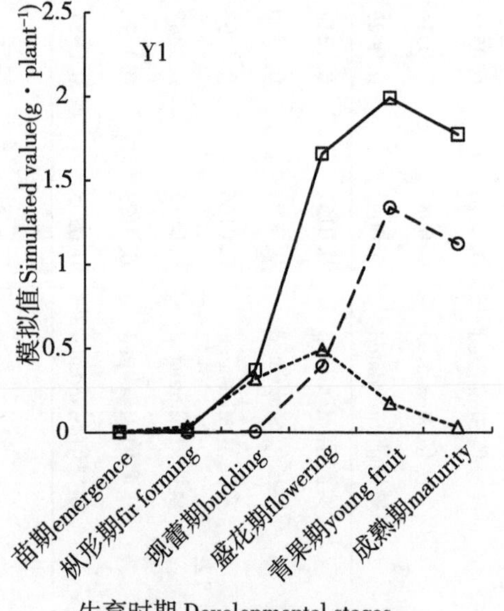

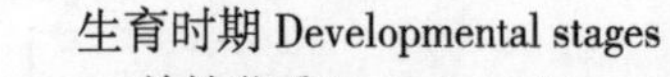

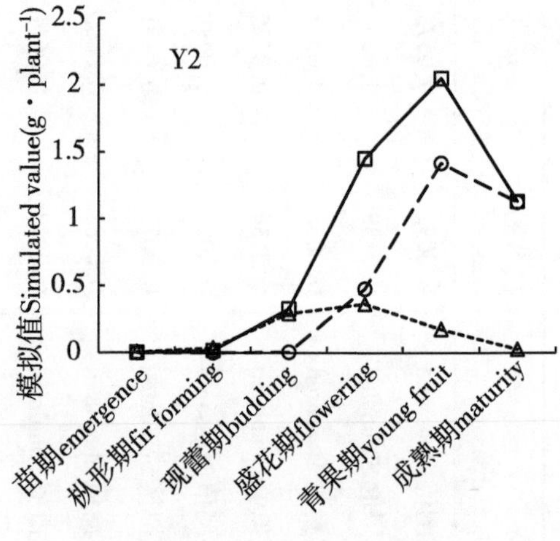

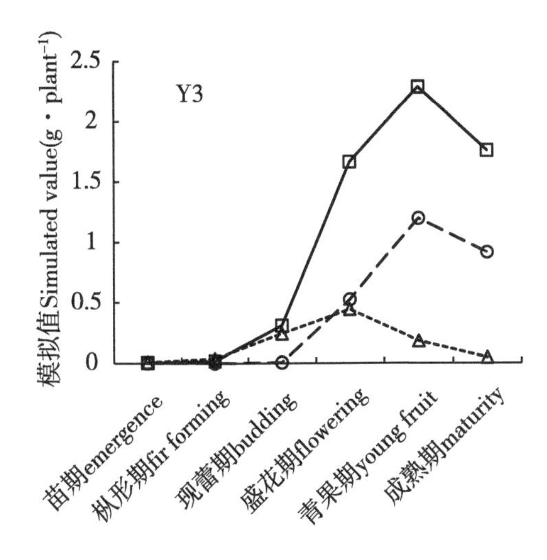

生育时期 Developmental stages

单株茎重Stem shoot dry weight
单株叶重leaf shoot dry weight
单株蒴果重pod shoot dry weight

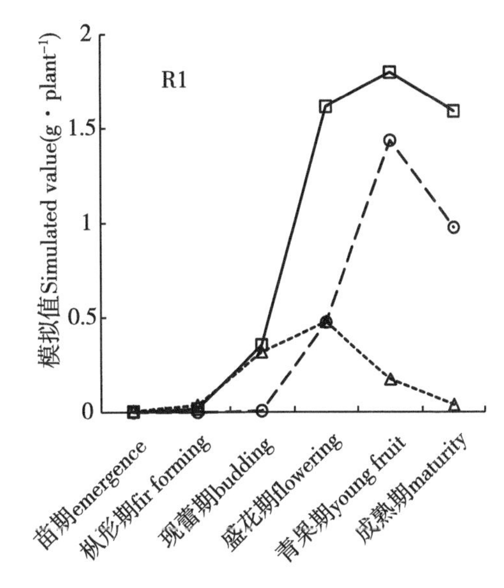

生育时期 Developmental stages

单株茎重Stem shoot dry weight
单株叶重leaf shoot dry weight
单株蒴果重pod shoot dry weight

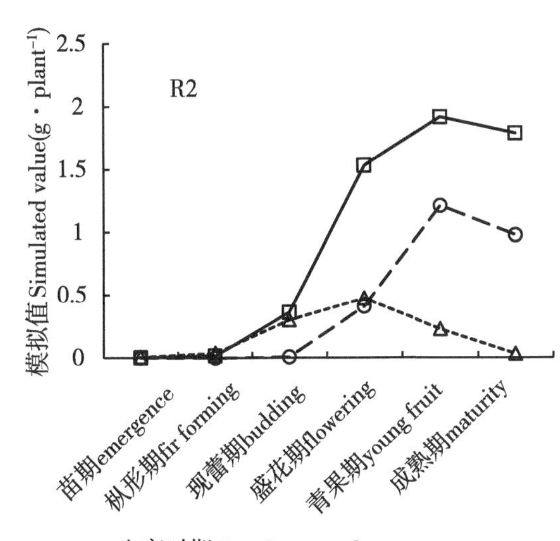

生育时期 Developmental stages

单株茎重Stem shoot dry weight
单株叶重leaf shoot dry weight
单株蒴果重pod shoot dry weight

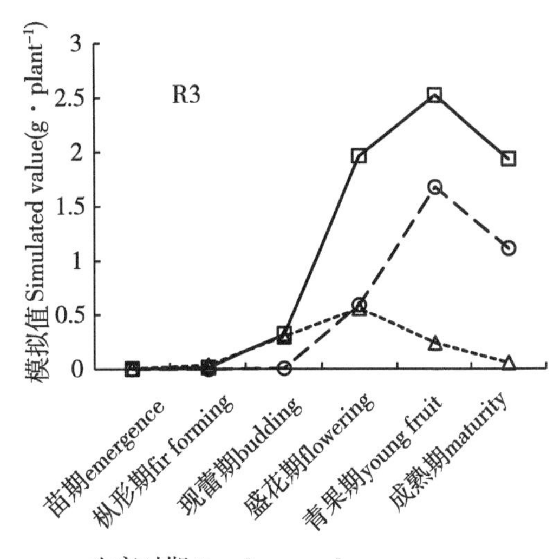

生育时期 Developmental stages

单株茎重Stem shoot dry weight
单株叶重leaf shoot dry weight
单株蒴果重pod shoot dry weight

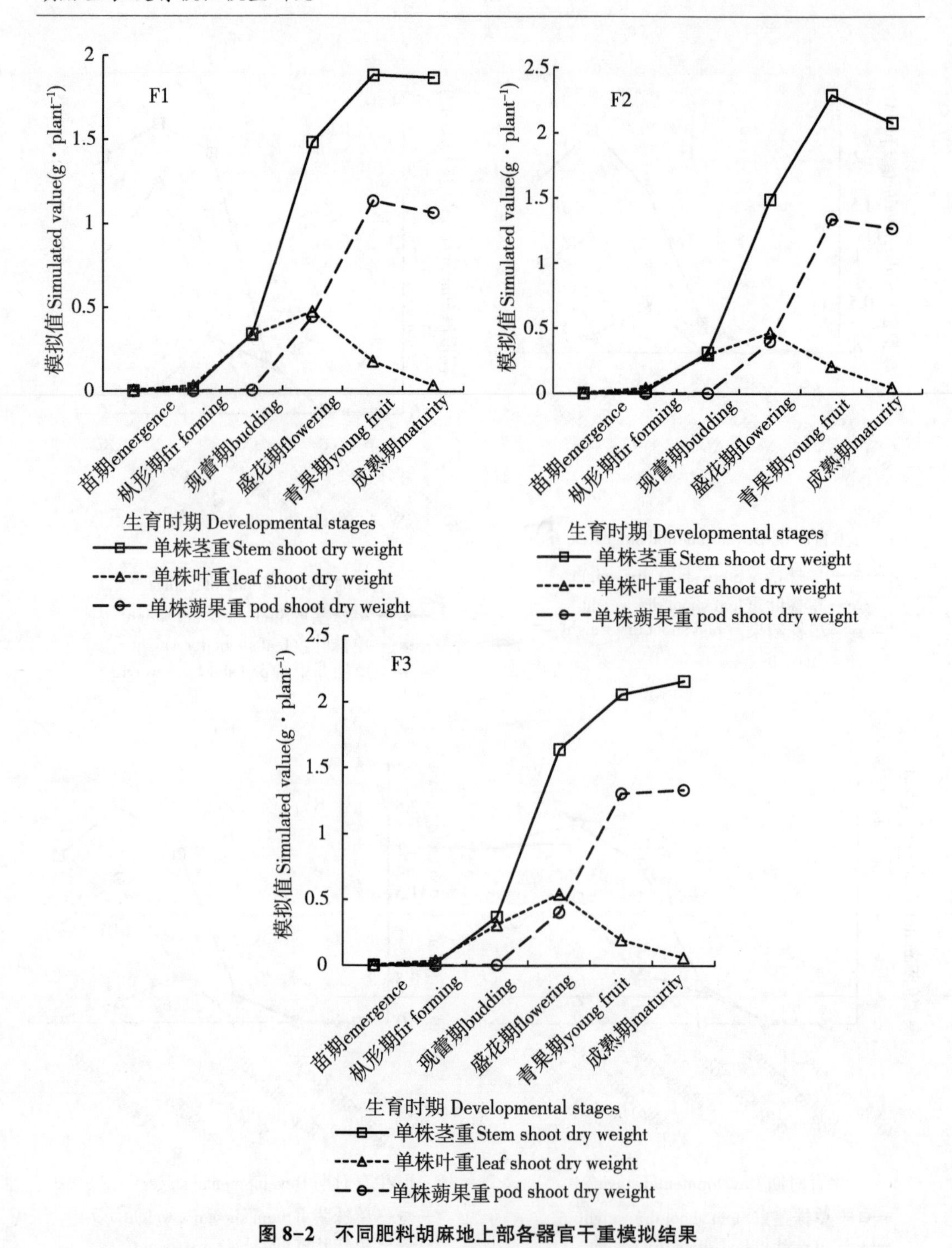

图 8-2 不同肥料胡麻地上部各器官干重模拟结果

Fig. 8-2 Simulated results of organ weight above ground with various fertilizer

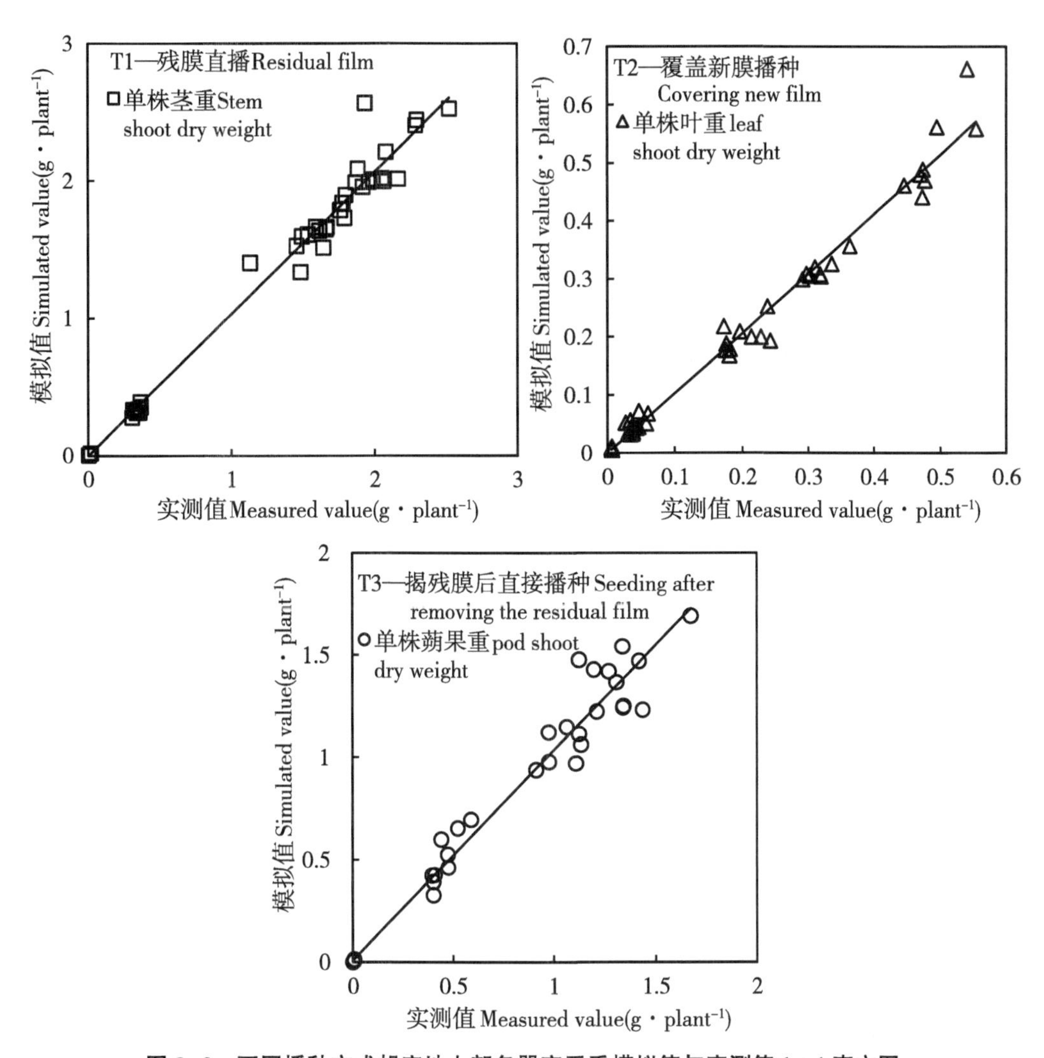

图 8-3　不同播种方式胡麻地上部各器官干重模拟值与实测值 1∶1 直方图

Fig. 8-3　Comparison between simulated and measured of organ weight at different sowing method

8.4　小结

本研究构建了基于生长发育阶段的胡麻不同器官物质分配动态的模拟模型，并利用不同肥料、不同播种方式、不同种植密度和不同氮磷处理水平的试验数据检验模型。结果表明，该模型对胡麻物质分配的模拟具有较好的拟合性和准确性。其特点如下：

①首次构建胡麻作物的物质分配动态模型，与以往模型相比，本模型主要通过关键遗传参数根发芽率、叶片生物量、蒴果生物量、收获指数增长率、最大收获指数、籽粒含油量、碳水化合物含油率、籽粒水分含量等确定各器官的物质分配比例。

②根生物量通过地上部生物量的根冠比计算，地上部生物量按层次分配给不同器

官，首先满足顶端（基于蒴果与籽粒）需求、然后叶片（按生育生物量的比例）、最后是茎。在出苗—开花期间生物量产量首先满足叶片需求，剩余的分配给茎；开花—开始灌浆期间，采用同样的程序确定叶片生物量，剩余的同化物分配给茎和蒴果，分配比率由参数蒴果生物量确定；开始灌浆—成熟期间，生物量分配给籽粒、蒴果和茎，籽粒的分配率取决于籽粒需求，蒴果壳占籽粒需求的一小部分，由参数蒴果生物量确定，籽粒需求生物量由品种遗传参数收获指数 HI 日增长率确定，任意 1 天分配给籽粒的生物量需求由 HI 计算，即籽粒生物量/顶端生物量。每天收获指数都会按收获指数日增长率增加，直到达到最大值。

③在油料作物品种中，有一个籽粒干物质合成的能量成本，是籽粒碳水化合物的标准，必须考虑额外的吸收需求，由参数籽粒含油量和碳水化合物含油率指定，利用这些计算用于产生含油量和植物部分累积油量的能量。能量并不包含在植物部分生物量总重量中，而是当计算籽粒对碳水化合物的需求时必须考虑。籽粒湿重通过参数籽粒水分含量计算（可变因素=产量-水分）。

④作物一生中所积累的同化物质（生物学产量），如何有效地转化为收获的产品（经济学产量），除受同化器官数量（主要指叶面积）以及净光合产物积累效率影响外，在很大程度上决定于同化物向经济器官运输与分配的速率和数量。同化物运输分配既受内在因素所控制，也受外界因素所调节。a. 影响因素之一是温度，本模型采用日均温函数 h_g（T_{mean}）影响灌浆率，最适温度在 22~25℃，高于或低于此温度都会降低运输速度，低温抑制运输（低温降低呼吸速率，提供的能量少；低温增加筛管汁液的黏度影响汁液流动速度），高温阻碍运输（叶片呼吸过高，消耗养分过多，可供运输的物质减少；高温时筛管内很快形成胼胝质，堵塞筛孔），温度除了影响运输的快慢，也影响运输的方向：有机物向温度较高的方向运输较多一点，昼夜温差对有机物的运输分配有显著的影响；夜温较高，昼夜温差小，有机物向籽粒分配降低；昼夜温差大，有利于果实、种子有机物的累积。b. 影响因素之二为矿质元素，本模型通过灌浆氮因子 f_N、籽粒氮亏缺效应因子 $h_{N,grain}$，C_N（茎秆或叶片部分氮浓度），$C_{N,crit}$、$C_{N,min}$（临界与最小氮浓度）来表述，氮素对同化物运输的影响有两个方面，一是在其他元素平衡时，单一增施氮素会抑制同化物的外运，二是缺氮也会使叶片运出的同化物减少。增施氮素会抑制同化物的外运，特别是抑制同化物向生殖器官和贮藏器官的运输；此外，供氮使枝条和根的生长加强，它们也成为光合产物的积极需求者，而使生殖器官和贮藏器官不能得到应有的光合产物。但是，由于资料来源的限制，本文对胡麻物质分配模型的构建和检验都存在一定的局限性，许多试验表明，磷（P）、钾（K）、硼（B）这些元素都对有机物的运输分配有影响，还有光、水分等也会造成同化物在各器官中的分配发生变化，这部分研究都将是今后进一步探索的内容。

第9章　胡麻产量形成模型

作物产量即单位土地面积上的作物群体的产量，作物产量通常分为生物产量和经济产量，一般产量指的是籽粒收获量，即经济产量。经济产量占生物产量的比例，即生物产量转化为经济产量的效率，称做经济系数或收获指数。经济系数的高低仅表明生物产量转运到经济产品器官中的比例，并不表明经济产量的高低。通常，经济产量的高低与生物产量高低成正比。在实际生产中，加强作物生物量累积动态与产量形成的研究更有利于从总体上把握作物生产过程。因此，胡麻产量形成模型是胡麻生长模型中的重要子模型，其准确性关系到整个模型的模拟性能。胡麻产量的形成与器官分化、发育及光合产物的分配和累积密切相关，了解其形成规律是实现胡麻高产的基础，也是构建胡麻生长综合模型的基础，对指导生产具有重要意义。

目前，有关作物产量形成模型的研究已非常广泛，从单一性模型到综合性的模拟模型，从一种作物的模型到多作物的整合模型，产量形成模拟方法存在较大差异。邹薇关于大麦产量构成模型中就小麦产量的模拟方法做了大致归纳：①产量构成法；②收获指数法；③分期转移法；④Logistic 方程法；⑤全球气候变化对作物产量的影响模型；⑥采用地面遥感和高空遥感观测数据估算作物产量等。其大麦产量构成模型研究中采用产量构成法构建了适用于不同地区不同品种的大麦产量模拟模型；郑秀琴等（2006）沿用小麦产量构成因素方法，建立了模拟冬小麦产量形成模拟模型；汤亮等通过粒壳比和角果物质量的关系计算油菜最终的籽粒产量；张亚杰的研究中也采用了衡量角果本身干物质合理分配和“库”“源”关系的重要指标——粒壳比计算直播油菜的籽粒产量；王新等构建了基于收获指数的加工番茄产量预测模型；尹红征等（2004）、郑国清等（2004）根据玉米籽粒干物质的来源构建玉米产量形成模型；陈兵兵有关苎麻产量模型的优化研究中，运用产量构成因素法、多元线性回归、BP 神经网络和 GA—BP 神经网络（采用遗传算法对 BP 神经网络进行参数优化）分别建立苎麻产量模型，然后进行估测比较，最终确定最优化模型。目前对胡麻产量模拟模型的研究鲜见报道。

本研究旨在现有作物生长发育模型研究的基础上，以胡麻的生理生态过程为主线，分别采用产量构成因素法和粒壳比法建立胡麻产量形成模型，通过估测比较各模型的模拟精度，最终确定能更精确预测胡麻产量的模拟方法，为胡麻的实际生产提供帮助。

9.1　模型的构建

前人关于作物产量预测研究有多种方法。本研究通过比较产量构成因素法和粒壳比两种方法的模拟结果，旨在找出能更精确预测胡麻产量的模拟方法。

9.1.1 产量构成因素法

胡麻产量结构表现为单位面积上的蒴果数、每果粒数和粒重 3 个因素构成。因此，本模型胡麻潜在产量表示为：

$$Y_p = N_g \times P_n \times W_g \times 10^{-6} \tag{9.1}$$

$$P_n = P_0 \times D \tag{9.2}$$

上式中，Y_p 为胡麻潜在产量（$kg \cdot hm^{-2}$），N_g 为每果粒数（$number \cdot p^{-1}$），P_n 为单位面积蒴果数（$number \cdot hm^{-2}$），W_g 为千粒重（g），P_0 为单株蒴果数（$number \cdot plant^{-1}$），D 为胡麻群体密度（$plant \cdot hm^{-2}$）。

单株作物的籽粒数由开花期茎重决定：

$$N_p = R_g W_s \tag{9.3}$$

上式中，W_s 为开花期茎干重（g），R_g 为每克茎的籽粒数（$number \cdot g^{-1}$），取值 133 个籽粒数 · g^{-1}。

因而，每果粒数表示为：

$$N_g = N_p / P_0 \tag{9.4}$$

胡麻实际产量受水肥胁迫因子影响，水肥亏缺因子取水分和氮肥胁迫因子的最小值。表示为：

$$Y = Y_p \times \min(f_w, f_n) \tag{9.5}$$

$$f_w = T_c / T_P \tag{9.6}$$

$$f_n = \frac{C_N - C_{N,min}}{C_{N,crit} - C_{N,min}} \tag{9.7}$$

上式中，Y 为胡麻实际产量（$kg \cdot hm^{-2}$），f_w、f_n 是水分和氮肥亏缺因子，T_c 为胡麻群体实际蒸腾量，T_p 为胡麻群体潜在蒸腾，由水分平衡模型计算得出，C_N 为进入叶组织的实际氮浓度，$C_{N,crit}$、$C_{N,min}$ 为临界氮浓度与叶片自由生长氮浓度，由氮平衡模型计算得出。土壤水分平衡、氮平衡模型由本研究组后续发表。

9.1.2 粒壳比法

前人研究表明粒壳比（W_g/W_p，籽粒重和果壳重的比值）是衡量蒴果本身干物质合理分配和“库”“源”关系的重要指标之一，不同品种作物粒壳比有显著差异。因此，本研究采用粒壳比计算胡麻的籽粒产量，且该参数为品种参数。见式（9.8）。

$$Y_p = C_p \times \frac{W_g / W_p}{1 + W_g / W_p} \tag{9.8}$$

上式中，Y_p 为籽粒潜在产量（$kg \cdot hm^{-2}$），C_p 为胡麻收获时的蒴果干物质总量（$kg \cdot hm^{-2}$）。

9.2 参数确定

分别利用试验Ⅴ～Ⅷ试验站 2012—2013 年、2014—2015 年的观测数据构建模型和检验模型，采用基于神经网络的投影寻踪自回归 BPPPAR 模型，用 RAGA 优化投影指标函数，对模型参数（表 9-1）进行校正，以观测值与模拟值之间偏差最小时的参数值作为参数的终值。

表 9-1　胡麻产量形成模型参数

Table 9-1　Cultivar parameters of oilseed flax yield formation model

胡麻品种 cultivar	单位面积蒴果数 number of pods per unit area（万株 hm^{-2}）	每果粒数 number of grains per pod	粒重 weights of grain（g）	单株蒴果数 number of pods per plant	单株籽粒数 number of grains per plant	水分胁迫因子 stress factor of water	氮肥胁迫因子 stress factor of nitrogen	粒壳比 gaint pod ratio
陇亚杂 1 号 Longya Hybird No. 1	8148	7. 6	7. 5	15. 52	118	0. 75	0. 68	1. 05
陇亚 10 号 Longya No. 10	11655	8. 2	8. 13	22. 2	182	0. 75	0. 68	1. 12
定亚 22 号 Dingya No. 22	10920	8. 15	7. 43	20. 8	170	0. 75	0. 68	1. 25

9. 3　模型验证

9. 3. 1　产量构成因素法与粒壳比法的对比检验

分别采用产量构成因素法和粒壳比法计算胡麻产量，通过选择两个试验站相应的肥料、播种方式、种植密度和氮磷水平，调节相应的各种参数，运行模型得出产量模拟结果，其 *RMSE* 和 R^2 值见表 9-2、图 9-1 和图 9-2。

表 9-2　胡麻产量形成模型产量构成因素法与粒壳比法结果比较

Table 9-2　Comparison of simulation results between yield component factors and grain pod ratio method

试验 Experiment	处理 Treatment	平均观测产量 Mean measured yield（kg · hm^{-2}）	平均预测值 Mean simulated yield（kg · hm^{-2}）		RMSE		R^2	
			产量构成因素法 Yield component factors method	粒壳比法 Grain pod ratio method	产量构成因素法 Yield component factors method	粒壳比法 Grain pod ratio method	产量构成因素法 Yield component factors method	粒壳比法 Grain pod ratio method
肥料试验（定西）fertilizer	CK	1 059. 47	956. 13	1 189. 50	214. 11	391. 31	0. 82	0. 65
	Y1	1 030. 67	760. 10	1 242. 80	112. 14	97. 56	0. 75	0. 62
	Y2	1 021. 93	867. 70	1 204. 40	261. 35	236. 74	0. 61	0. 76

（续表）

试验 Experiment	处理 Treatment	平均观测产量 Mean measured yield (kg·hm^{-2})	平均预测值 Mean simulated yield (kg·hm^{-2})		RMSE		R^2	
			产量构成因素法 Yield component factors method	粒壳比法 Grain pod ratio method	产量构成因素法 Yield component factors method	粒壳比法 Grain pod ratio method	产量构成因素法 Yield component factors method	粒壳比法 Grain pod ratio method
肥料试验（定西）fertilizer	Y3	949.07	861.80	1 107.20	205.45	59.53	0.92	0.66
	R1	938.67	889.00	1 021.20	71.66	202.61	0.97	0.59
	R2	914.73	947.90	942.20	24.38	206.76	0.81	0.89
	R3	1 006.80	1 045.70	1 088.40	27.93	278.39	0.91	0.94
	F1	1 117.40	1 125.70	1 132.60	31.48	264.50	0.92	0.66
	F2	1 104.73	1 061.00	1 240.00	161.11	105.13	0.75	0.64
	F3	1 127.36	1 062.13	1 274.00	86.03	305.33	0.96	0.58
播种方式试验（定西）sowing method	T1	1 099.13	814.75	1 334.88	62.55	20.90	0.87	0.66
	T2	934.96	965.00	938.50	213.59	12.62	0.89	0.81
	T3	1 144.33	1 088.63	1 295.13	35.68	250.27	0.92	0.71
种植密度试验（定西）density	D1	1 147.67	1 158.33	1 329.17	133.88	269.55	0.61	0.85
	D2	1 078.72	1 235.50	1 391.00	189.89	268.04	0.63	0.87
	D3	1 240.22	953.50	1 225.33	34.70	398.18	0.81	0.98
	D4	1 247.83	933.83	1 067.00	95.19	172.83	0.89	0.51
	D5	902.89	1106.17	911.50	203.37	89.65	0.85	0.96
	D6	942.33	891.33	959.83	230.54	43.45	0.64	0.58
	D7	931.17	800.17	954.00	274.34	236.92	0.89	0.96
氮磷处理试验（榆中）nitrogen and phosphorus level	N0P0	1 160.33	858.50	1 166.50	48.29	343.72	0.80	0.90
	N0P1	1 284.33	1 001.00	1 371.50	206.63	21.31	0.87	0.97
	N0P2	998.33	814.50	1 449.50	197.61	62.48	0.88	0.60
	N0P3	953.50	585.00	1 352.00	66.77	307.45	0.66	0.92
	N1P0	756.83	541.50	874.50	41.64	86.30	0.61	0.76
	N1P1	1 116.67	1 396.50	974.50	146.05	237.40	0.94	0.91
	N1P2	920.00	971.50	885.50	20.38	358.92	0.90	0.65
	N1P3	946.33	950.50	1019.50	251.80	38.48	0.95	0.76
	N2P0	833.83	879.50	957.00	173.51	234.73	0.99	0.94
	N2P1	1 217.17	1 030.50	1 605.50	208.46	322.86	0.72	0.54
	N2P2	1 669.67	2 017.00	1 195.50	129.92	293.71	0.75	0.94
	N2P3	856.67	648.00	1 422.50	197.34	11.27	0.91	0.77

注：CK 为不施肥对照，Y1～Y3 分别为油渣施用量 600kg·hm^{-2}、1 200kg·hm^{-2}和 2 400kg·hm^{-2}，R1～R3 分别为磷酸二铵施用量 90kg·hm^{-2}、180kg·hm^{-2}和 270kg·hm^{-2}，F1～F3 分别为复合肥施用量 150kg·hm^{-2}、300kg·hm^{-2}和 450kg·hm^{-2}；T1 为残膜直播，T2 为残膜覆至春天，播种前揭残膜，覆盖新膜播种，T3 为播种前揭残膜后直接播种；D1～D7 为 7 个播种量处理，分别为 3×10^{6}粒·hm^{-2}、4.5×10^{6}粒·hm^{-2}、6×10^{6}粒·hm^{-2}、7.5×10^{6}粒·hm^{-2}、9×10^{6}粒·hm^{-2}、1.05×10^{7}粒·hm^{-2}和 1.2×10^{7}粒·hm^{-2}；N0P0～N2P3 分别代表 3 个水平氮 0 kg（N）·hm^{-2}（N0）、75 kg（N）·hm^{-2}（N1）、150 kg（N）·hm^{-2}（N2）和 4 个水平磷 0 kg（P_2O_5）·hm^{-2}（P0）、75 kg（P_2O_5）·hm^{-2}（P1）、150 kg（P_2O_5）·hm^{-2}（P2）、225 kg（P_2O_5）·hm^{-2}（P3）的 12 种组合。

Note: CK represents no fertilization as control. Y1, Y2 and Y3 represent sludge fertilizer application rates of 600kg·hm^{-2}, 1 200kg·hm^{-2} and 2 400kg·hm^{-2}, respectively. R1, R2 and R3 represent diammonium phosphate fertilizer application rates of 90kg·hm^{-2}, 180kg·hm^{-2} and 270kg·hm^{-2} respectively. F1, F2 and F3 represent compound fertilizer application rates of 150kg·hm^{-2}, 300kg·hm^{-2} and 450kg·hm^{-2} respectively. T1, T2 and T3 represent sowing methods of direct sowing with residual film mulching, sowing with new film mulching after residue film removing in spring, and direct seeding after residual film removing in spring, respectively. D1-D7 represent 7 sowing densities of 3×10^6, 4.5×10^6, 6×10^6, 7.5×10^6, 9×10^6, 1.05×10^7 and 1.2×10^7 seeds per hm^2. N0P0 to N2P3 are 12 combinations of 3 levels nitrogen and 4 levels phosphorus.

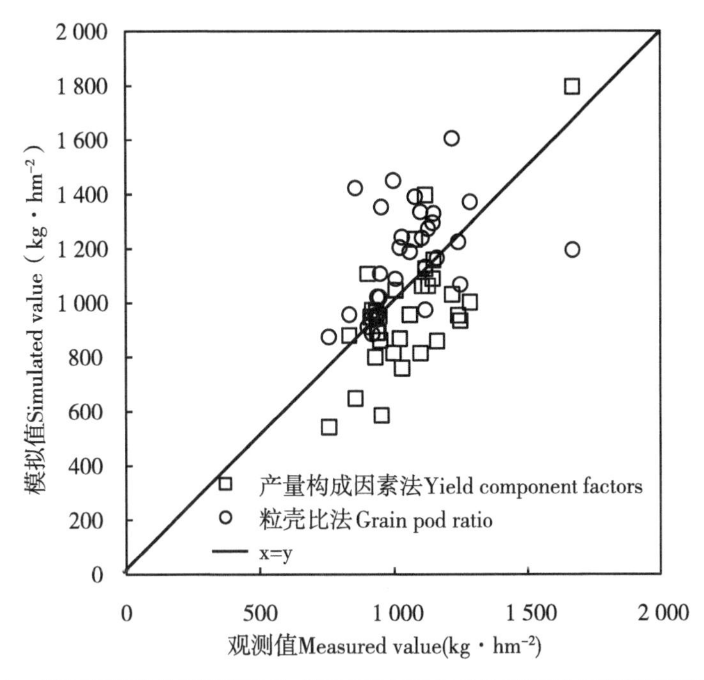

图 9-1　胡麻产量形成模型产量构成因素法与粒壳比法实测值与模拟值结果比较

Fig. 9-1　Comparison of simulation results between yield component factors and grain pod ratio method

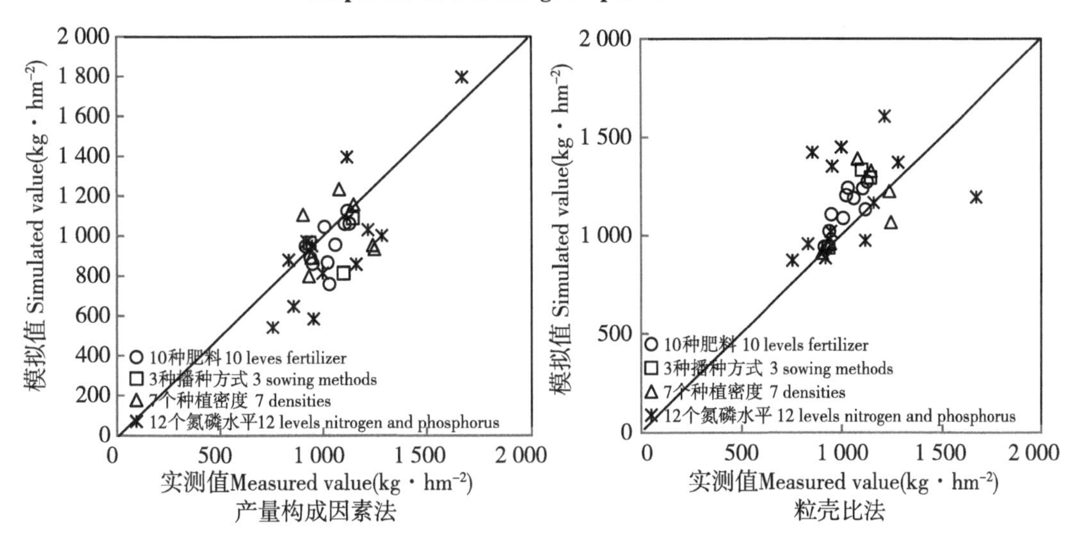

图 9-2　产量构成因素法与粒壳比法对不同肥料、播种方式、种植密度和氮磷水平实测值与模拟值结果比较

Fig. 9-2　Comparison of simulation results between yield component factors and grain pod ratio method with various fertilizers, sowing method, density and nitrogen and phosphorus level

9.3.2 定西试验站的检验比较

采用两种产量形成方法分别对试验Ⅴ～Ⅶ定西站的10种肥料、3种播种方式和7个种植密度的产量进行对比检验。结果表明，产量构成因素法对产量的模拟效果优于粒壳比法。采用产量构成因素法所得不同肥料、不同播种方式、不同种植密度产量的模拟值RMSE值介于24.38～274.34 kg·hm^{-2}之间，平均为133.47 kg·hm^{-2}，而粒壳比法的RMSE值介于12.62～398.18 kg·hm^{-2}之间，平均为195.51 kg·hm^{-2}。利用最小二乘法计算的决定系数R^2检验预测值与观测值的拟合效果，产量构成因素法预测的产量值与观测值R^2介于0.6078～0.9675之间，平均为0.8198，而粒壳比法的R^2介于0.5142～0.9780之间，平均为0.7439。

9.3.3 榆中试验站的检验对比

采用两种方法对试验Ⅷ榆中试验站的12个氮磷处理水平的产量进行对比检验。采用产量构成因素法所得产量模拟值的平均RMSE值为140.70 kg·hm^{-2}，而粒壳比法的RMSE值平均为193.22 kg·hm^{-2}。利用最小二乘法计算的决定系数R^2验证预测值与观测值的拟合效果，产量构成因素法预测的产量值与观测值R^2平均为0.8329，而粒壳比法的R^2平均为0.8058。

9.4 小结

在产量构成三因素当中，单位面积蒴果数是胡麻生产中对产量影响最大的因素，变异最大，不同栽培条件可相差1～5倍，长期试验得出基本上6万个蒴果可以获得0.5kg籽粒。另外两个因素，每果粒数和粒重在不同栽培条件下，对产量影响相对较小，变异幅度相差不超过1倍，若为同一品种，则一般每果粒数变化范围在10%以内，千粒重在5%以内。而当单位面积蒴果数达到一定数量，产量比较高时，则每果粒数与粒重对产量的影响呈显著性。因此，在本模型中将这3个变量作为品种遗传参数，针对不同品种不同栽培方式，输入的单位面积蒴果数、每果粒数与粒重都不同，与以往的其他作物模型研究相比，本模型能更精确的模拟胡麻的产量。

在汤亮等和张亚杰的研究中，采用粒壳比作为预测油菜籽粒产量的方法，研究中指出，油菜不同品种的粒壳比在不同环境下有一定变化，其变化受到库源关系的限制，机理较为复杂；在傅寿仲（1980）的研究中指出粒壳比与作物产量呈极显著正相关。本研究中采用粒壳比模拟胡麻籽粒潜在产量，由于影响胡麻产量的因素除遗产因素、水分、氮素、播期外，还受其他矿物质磷、钾等胁迫的影响，及胡麻粒壳比的变化规律，在本研究中尚未考虑进去，因而，导致该方法的模拟精度低于产量因素构成法。

本研究构建了基于品种遗传参数单位面积蒴果数、每果粒数、粒重与水肥胁迫因子、累积光合速率的产量构成模型，与基于粒壳比和蒴果干物质总量的产量形成模型。利用定西试验站10种肥料、3种播种方式、7个种植密度和榆中试验站12个氮磷处理水平的试验数据资料对两种模型进行了较充分的统计分析与对比检验。结果表明，产量构成因素法对产量的模拟效果优于粒壳比法，产量构成因素法具有较高的预测性和通用性，在西北胡麻种植区定西和榆中地区具有较好的适用性。但由于试验资料的限制，本研究建立的胡麻产量形成模型并未把影响胡麻产量的所有因素都考虑进去，如病虫害、气候变化等，以及该模型在其他胡麻主产区，如内蒙古、河北、山西等的适应性验证都将是今后进一步完善研究的内容，旨在能探索出精确预测各地区胡麻产量的模拟方法。

第10章　讨论与结论

10.1　讨论

10.1.1　胡麻生育时期的模拟

目前关于作物的生育期模拟模型研究已有很多，基于Penning de Vries的MACROS和荷兰的SUCROS模型仅仅考虑了每日白天温度与发育进程的关系，未全面定量春化作用、光周期反应、热效应与阶段发育的关系及基因型差异。近年来，曹卫星、徐寿军等提出了以生理发育时间为基础，引入春化作用、光周期效应、遗传特性等参数，揭示作物生育期发育，然而，因缺少广泛的验证资料，并未得到极大范围的应用。在徐寿军等的研究中提到，1985年，Richie等研制的模型中关于作物发育的模拟以积温法为基础，考虑了品种对春化和光周期反应的遗传特性，具有较好的模拟结果；在杨月等的研究中作者对CERES、APSIM和WheatGrow 3个小麦生育期预测模型进行了系统比较，结果表明，在正常气候环境条件下，现有作物模型模拟结果均较为准确，相对而言，APSIM模型在极端温度条件下对成熟期的预测比之其他两种模型更为准确。本研究采用APSIM模型模拟胡麻生育时期，就是以积温法为基础，充分考虑品种对春化和光周期反应的遗传特性构建模型，同时模型中表示品种春化、光周期敏感性的遗传参数通过新的模型求算方法——基于神经网络的投影寻踪自回归模型获得，较之以前的方法有所改进；另外，胡麻生育期的长短，除主要由品种遗传特性决定外，还受试验区气候条件和水肥管理因素的影响，因此，本模型的构建中还考虑了环境因子（气温、降水、实际日照、氮素）对胡麻生育期的影响，经过试验资料对模型的验证表明，基于APSIM的胡麻生育期模型具有较好的模拟效果。

10.1.2　胡麻叶面积指数的模拟

作物叶面积指数是作物光合生产与物质积累子模型的重要参数，其模拟的精度直接影响整个作物生长模型的模拟效果。有关叶面积指数模型的国内外研究，在刘铁梅（2010）的研究中做了较详尽的概述。本研究旨在结合胡麻作物的品种遗传特性，构建胡麻叶面积指数模拟模型，与以往其他作物的叶面积指数模型相比有以下改进：①本研究采用潜在叶面积指数法，充分考虑作物遗传特性对叶面积指数的影响，假设在理想条件下叶面积增长到潜在的最大尺寸或根据群体茎蘖数换算成群体叶面积，采用同化物供应、水分和N胁迫的限制来调节实际生长量，修正叶面积的生长。与前人研究有所改进的地方是，本研究考虑进了由熟化、光竞争、水分胁迫和低温引起的衰老叶面积指数，同时潜在叶面积指数由各生育阶段积温和种植密度确定，因而构建的模型能更接近胡麻实际生长。②本研究在构建胡麻叶面积指数模型时，充分考虑了环境效应对叶面积指数的影响，引入叶片扩展水分胁迫因子、光合作用水分胁迫因子和叶片扩展氮素胁迫因子作为品种遗传参数，并采用 BPPPAR 模型对参数进行校准，进一步提高了模型模拟精度。

由于胡麻绿色器官是进行光合作用的载体，准确模拟胡麻叶面积指数模型是生长模型精确预测胡麻群体结构、光合同化以及产量形成等不可或缺的前提条件，同时，目前国内外关于胡麻的叶面积指数模型研究尚鲜见报道。因而，对胡麻叶面积指数模型的研究尚处在探索阶段，结合胡麻自身生长发育特点，其叶片稀少且单叶片面积小，有学者曾提出采用比叶面积/比蒴果面积与测量干重的方法模拟胡麻叶面积指数，但在前期的模拟过程中，由于比叶面积易受环境条件影响，模型模拟对比叶面积过于敏感进而影响模拟精度。

随着作物生长模型与 3S 技术的结合，以及 3S 技术的迅速发展，采用遥感数据将成为实施精细农业最重要的工具之一，采用高光谱遥感进行 LAI 的测定具有快速、低耗以及非损伤性等优势，应用遥感技术反演成为研究作物叶面积指数的热点方法，也将是今后模拟胡麻叶面积指数进一步想尝试的方法。

10.1.3 胡麻光合生产与干物质积累的模拟

作物群体干物质积累是产量形成的基础，光合生产是干物质积累的核心。作物生产的动态模拟就是从荷兰 de Wit（1965）和美国 Ducan（1967）的光合作用模型开始的。以往作物的光合作用模型多采用分层结构，即冠层光合作用的模拟一般分三步进行。第一步，计算出冠层每一分层的瞬时光合作用速率；第二步，利用高斯积分法对冠层 5 个分层上的瞬时光合作用速率进行加权求和，得到整个冠层的瞬时光合作用速率；第三步，对每日所观测的 3 个时间点观察的瞬时光合作用速率进行加权求和，得到整个冠层每日的光合作用速率。根据胡麻冠层的生态结构特点，如果采用分层结构模型将胡麻花层、蒴果层和叶层分三层计算胡麻冠层的光能截获和光合作用，其花层面积指数难以准确测定和模拟，并且在叶层无法考虑长柄叶、短柄叶和无柄叶的光合速率差异，势必引起模拟的误差。

本研究参考 APSIM 对油菜、小麦等其他作物的模拟研究，采用辐射利用率 RUE，即冠层光合作用同化的物化能与光合有效辐射能量的比值，充分考虑影响光合速率的内部因素，包括叶片的发育和结构、光合产物的输出；外部因素包含光照强度、光质、光照时间、CO_2、温度、水分、矿质营养以及光合速率的日变化，采用绿色叶片光合作用由叶片辐射利用效率、叶片消光系数、比叶面积确定；绿色蒴果光合作用由蒴果辐射利用效率、蒴果消光系数、比蒴果面积确定，辐射截获部分由叶面积指数与消光系数确定，使模型能够较好地模拟实际生产中的光合作用，同时考虑了维持呼吸和生长呼吸的消耗，构建胡麻光合作用和干物质积累模型，克服了分层模型结构复杂、模拟误差大的缺陷，也解决了以往采用 RUE 方法模型中由于环境因子的影响和计算方法的差异导致的模拟准确性不足的问题。经与水分驱动模型 AquaCrop 模拟的胡麻生物量 *RMSE* 和 R^2 值作比较，APSIM 模型对不同氮磷水平胡麻光合生产与干物质积累的模拟精度略优于 AquaCrop 模型。所以本模型采用辐射利用率 RUE 计算胡麻光合生产与干物质积累，具有更好的科学性和实用性，为干物质分配与产量形成模型提供更准确的参数。

10. 1. 4　胡麻干物质分配与器官生长的模拟

目前，国内外关于作物干物质分配的模型研究大多采用分配系数/指数的方法进行模拟，包括描述性的异速生长模型、功能平衡模型、运输—阻力法模型、考虑和不考虑优先分配的潜在需求函数法、库源理论等，模型较复杂，机理性强。

本研究构建的胡麻作物物质分配动态模型，首先依据胡麻的生理生态发育特点，分每个生长阶段分别讨论地上部各器官所需要分配的生物量，分配比率由遗传参数确定，参数包括根发芽率、叶片生物量、蒴果生物量、收获指数增长率、最大收获指数、籽粒含油量、碳水化合物含油率、籽粒水分含量；其次，由于胡麻籽粒成分中包含含油量和碳水化合物，所以，构建模型时须额外考虑用于产生含油量和植物部分累积油量的生物量分配的计算。这种基于胡麻生理生态过程构建的胡麻干物质分配与器官生长模型具有较高的精确度。同时，由于作物的生物量并不等于作物的最终产量，本研究在构建胡麻生长模型的物质分配子模型中，也考虑了影响经济产量的因素，包括净光合产物积累效率及同化物向经济器官运输与分配的速率和数量，并将影响这两者的因素定量化表示为：温度因子、矿质元素因子等，加入到模拟模型中，从而更进一步提高了该子模型模拟胡麻物质分配的拟合性和准确性，以便为胡麻产量构成模型提供更精确的参数。

本研究首次利用不同肥料、不同播种方式、不同种植密度和不同氮磷处理水平的试验资料构建胡麻作物的物质分配与器官生长模型，由于资料来源的限制，模型尚存在一定限制，将在今后的研究中不断完善。

10. 1. 5　胡麻产量形成的模拟

综观作物产量形成模型的研究，从单一性模型到综合性模型，从一种作物的模型到多作物的整合模型，产量形成模拟方法差异较大。在以往的研究中，郑秀琴等（2006）、陈兵兵（2013）、邹薇、刘铁梅等（2009）采用产量构成因素法模拟不同品种作物产量，具有较好的模型效果；汤亮等（2007）、张亚杰等（2013）采用衡量角果本身干物质合理分配和“库”“源”关系的重要指标——粒壳比来模拟油菜作物的籽粒产量，也得到了较高的模拟精度。本模型在借鉴前人的产量构成法和粒壳比法的基础上研究胡麻的产量形成模型。模型根据胡麻作物的生理生态过程，结合胡麻作物的生长发育特点，分别采用胡麻每果粒数、单位面积蒴果数、千粒重、胡麻群体密度、单株蒴果数来构建胡麻潜在产量，在此基础上，充分考虑水肥胁迫因子的影响得到胡麻实际产量的构成因素法，与采用籽粒重和果壳重的比值及胡麻收获时的蒴果干物质总量计算胡麻产量的粒壳比法，经检验结果比较，产量构成因素法略优。在模型研究过程中，由于产量构成三因素对胡麻产量的影响权重不同，为了模拟结果的准确，本研究将产量构成三因素作为品种遗传参数，从而使模拟结果针对不同品种不同栽培方式呈现更精确的结果，但同时，这可能也是本模型的一个弊端，即获取不同品种胡麻作物参数并校准是个较烦琐的过程；在粒壳比方法中，由于粒壳比容易受环境因素的影响而使粒壳比产量模拟方法也受到一定限制。

10.1.6　今后的研究设想

本模型还有待于进一步完善。

①本研究只模拟分析了甘肃省 2 个研究区的试验资料，在其他胡麻主产（省）区还需进一步验证模型模拟的准确性和适用性。此外，气候变化，不同的胡麻品种、播期、其他养分等，对胡麻生育时期的影响模拟研究，都将是今后继续探究的内容。

②因对胡麻的生长模型研究尚属首次，因此模型中仍有许多不足之处，今后将进一步补充有机肥、灌溉、不同品种、不同播期等因素对叶面积指数的作用试验，以及全球气候变化条件下，对胡麻叶面积指数模型的测试和验证仍需要在更大范围内进行评价和完善。

③由于资料来源的限制，本文对胡麻物质分配模型的构建和检验都存在一定的局限性，许多试验表明，磷（P）、钾（K）、硼（B）这些元素都对有机物的运输分配有影响，还有光、水分等也会造成同化物在各器官中的分配发生变化，这部分研究都将是今后进一步探索的内容。

④由于试验资料的限制，本研究建立的胡麻产量形成模型并未把影响胡麻产量的所有因素都考虑进去，如病虫害、气候变化等，以及该模型在其他胡麻主产区，如内蒙古、河北、山西等的适应性验证都将是今后进一步完善研究的内容，旨在能探索出精确预测各地区胡麻产量的模拟方法。

10.2　结论

①构建了胡麻生育期模拟模型。模型以农业生产模拟系统 APSIM 为平台，以积温法为基础，充分考虑品种对春化和光周期反应的遗传特性，引入了播种—出苗期积温、出苗—现蕾期积温、现蕾—开花期积温、开花—成熟期积温、出苗—现蕾期光周期、收获指数增长率、茎重、株高 8 个品种遗传参数。利用定西和榆中试验区不同氮磷处理水平的生育时期资料对模型进行验证。结果表明，模型对胡麻生育时期的模拟效果较好，同时本研究对影响胡麻生育期的外因进行了模拟分析，结果表明，降水量对生育期天数形成正效应，气温对生育期形成负效应，实际日照时数与生育期为负效应，氮素亏缺时，生育期缩短，增施氮肥可使生育期延长。

②构建了基于潜在叶面积指数和衰落叶面积指数的实际叶面积指数模型。模型采用潜在叶片数、叶片尺寸和种植密度构建潜在叶面积指数；充分考虑同化作用、水分和氮素胁迫的限制构建实际叶面积指数；以及由熟化、光竞争、水分胁迫和低温造成的衰老叶面积指数。利用不同地点的种植密度试验和氮磷处理试验检验模型拟合度。结果表明，该模型能较好地模拟胡麻的叶面积指数，同时，模型运行得出当定西试验区种植密度为 7.5×10^6 粒 · hm^{-2} 时获得最适叶面积指数，产量最大，榆中试验区施氮量 75kg

$N \cdot hm^{-2}$、施磷量 75kg $P_2O_5 \cdot hm^{-2}$，且作为基肥一次性施入时获得最适叶面积指数，产量最大。

③构建了基于生理生态过程的胡麻光合生产与干物质积累模拟模型。模型采用辐射利用率，充分考虑影响光合速率的内部因素，包括叶片的发育和结构、光合产物的输出；外部因素包含光照强度、光质、光照时间、CO_2、温度、水分、矿质营养以及光合速率的日变化，引入辐射利用效率、叶片消光系数、比叶面积、蒴果辐射利用效率、蒴果消光系数、比蒴果面积等遗传参数。利用不同试验区不同肥料、播种方式、种植密度及氮磷水平对模型进行初步检验。结果表明，模型具有较好的模拟效果和较强的适用性。另外，本研究将模型模拟结果与之前的研究 AquaCrop 模型的模拟结果进行对比，表明 APSIM 模型对不同氮磷水平胡麻光合生产与干物质积累的模拟精度略优于 AquaCrop 模型。

④构建了基于生长发育阶段的胡麻不同器官物质分配动态的模拟模型。模型通过关键遗传参数根发芽率、叶片生物量、蒴果生物量、收获指数增长率、最大收获指数、籽粒含油量、碳水化合物含油率、籽粒水分含量等确定各器官的物质分配比例。利用不同试验区、不同肥料、不同播种方式、不同种植密度和不同氮磷水平实测数据对模型进行了较广泛的验证，结果表明，该模型对胡麻地上部总干重的模拟和各器官茎、叶、果干重的模拟具有较好的拟合性和准确性。

⑤构建了基于品种遗传参数单位面积蒴果数、每果粒数、粒重与水肥胁迫因子、累积光合速率的产量构成模型，与基于粒壳比和蒴果干物质总量的产量形成模型。利用不同地点、不同肥料、不同播种方式、不同种植密度和不同氮磷处理水平的试验数据资料对两种模型进行了较充分的统计分析与对比检验。结果表明，产量构成因素法对产量的模拟效果优于粒壳比法，产量构成因素法具有较高的预测性和通用性，在西北胡麻种植区定西和榆中地区具有较好的适用性。

最终，本论文构建的基于 APSIM 模型的胡麻生长发育模拟模型，在模型平台输入气象数据、土壤数据和作物数据的前提下运行模型，可以运行得到模拟结果，包括生物量、籽粒产量、籽粒蛋白、籽粒大小和 esw 土壤提取水分等结果，同时可以根据需要对模型输出变量进行选择输出。如图 10-1 所示（见书末尾彩图）。

主要参考文献

奥海玮，谢应忠，李永宏，等，2014. APSIM 苜蓿模型在宁夏半干旱地区的适应性[J]. 草地学报，22（3）：535-541.

曹宏鑫，金之庆，石春林，等，2006. 中国作物模型系列的研究与应用［J］. 农业网络信息（5）：45-48.

曹宏鑫，石春林，金之庆，2008. 植物形态结构模拟与可视化研究进展［J］. 中国农业科学，41（3）：669-677.

曹宏鑫，赵锁劳，葛道阔，等，2011. 作物模型发展探讨［J］. 中国农业科学，44（17）：3520-3528.

曹卫星，罗卫红，2003. 作物系统模拟及智能管理［M］. 北京：高等教育出版社.

曹卫星，朱艳，田永超，等，2006. 数字农作技术研究的若干进展与发展方向［J］. 中国农业科学，39（2）：281-288.

曹卫星，2008. 数字农作技术［M］. 北京：科学出版社.

曹卫星，2011. 作物栽培学总论［M］. 北京：科学出版社：43-51.

曹秀霞，安维太，李海秋，2010. 水地胡麻密肥高产栽培模型研究［J］. 甘肃农业科技（1）：7-11.

曹秀霞，2009. 旱地胡麻密肥高产栽培技术模型［J］. 陕西农业科学（6）：51-53.

陈兵兵，2013. 苎麻产量模型的优化研究［D］. 湖南：湖南农业大学.

陈杰，2004. 水稻氮素行为及施氮优化模拟研究［D］. 杭州：浙江大学.

崔红艳，许维成，孙毓民，等，2014. 有机肥对胡麻产量和品质的影响［J］. 核农学报，28（3）：518-525.

刁明，戴剑锋，罗卫红，等，2008. 温室甜椒叶面积指数形成模拟模型［J］. 应用生态学报，19（10）：2 277-2 283.

董占山，潘学标，1992. 棉花生产管理模拟系统 CPMSS/CGSM［J］. 棉花学报，4（增刊）：3-10.

冯利平，高亮之，金之庆，等，1997. 小麦发育期动态模拟模型的研究［J］. 作物学报，23（4）：418-424.

冯利平，韩学信，1999. 棉花栽培计算机模拟决策系统（COTSYS）［J］. 棉花学报，11（5）：215-254.

冯涛，2005. 结合水稻生长及氮环境影响的施氮优化模拟研究［D］. 杭州：浙江大学.

付强，2006. 数据处理方法及其农业应用［M］. 北京：科学出版社.

傅寿仲，1980. 油菜的光合作用和产量形成［J］. 江苏农业科学（6）：37-45.
高国强，尚自烨，2012. 宁夏中部雨养农田宁亚 10 号胡麻高产优质栽培模型研究［J］. 干旱地区农业研究，30（2）：131-136.
高亮之，金之庆，黄耀，等，1992. 水稻栽培计算机模拟优化决策系统（RCSODS）［M］. 北京：中国农业科技出版社.
高亮之，金之庆，郑国清，等，2000. 小麦栽培模拟优化决策系统（WCSODS）［J］. 江苏农业学报，16（2）：65-72.
高亮之，金之庆，1993. RCSODS：水稻栽培计算机模拟优化决策系统［J］. 计算机农业应用（3）：14-20.
高亮之，2001. 数字农业与我国农业发展［J］. 计算机与农业（9）：1-3.
高亮之，2004. 农业模型学基础［M］. 香港：天马图书有限公司.
高亮之，2009. 国际上最新推出的作物模型——AquaCrop［EB/OL］.［2009. 12. 20］http：//www. jaaslib. ac. cn：88/daamnet/DAAM-10/AquaCrop. htm.
高翔，胡俊，王玉芬，2003. 种植密度对胡麻光合性能和氮素代谢的影响［J］. 内蒙古农业大学学报，24（4）：91-93.
胡克林，梁浩，2019. 农田土壤-作物系统过程模型及应用［M］. 北京：科学出版社，2-4.
互联网文档资源，2012. 第十四章：其它油料作物［EB/OL］.［2012-8-31］. http：//www. docin. com/p-471490668. html.
黄冲平，张放，王爱华，等，2004. 马铃薯生育期进程的动态模拟研究［J］. 应用生态学报，15（7）：1203-1206.
黄建晔，杨连新，杨洪建，等，2005. 开放式空气 CO_2 浓度增加对水稻生育期的影响及其原因分析［J］. 作物学报，31（7）：882-887.
纪江明，2001. 不同地下水位对大麦生长发育及产量影响的计算机模拟研究［D］. 杭州：浙江大学.
鞠昌华，田永超，朱艳，等，2008. 油菜光合器官面积与导数光谱特征的相关关系［J］. 植物生态学报，32（3）：149-157.
李保国，胡克林，黄元仿，等，2005. 土壤溶质运移模型的研究及应用［J］. 土壤，37（4）：345-352.
李广，黄高宝，王琦，等，2011. 基于 APSIM 模型的旱地小麦和豌豆水肥协同效应分析［J］. 草业学报，20（5）：151-159.
李广，李玥，黄高宝，等，2012. 不同耕作措施旱地小麦生产应对气候变化的效应分析［J］. 草业学报，21（5）：160-168.
李合生，2012. 植物生理学［M］. 北京：高等教育出版社.
李军，邵明安，张兴昌，2004. 黄土高原地区 EPIC 模型数据库组建［J］. 西北农林科技大学学报，32（8）：21-26.
李克南，杨晓光，刘园，等，2012. 华北地区冬小麦产量潜力分布特征及其影响因素［J］. 作物学报，38（8）：1483-1493.

李明，张长利，房俊龙，2010. 基于图像处理技术的小麦叶面积指数的提取［J］. 农业工程学报，26（1）：205-209.

李玥，牛俊义，郭丽琢，等，2014. AquaCrop 模型在西北胡麻生物量及产量模拟中的应用和验证［J］. 中国生态农业学报，22（1）：93-103.

梁栋，管青松，黄文江，等，2013. 基于支持向量机回归的冬小麦叶面积指数遥感反演［J］. 农业工程学报，29（7）：117-123.

廖桂平，官春云，黄璜，等，1998. 作物生长模拟模型研究概述［J］. 作物研究（3）：45-48.

廖桂平，官春云，黄璜，1998. 作物生长模拟模型技术［J］. 湖南农业大学学报，24（5）：417-422.

林卉，梁亮，张连蓬，等，2013. 基于支持向量机回归算法的小麦叶面积指数高光谱遥感反演［J］. 农业工程学报，29（11）：139-146.

林忠辉，末兴国，项月琴，2003. 作物生长模型研究综述［J］. 作物学报，29（5）：750-758.

刘铁梅，王燕，邹薇，等，2010. 大麦叶面积指数模拟模型［J］. 应用生态学报，21（1）：121-128.

刘铁梅，2000. 小麦光合生产与物质分配的模拟模型［D］. 南京：南京农业大学.

刘志娟，杨晓光，王静，等，2012. APSIM 玉米模型在东北地区的适应性［J］. 作物学报，38（4）：740-746.

罗卫红，2008. 温室作物生长模型与专家系统［M］. 北京：中国农业出版社.

罗毅，郭伟，2008. 作物模型研究与应用中存在的问题［J］. 农业工程学报，24（5）：307-312.

马玉平，王石立，张黎，等，2005. 基于升尺度方法的华北冬小麦区域生长模型初步研究［J］. 作物学报，31（6）：697-705.

米君，2006. 亚麻（胡麻）高产栽培技术［M］. 北京：金盾出版社：1-11.

米晓洁，2007. 氮素对日光温室独本菊“神马”干物质与分配影响的模拟研究［D］. 南京：南京农业大学.

潘学标，韩湘玲，石元春，1996. COTGROW：棉花生长发育模拟模型［J］. 棉花学报，8（4）：180-188.

潘学标，龙腾芳，1992. 棉花生长发育与产量形成模拟模型（CGSM）研究［J］. 棉花学报，4（增刊）：11-20.

潘学标，2003. 作物模型原理［M］. 北京：气象出版社.

戚昌瀚，殷新佑，刘桃菊，等，1992. 水稻生长日历模拟模型（RICAM）的调控决策系统（RICOS）研究［J］. 江西农业大学学报，16（4）：223-227.

戚昌瀚，殷新佑，刘桃菊，1996. RICAM 1.3 的结构与功能的改进及其应用［J］. 江西农业大学学报，18（4）：371-375.

戚昌瀚，1992. 水稻生长日历模拟模型研究综合报告［J］. 江西农业大学学报，14（3）：218-223.

尚宗波，杨继武，殷红，等，2000. 玉米生长生理生态学模拟模型［J］. 植物学报，42（2）：184-194.

沈禹颖，南志标，BillBellotti，等，2002. APSIM 模型的发展与应用［J］. 应用生态学报，13（8）：1027-1032.

史密斯（D. L. Smith）. 2001. 作物产量：生理学及形成过程［M］. 北京：中国农业大学出版社.

宋有洪，郭焱，李保国，等，2003. 基于器官生物量构建植株形态的玉米虚拟模型［J］. 生态学报（12）：2579-2586.

孙成明，庄恒扬，杨连新，等，2007. FACE 水稻生育期模拟［J］. 生态学报，27（2）：613-619.

孙宁，冯利平，2005. 利用冬小麦作物生长模型对产量气候风险的评估［J］. 农业工程学报，21（2）：106-110.

汤亮，朱艳，鞠昌华，等，2007. 油菜地上部干物质分配与产量形成模拟模型［J］. 应用生态学报，18（3）：526-530.

汤亮，朱艳，刘铁海，等，2008. 油菜生育期模拟模型研究［J］. 中国农业科学，41（8）：2493-2498.

汪磊，严兴初，谭美莲，2011. 我国胡麻施肥技术研究进展［J］. 湖北农业科学，50（2）：217-220.

王冀川，马富裕，冯胜利，等，2008. 基于生理发育时间的加工番茄生育期模拟模型［J］. 应用生态学报，19（7）：1544-1550.

王静，杨晓光，吕硕，等，2012. 黑龙江春玉米产量潜力及产量差的时空分布特征［J］. 中国农业科学，45（10）：1914-1925.

王利民，2014. 我国胡麻生产现状及发展建议［J］. 甘肃农业科技（4）：60-61.

王琳，郑有飞，于强，等，2007. APSIM 模型对华北平原小麦-玉米连做系统的适用性［J］. 应用生态学报，18（11）：2480-2486.

王全九，2016. 土壤物理与作物生长模型［M］. 北京：中国水利水电出版社.

王向东，张建平，马海莲，等，2003. 作物模拟模型的研究概况及展望［J］. 河北农业大学学报（S1）：20-23.

王晓燕，高焕文，杜兵，等，2001. 保护性耕作的不同因素对降雨入渗的影响［J］. 中国农业大学学报，6（6），42-47.

王晓燕，高焕文，李洪文，等，2000. 保护性耕作对农田地表径流与土壤水蚀影响的试验研究［J］. 农业工程学报，16（3）：66-69.

王晓燕，高焕文，李洪文，2003. 旱地保护性耕作地表径流和土壤水分平衡模型［J］. 干旱地区农业研究，21（3）：97-103.

王晓燕，2000. 旱地机械化保护性耕作径流与土壤水分平衡模型试验研究［D］. 北京：中国农业大学.

王新，马富裕，刁明，等，2013. 加工番茄地上部干物质分配与产量预测模拟模型［J］. 农业工程学报，29（22）：171-179.

王亚莉，贺立源，2005. 作物生长模拟模型研究和应用综述 [J]. 华中农业大学学报，24 (5)：529-535.

邬定荣，欧阳竹，赵小敏，等，2003. 作物生长模型 WOFOST 在华北平原的适用性研究 [J]. 植物生态学报，27 (5)：594-602.

吴兵，高玉红，谢亚萍，等，2013. 种植密度对一膜两年用胡麻灌浆速率、水分利用效率及产量的影响 [J]. 核农学报，27 (12)：1912-1919.

肖浏骏，2012. 作物生长模型 . [EB/OL]. [2012. 10. 18] http：//blog. sciencenet. cn/home. php？ mod=space&uid=800316&do=blog&id=624008.

谢亚萍，安惠惠，牛俊义，等，2014. 氮磷对油用亚麻茎叶中生理指标及产量构成因子的影响 [J]. 中国油料作物学报，36 (4)：476-482.

谢亚萍，闫志利，李爱荣，等，2013. 施磷量对胡麻干物质积累及磷素利用效率的影响 [J]. 核农学报，27 (10)：1580-1587.

谢亚萍，2016. 油用亚麻氮磷营养规律及其氮代谢特征研究 [D]. 兰州：甘肃农业大学.

谢云，James R Kiniry，2002. 国外作物生长模型发展综述 [J]. 作物学报，28 (2)：190-195.

徐寿军，林美荫，徐志伟，2009. 作物生育期模拟研究进展 [J]. 内蒙古民族大学学报，24 (2)：167-171.

徐新良，杜朝正，闵稀碧，2012. RS 和 GIS 技术与作物模型结合的研究进展 [J]. 安徽农业科学，40 (16)：9146-9150.

薛林，2011. 作物生长模拟模型研究进展 [J]. 河南农业科学，40 (3)：19-24.

薛林，2012. 芝麻生长发育模拟模型研究 [D]. 南京：南京农业大学.

严美春，曹卫星，罗卫红，等，2000. 小麦发育过程及生育期机理模型的研究 Ⅰ. 建模的基本设想与模型的描述 [J]. 应用生态学报，11 (3)：355-359.

杨菲云，高学浩，钟琦，等，2012. 作物模型、遥感和地理信息系统在国外农业气象服务中的应用进展及启示 [J]. 气象科技进展，2 (3)，34-38.

杨轩，2013. 基于 APSIM 模型的冬小麦、玉米和紫花苜蓿的生产潜力分析 [D]. 兰州：兰州大学.

杨月，刘兵，刘小军，等，2014. 小麦生育期模拟模型的比较研究 [J]. 南京农业大学学报，37 (1)：6-14.

姚玉璧，邓振镛，王润元，等，2006. 气候变化对甘肃胡麻生产的影响 [J]. 中国油料作物学报，28 (1)：49-54.

姚玉璧，王润元，杨金虎，等，2011. 黄土高原半干旱区气候变暖对胡麻生育和水分利用效率的影响 [J]. 应用生态学报，22 (10)：2635-2642.

佚名 . 油菜产量构成因素 [EB/OL]. [2015/8/3] http：//baike. sogou. com/v71294640.htm.

尹红征，吕冰清，郑国清，等，2004. 玉米产量形成模拟模型研究 [J]. 华北农学报，19 (3)：73-76.

张红英，李世娟，诸叶平，等，2017. 小麦作物模型研究进展［J］. 中国农业科技导报，19（1）：85-93.

张建平，赵艳霞，王春乙，等，2006. 气候变化对我国华北地区冬小麦发育和产量的影响［J］. 应用生态学报，17（7）：1179-1184.

张立桢，2003. 基于过程的棉花生长发育模拟模型［D］. 南京：南京农业大学.

张立祯，曹卫星，张思平，等，2003. 棉花光合生产与干物质积累过程的模拟［J］. 棉花学报，15（3）：138-145.

张亚杰，2013. 直播油菜生长模拟模型的研究［D］. 武汉：华中农业大学.

张艳红，2004. 基于CERES玉米模型的淮海夏玉米水肥管理技术研究［D］. 北京：中国农业大学.

张竹琴，周顺利，乔嘉，等，2010. 冬小麦产量形成过程模型及群体优化设计方法［J］. 中国农业大学学报，15（6）：13-19.

赵春江，陆声链，郭新宇，等，2010. 数字植物及其技术体系探讨［J］. 中国农业科学，43（10）：2023-2030.

赵春江，2010. 农林植物生长系统虚拟设计与仿真［M］. 北京：科学出版社.

郑国清，张曙光，段韶芬，等，2004. 玉米光合生产与产量形成模拟模型［J］. 农业系统科学与综合研究，20（3）：193-201.

郑秀琴，冯利平，刘荣花，2006. 冬小麦产量形成模拟模型研究［J］. 作物学报，32（2）：260-266.

周亚东，李明，2010. 世界油用亚麻生产发展回顾与展望［J］. 中国农学通报，26（9）：151-155.

周志业，杨学芬，张鸿祥，2005. 云南亚麻高产栽培数学模型研究［J］. 中国麻业，27（3）：129-135.

朱玉洁，冯利平，易鹏，等，2007. 紫花苜蓿光合生产与干物质积累模拟模型研究［J］. 作物学报，33（10）：1682-1687.

诸叶平，张建兵，孙开梦，等，2001. 小麦-玉米连作环境模拟与智能决策系统［J］. 计算机与农业（专刊）：41-44.

庄嘉祥，姜海燕，刘蕾蕾，等，2013. 基于个体优势遗传算法的水稻生育期模型参数优化［J］. 中国农业科学，46（11）：2220-2231.

邹薇，刘铁梅，孔德艳，等，2009. 大麦产量构成模型［J］. 应用生态学报，20（2）：396-402.

邹薇，2009. 基于过程的大麦生长发育模拟模型［D］. 南京：南京农业大学.

Adiku S G K，Reichstein M，Lohila A，et al.，2006. PIXGRO：A model for simulating the ecosystem CO_2 exchange and growth of spring barley［J］. Ecological Modelling，190：260-276.

Agricultural Production System Research Unit，2014. Agricultural Production System Simulator［EB/OL］.［2014-3-1］http：//www. apsim. info.

APSRU，2001. The APSIM - Wheat Module -（wheat），APSIM Document，Apsuite

V2. 1 [R].

Asseng S, Cao W, Zhang W, et al., 2009. Crop physiology, modeling and climate change: impact and adaptation strategies//Sadras V, Calderini D. Crop Physiology: Applications for Genetic Improvement and Agronomy [M]. Amsterdam, Boston: Academic Press, 511-543.

Asseng S, Dunin FX, Fillery I R P, et al., 2001. Potential deep drainage under wheat crops in a Mediterranean climate Temporal and spatial variability [J]. Aust J Agric Res, 52 (1): 57-66.

Asseng S, Fillery I R P, Anderson G C, et al., 1998a. Use of the APSIM wheat model to predict yield, drainage, and NO_3-leaching for a deep sand [J]. Australian Journal of Experimental Agriculture. Jan, 49 (3), 363-378.

Asseng S, Foster I, Turner N C, 2011. The impact of temperature variability on wheat yields [J]. Global Change Biology. 17 (2), 997-1012.

Asseng S, Keating B A, Fillery I R P, et al., 1998b. Performance of the APSIM-wheat model in Western Australia [J]. Field Crops Research, 57 (2): 163-179.

Asseng S, Keulen H V, Stol W, et al., 2000. Performance and application of the APSIM-Wheat model in the Netherlands [J]. Eur J Agron, 12 (1): 37-54.

Baker D N, Hesketh J D and Duncan W G, 1972. The simulation of growth and yield in cotton: I. Gross photosynthesis, respiration and growth [J]. Crop Sciences., (12): 431-435.

Bell M A, Fischer R A, 1994. Using yield prediction models to assess yield gains: A case study for wheat [J]. Field Crop Research, 36: 161-166.

Bouman B A M, Kropff M J, Tuong T P, et al., 2000. ORYZA2000: Modeling Lowland Rice [R]. International Rice Research Institute, Los Banos, Pudoe Wangeningen et al.

Bouman B A M, van Keulen H, van Laar H H, et al., 1996, The "school of de Wit" crop growth simulation models: A pedigree and historical overview [J]. Agricultural Systems, 52 (2-3): 171-198.

Broge N H, Mortensen J V, 2002. Deriving green crop area index and canopy chlorophyII density of winter wheat from spectral reflectance data [J]. Remote Sens Enriron, 81 (1): 45-57.

Carberry P S, Adiku S G K, Mccown R L, et al., 1996. Application of the APSIM cropping systems model to intercropping systems [R]. In: Dynamics of Roots and Nitrogen in Cropping System of the Semi-Arid Tropics. Japan International Research Center for Agricultural Science. 637-644.

Carberry P S, Muchow R C, Mc Cown R L, 1989. Testing the CERES-Maize simulation model in a semi-arid tropical environment [J]. Field Crops Res, 20: 297-302.

Cheeroo Nayamuth F C, Robertson M J, Wegener M K, et al., 2000. Using a simulation model to assess potential and attain able sugarcane yield in Mauritius [J]. Field Crops Res, 66 (3): 225-243.

Colbach N, Clermont-Dauphin C, Meynard J M, 2001. GeneSys: a model of the influence of cropping system on gene escape from herbicide tolerant rapeseed crops to rape volunteers I. Temporal evolution of a population of rapeseed volunteers in a field [J]. Agricultural Ecosystem and Environment, 83: 235-253.

Dalgliesh N, Foale M, 1998. Soil Matters. Toowoomba: Cranb rook Press. 72-74.

De Wit C T, Brouwer R, Penning de Vries F W T, 1970. The simulation of photosynthetic systems [M]. In: SetlikI (ed.). Prediction and Management of photosynthetic productivity, Proceedings of the International Biological Program Plant Production Technical Meeting, Trebon, PUDOC, Wageningen, The Netherlands, 47-70.

De Wit C T, et al., 1978. Simulation of assimilation, respiration and transpiration of crops [M]. Simulation Monographs, PUDOC, Wageningen, The Netherlands.

de Wit C T, 1965. Photosynthesis of leaf canopies [J]. Agric Res Rep, 663: 1-5, 7

De Wit C T, 1965. Photosynthesis of leaf canopies [R]. Agricultural Research Report 663, PUDOC, Wageningen, The Netherlands. 1-57.

De Wit C T, 1965. Photosynthesis of leaf canopies [R]. Agricultural research report, Wageningen, The Netherlands: PUDOC, 53-57.

Denmead O T, Macdonald B C T, Wang E, et al., 2012. Linking models and measurements of soil nitrogen emissions on a field scale [J]. Soils Newsletter, 34 (1): 7-8.

Duncan W G, Loomis R S, Williams W A, et al., 1967. A model for simulating photosynthesis in plant communities [R]. Hilgardia, 38: 181-205.

Farré M, Robertson J, Walton G H, et al., 2000. Simulating response of canola to sowing date in Western Australia [R]. 10th Australian Agronomy Conference, Hobart, Tasmania.

Gabrielle B, Denoroy P, Gosse G, et al., 1998a. Development and evaluation of a CERES-Rape model for winter oilseed rape [J]. Field crops Research, 57 (1): 95-111.

Gao L Z, Jin Z Q, Huang Y, et al., 1992. Rice clock model a computer model to simulate rice development [J]. Agricultural and Forest Meteorology, 60: 1-16.

Gao L Z, Jin Z Q, Li L, 1987. Photo-thermal models of rice growth duration for various varietal types in China [J]. Agricultural Forestry Meteorology, 39: 205-213.

Gao L Z, 1985. ALFAMOD: An agroclimatological computer model of alfalfa production [J]. Jiangsu Journal of Agricultural Sciences (2): 1-6.

Garry J O. Leary, 2000. Are view of three sugarcane simulation models with respect to their prediction of sucrose yield [J]. Field Crops Res, 68 (2): 97-111.

Gent M P N, 1994. Photosynthate reserves during grain filling in winter wheat. Agronomy Journal, 86: 159-167.

Goudriaan J, Van Laar H, 1994. Modelling potential crop growth processes: textbook with exercises [M]. Springer, 175-195.

Goudriaan J, 1977. Crop micrometeorology: a simulation study [M]. Simulation Monographs, Pudoc, Wageningen.

Habekotte B, 1997. A model of the phonological development of winter oilseed rape (*Brassica napus* L.) [J]. Field Crops Research, 54: 127-136.

Habekotte B, 1997. Description, parameterization and user guide of LINTUL-BRASNAP. 1. 1. A crop growth model of winter oilseed rape (*Brassica napus* L.) [R].

Habekotte B, 1997. Evaluation of seed yield determining factors of winter oilseed rape (*Brassica napus* L.) by means of crop growth modelling [J]. Field Crops Research, 54 (2-3): 137-151.

Heng Dong, Qiming Qin, Lin You, et al., 2010. Models for estimating leaf area index of different crops using hyper spectral data [R]. Geoscience and Remote Sensing Symposium (IGARSS), 2010 IEEE International Date of Conference: 25 - 30 July, 3283-3286.

Herrera-Reyes C G, 1991. History of Modeling at IRRI [J]. IRIR Research Paper Series. 151: 5-9.

Heuvelink E, 1996. Tomato growth and yield: Quantitative analysis and synthesis [J]. PHD Dissertation. The Netherlands: Wageningen Agriculture University.

Heuvelink E, 1997. Effecto ffruitloa dondry matter Partitioning intomato [J]. Seientia-Hortieulturae, 69: 51-59.

Hochman Z, Dang Y P, Schwenke G D, et al., 2007. Simulating the effects of saline and sodic subsoils on wheat crops growing on vertosols [J]. Australian Journal of Agricultural Research, 58 (8), 802-810.

Hodges T, Bother D, Sakomoto C, et al., 1987. Using the CERES-Maize model to estimate production for the U. S. Cornbelt [J]. Agric and Forest Meteorol, 40: 293-303.

Hunt H, Morgan J, Read J, 1998. Simulating Growth and Root-shoot Partitioning in Prairie Grasses Under Elevated Atmospheric CO_2 and Water Stress [J]. *Ann Bot*, 81 (4): 489-501.

Huth N I, Thorburn P J, Radford B J, et al., 2010. Impacts of fertilizers and legumes on N_2O and CO_2 emissions from soils in subtropical agricultural systems: A simulation study [J]. Agriculture Ecosystems and Environment, 136 (8): 351-357.

Jones C A, Kiniry J R, 1986. CERES-Maize: A simulation model of maize growth and development [M]. College Station, US: Texas A&M University Press.

Jones C A, Ritchie J T, Kiniry J R, 1986. Subroutine structure. In: Jones CA, Kiniry J Reds. CERES Maize A Simulation Model of Maize Growth and Development [M]. College Station: Texas A&M University Press. 49-111.

Jones J W, Dayan E, Allen L H, et al., 1991. A dynamic tomato growth and yield model (TOMGRO) [J]. Trans-actions of the American Society of Agricultural and Biological Engineers, 34 (2): 663-672.

Keating B A, Carberry P S, Hammer G L, et al., 2003. An overview of APSIM, a model designed for farming systems simulation [J]. European Journal of Agronomy, 18 (3-4): 267-288.

Keating B A, Carberry P, Hammer G, et al., 2003. An overview of APSIM, a model designed for farming systems simulation [J]. Eur J Agron, 18 (3): 267-288.

Keating B A, Meinke H, 1998. Assessing exceptional drought with a cropping systems simulator: A case study for grain production in northeast Australia [J]. Agric Sys, 57 (3): 315-332.

Keating B A, Robertson M J, Muchow RC, et al., 1999. Modeling sugarcane production systems I. Description and validation of the sugarcane module [J]. Field Crops Res, 61 (3): 253-271.

Keating B A, Carberry P S, Hammer G L, 2003. An overview of APSIM, a model designed for farming systems simulation [J]. Europ. J. Agronomy, 18: 267-288.

Kropff M J, van Laar H H, Mathews, et al., 1994. ORYZAI: An Eco-physiological Model for Irrigated Rice Production [R]. International Rice Rcwcarch Institute, Los Banos, Pudoe Wageningen et al. 35-40.

Larrabee J, Hodges T, 1985. NOAA-AISC use's guide for implementing CERES-maize model for large area yield estimation [R]. Agrostars Software Documentation, 20.

LevinS, Mooney H, Field C, 1989. The dependence of plant root: shoot ratios on internal nitrogen concentration. *Ann Bot*, 64 (1): 71-75.

Lisson S N, Mendham N J, Carberry P S, 2000. Development of a hemp (Cannabissativa L.) simulation model 4 model description and validation [J]. Aust J Exp Agric, 40 (3): 425-432.

Lisson S N, Robertson M J, Keating B A, et al., 2000. Modeling sugarcane production systems Ⅱ. Analysis of system performance and methodology issues [J]. Field Crops Res, 68 (1): 31-48.

Ludwig F, Asseng S, 2006. Climate change impacts on wheat production in a Mediterranean environment in Western Australia [J]. Agricultural Systems, 90 (3): 159-179.

Luo Q, Bellotti W, Williams M, et al., 2005. Potential impact of climate change on wheat yield in South Australia [J]. Agricultural and Forest Meteorology, 132 (4): 273-285.

Maas J S, 1988. Use of remotely sensed information in agricultural crop growth models [J]. Ecological Modeling, 41: 241-226.

Marcelis L F M, Heuvelink E, Goudriaan J, 1998. Modelling biomass production and yield of horticultural crops: a review [J]. Scientia Horticulturea, 74: 83-111.

Marcelis L F M, 1993. Simulation of biomass allocation in greenhouse crops-a review [J]. Proceedings of the International Workshop on Greenhouse Crop Models, 328: 49-68.

Marcelis L F M, 1994. A simulation model for dry matter partitioning in cucumber. *Ann Bot*, 74 (1): 43-52.

McCown R L, Hammer G L, Hargreaves J N G, et al., 1996. APSIM: a novel software system for model development, model testing, and simulation in agricultural systems research [J]. Agricultural Systems, 50 (3): 255-271.

Mccree K, 1974. Equations for the rate of dark respiration of white clover and grain sorghum, as fiinctions of dry weight, photosynthetic rate, and temperature [J]. Crop Science, 14 (4): 509-514.

McMaster G S, Klepper B, Rickman R W, et al., 1991. Simulation of shoot vegetative development and growth of unstressed winter wheat [J]. Ecological modeling, 53: 189-204.

Meinke H, Hammer G L, Keulen H V, et al., 1997. Improving wheat simulation capabilities in Australia from a cropping systems perspective Ⅲ. The integrated wheat model (I_ WHEAT) [J]. Eur J Agron, 8: 101-116.

Meinke H, Rabbinge R, Hammer G L, et al., 1998. Improving wheat simulation capabilities in Australia from a cropping system sperspective. The integrated wheat model (I_ WHEAT) Ⅱ. Testing simulation capabilities of wheat growth [J]. Eur JAgron, 8: 83-99.

Meinke H, 1996. Improving wheat simulation capabilities in Australia from a cropping systems perspective [D]. PhD Dissertation. Wageningen: University of Wageningen.

Michael D, 1996. Modelling concepts for the phenotypic plasticity of dry matte rand nitrogen Partitioning in rice [J]. Agricultural Systems, 52 (213): 383-397.

Moot D J, Jamieson P D, Ford M A, et al., 1996. Rate of change in harvest index during grain filling of wheat [J]. Agriculture Science, 126: 387-395.

Muchow R C, Keating B A, 1998. Assessing irrigation requirements in the Ord Sugar Industry using a simulation modeling approach [J]. Aust J Exp Agric, 38 (4): 345-355.

Mutsaers H J W, 1984. KUTUN: A morphogenetic model for cotton (Gossypium hirsutum L.) [J]. Agricultural Systems, 14 (4): 229-257.

Nameless, 2014. Agricultural Production System Simulator. [EB/OL]. [2014-5-1] http: //www. apsim. info.

Nash J E, Sutcliffe J V, 1970. River flow forecasting through conceptual models. I. A discussion of principles [J]. Journal of Hydrology, 10 (3): 282-290.

Nc Kimion J M, Bsker D N, Whisler F D, et al., 1989. Application of the GOSSYM/

COMAX system to Cotton Crop Management [J]. Agriculture Systems, 31: 55-65.

Nelson R A, Dimes J P, Paning batan E P, et al., 1998. Erosion productivity modeling of maize farming in the Philippine up lands Parameterising the agriculturalproductionsystemssimulator [J]. AgricSys, 58 (2): 129-146.

Nelson R A, Dimes J P, Paning batan E P. et al., 1998. Erosion/productivity modeling of maize farming in the Philippine up lands. Simulation of alternative farming methods [J]. AgricSys, 58 (2): 147-163.

Penning de Vries, F W T, Brunsting, A B, van Laar, H H, 1974. Products, requirements and efficiency of biosynthesis: a quantitative approach [J]. Journal of Theoretical Biology, 45: 339-377.

Penning de Vries, F W T, Jansen, D M, ten Berge, H F M, et al., 1989. Simulation of ecophysio logical processes of growth in several annual crops [M]. Simulation Monographs, Pudoc, Wageningen.

Penning de Vries, F W T, van Laar, H H. (Eds). 1982. Simulation of plant growth and crop production [M]. Simulation Monographs, Pudoc, Wageningen.

Penning de Vries F W T, van Laar H H, 1994. Modelling Potential crop growth processes [M]. Kluwer Academic Publishers, the Netherlands: 95-118.

Penningde Vries F W T, 1989. Simulation of ecophysiological process of growth in several annual crops [R]. Int. Rice Res. Inst.

Petersen C, Jorgensen U, Svendsen H, et al., 1995. Parameter assessment for simulation of biomass production and nitrogen uptake in winter rape [J]. Eur J Agron, 4 (1): 77-89.

Porter J R, Jamieson P D, Wilson D R, 1993. Comparison of the wheat simulation models AFRCWHEAT2, CERES-Wheat and SWHEAT for non-limiting conditions of crop growth [J]. Field Crop Research, 33: 131-157.

Porter J R, 1993. AFRCWHEAT2: A model of the growth and development of wheat incorporating responses to water and nitrogen [J]. European Journal of Agronomy, 2: 69-82.

Probert M E, Carberry P S, Mccown R L, et al., 1998. Simulation of legume cereal systems using APSIM [J]. Aust J Agric Res, 49 (3): 317-327.

Probert M E, Dimes J P, Keating B A, et al., 1998. APSIM water and nitrogen modules and simulation of the dynamics of water and nitrogen in fallow systems [J]. AgricSys, 56 (1): 1-28.

Quemada M, Cabrera M L, Mccracken D V, 1997. Nitrogen Release from surface Applied Cover Crop Residues: Evaluating the CERES-N Sub-model [J]. Agronomy Journal, 89: 723-729.

Reyenga P J, Howden S M, Meinke H, 1999. Modeling global change impacts on wheat cropping in south east Queensland, Australia [J]. Environ ModSoftware, 14:

297-306.

Ritchie J T, Otter S, 1985. Description and performance of CERES-Wheat: A user-oriented wheat yield model [C] //Willis W O. Wheat Yield Project. New York: United States Department of Agriculture-Agricultural Research Service. ARS-38, 159-175.

Ritchie J T, 1986. Model inputs. In: Jones C A, Kiniry J Reds CERES Maize A Simulation Model of Maize Growth and Development [M]. College Station: Texas A&M University Press. 37-48.

Ritehie J T, Sehulthess U, 1994. GCTE Crops Network Metadata for CERES-Wheat V3. 0 Crop Growth Model [R].

Roberts on M J, Carberry P S, Lucy M, 2000. Evaluation of a new cropping option using a participatory approach with on farm monitoring and simulation: A case study of spring sown mung beans [J]. Aust J Agric Res, 51 (1): 1-12.

Robertson M J, Carberry P S, Huth N I, et al., 2002. Simulation of growth and development to diverse legume species in APSIM [J]. Aus JAgrRes, 53: 429-446.

Robertson M J, Holland J F, Kirkegaard J A, et al., 1999. Simulating growth and development of canola in Australia [R]. 10th International Rapeseed Congress, Canberra, Australia.

Robertson M J, Holland J F, Kirkegaard J, et al., 1999. Simulating growth and development of canola in Australia//Proceedings of the 10th International Rapeseed Congress' Canberra [R].

Robertson M J, Holland J, Cawley S, et al., 2001. Phenology of canola cultivars in the northern region and implications for frost risk [R]. 10th Australian Agronomy Conference, Hobart, Tasmania.

Robertson M J, Silim S N, Chauhua Y S, et al., 2000. Predictin growth and development of pige on pea: Biomass accumulation an partitioning [J]. Field Crops Res, 70: 89-100.

Roderick M L, 1999. Estimating the diffuse component from daily and monthly measurements of global radiation [J]. Agricultural and Forest Meteorology. 95 (3), 169-185.

Saxton K E, Porter M A, NcMahon T A, 1992. Climatic impacts on dryland winter wheat yields by daily soil water and crop stress simulations [J]. Agriculture and Forest Meteorology, 58: 177-192.

Sinclair T R, Amir J, 1992. A model to assess nitrogen limitations on the growth and yield of spring wheat [J]. Field Crops Research, 30: 63-78.

Sinclair T R, Nov, 1986. Water and nitrogen limitations in soybean grain production i. model development [J]. Field Crops Research. 15 (2), 125-141.

Sinclair T R, Seligman N G, 1996. Crop modeling: From infancy to maturity [J]. Agronomy Journal, 88: 698-704.

Snow V O, Smith C J, Polglase P J, et al., 1999. Nitrogen dynamics in a eucalypt

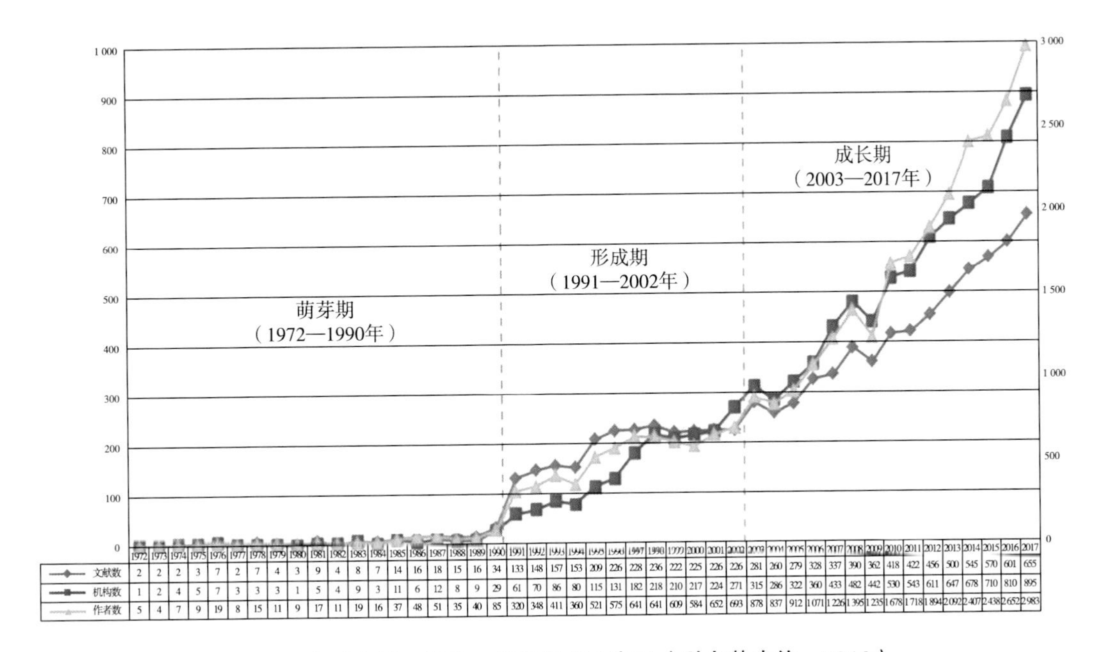

	1972	1973	1974	1975	1976	1977	1978	1979	1980	1981	1982	1983	1984	1985	1986	1987	1988	1989	1990	1991	1992	1993	1994
文献数	2	2	2	3	7	2	7	4	3	9	4	8	7	14	16	18	15	16	34	133	148	157	153
机构数	1	2	4	5	7	3	3	3	1	5	4	9	3	11	6	12	8	9	29	61	70	86	80
作者数	5	4	7	9	19	8	15	11	9	17	11	19	16	37	48	51	35	40	85	320	348	411	360

	1995	1996	1997	1998	1999	2000	2001	2002	2003	2004	2005	2006	2007	2008	2009	2010	2011	2012	2013	2014	2015	2016	2017
文献数	209	226	228	236	222	225	226	226	281	260	279	328	337	390	362	418	422	456	500	545	570	601	655
机构数	115	131	182	218	210	217	224	271	315	286	322	360	433	482	442	530	543	611	647	678	710	810	895
作者数	521	575	641	641	609	584	652	693	878	837	912	1 071	1 226	1 395	1 235	1 678	1 718	1 894	2 092	2 407	2 438	2 652	2 983

图1-1　全球文献、机构、学者年度分布图（引自苏农信—2019）

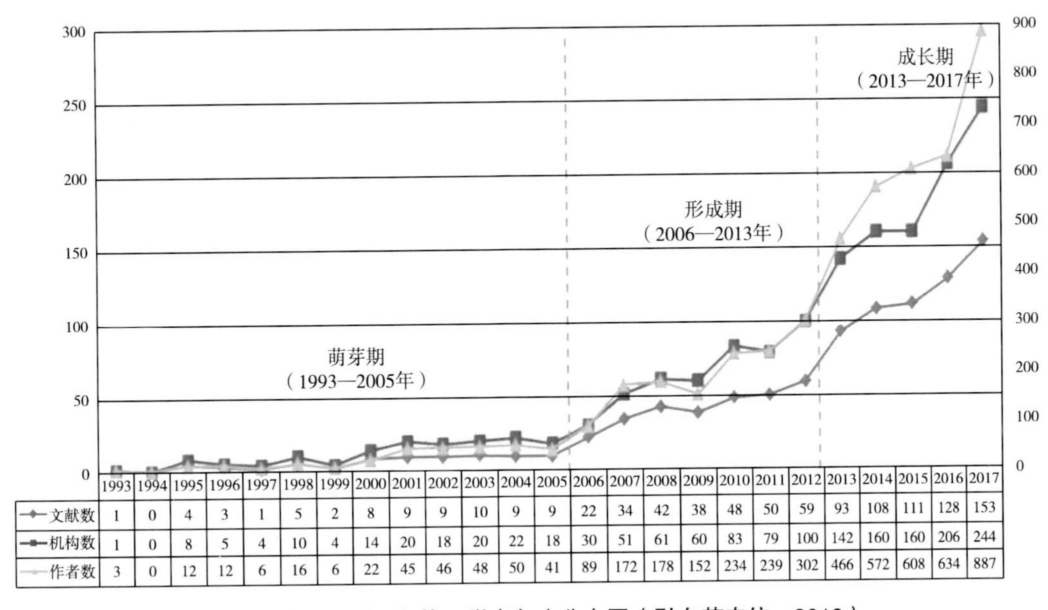

	1993	1994	1995	1996	1997	1998	1999	2000	2001	2002	2003	2004	2005	2006	2007	2008	2009	2010	2011	2012	2013	2014	2015	2016	2017
文献数	1	0	4	3	1	5	2	8	9	9	10	9	9	22	34	42	38	48	50	59	93	108	111	128	153
机构数	1	0	8	5	4	10	4	14	20	18	20	22	18	30	51	61	60	83	79	100	142	160	160	206	244
作者数	3	0	12	12	6	16	6	22	45	46	48	50	41	89	172	178	152	234	239	302	466	572	608	634	887

图1-2　我国文献、机构、学者年度分布图（引自苏农信—2019）

图1-3　国家发文量对比图（引自苏农信—2019）

图1-4　国家总被引频次对比图（引自苏农信—2019）

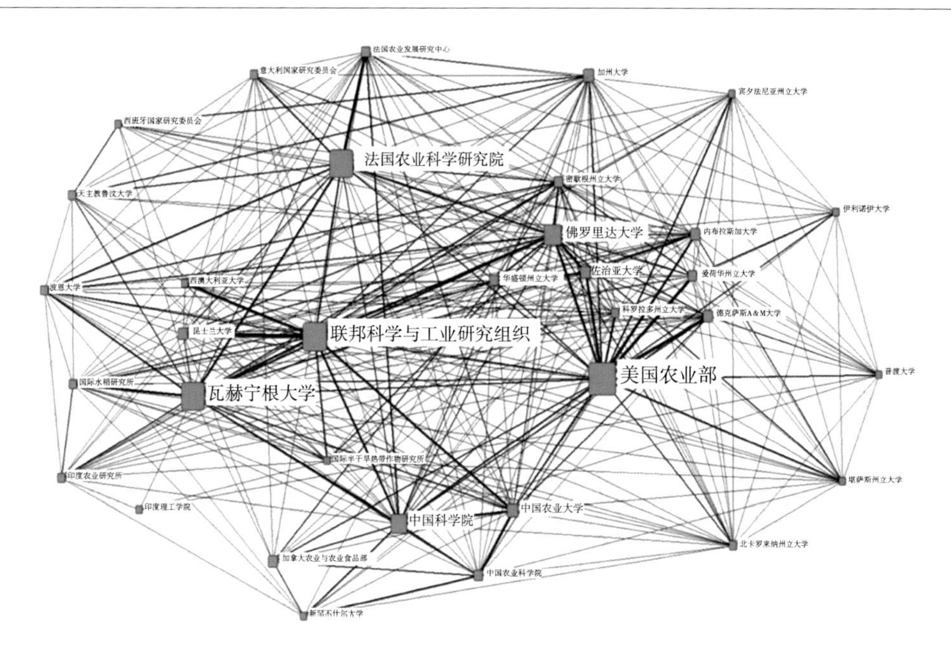

图1-5　机构合作关系图（发文量>70）（引自苏农信—2019）

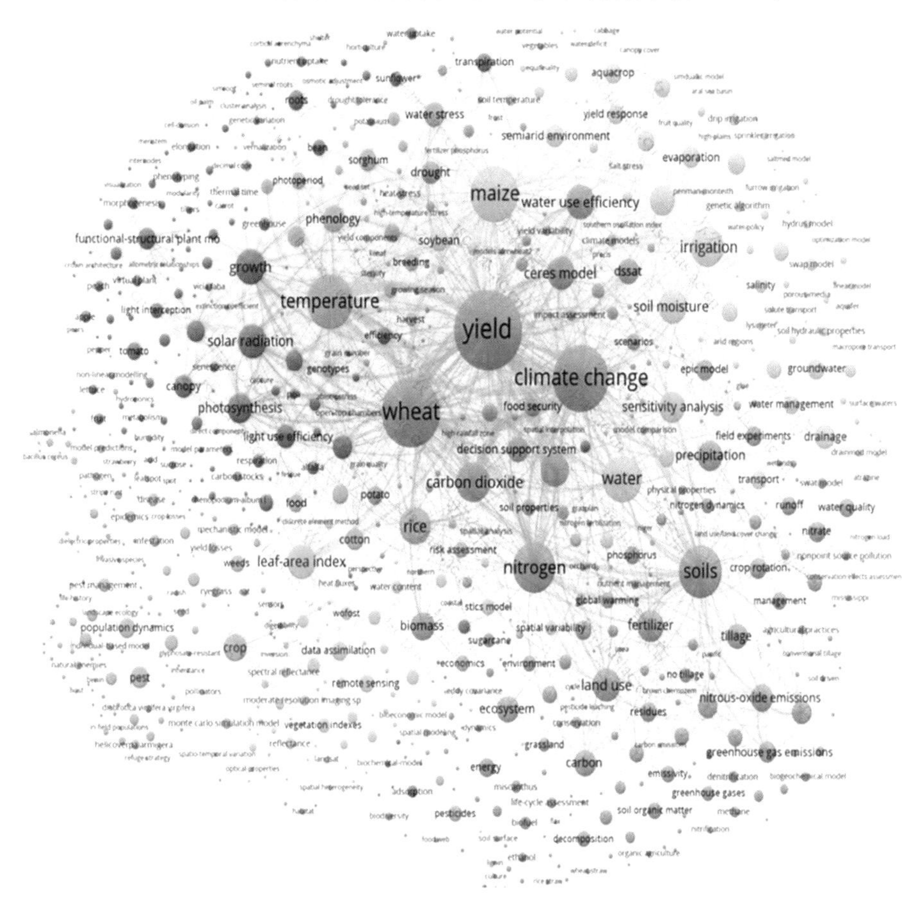

图1-6　主题分布图（频次≥5）（引自苏农信—2019）

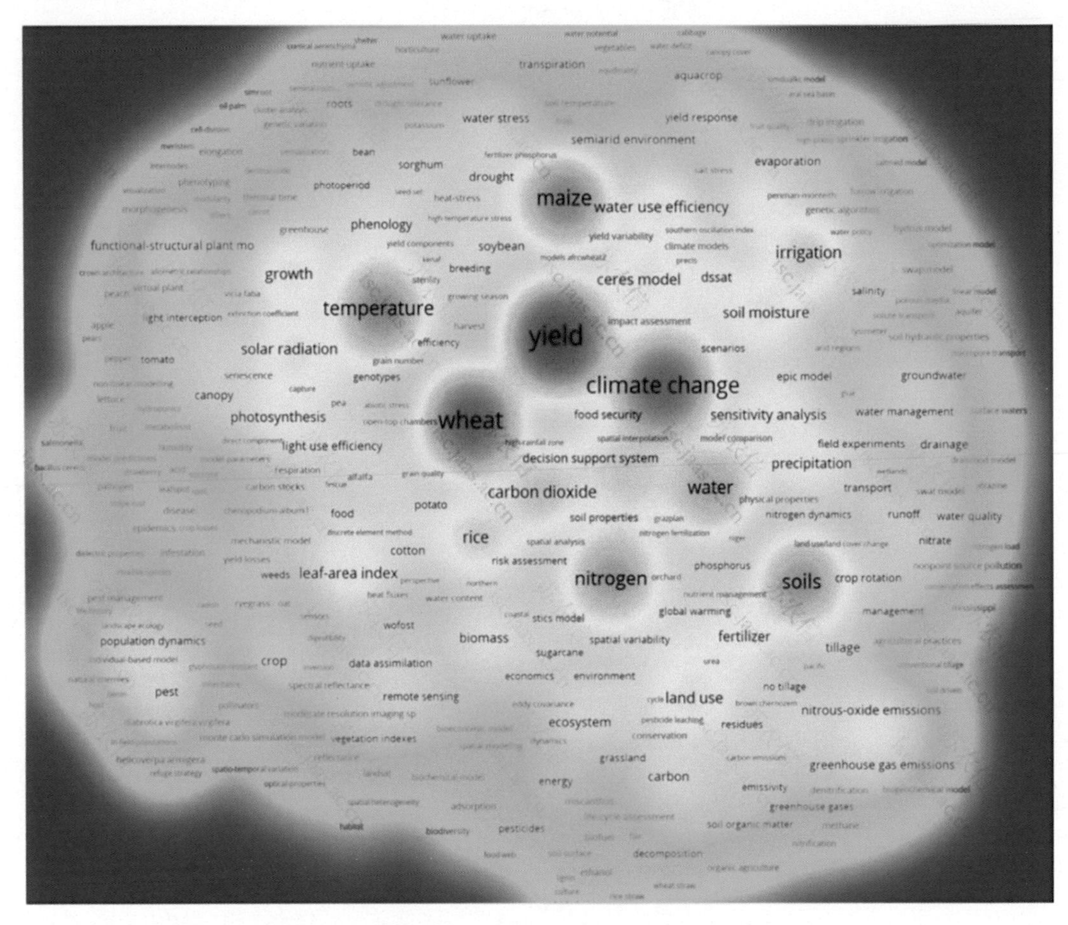

图1-7　主题重点图（频次≥5）（引自苏农信—2019）

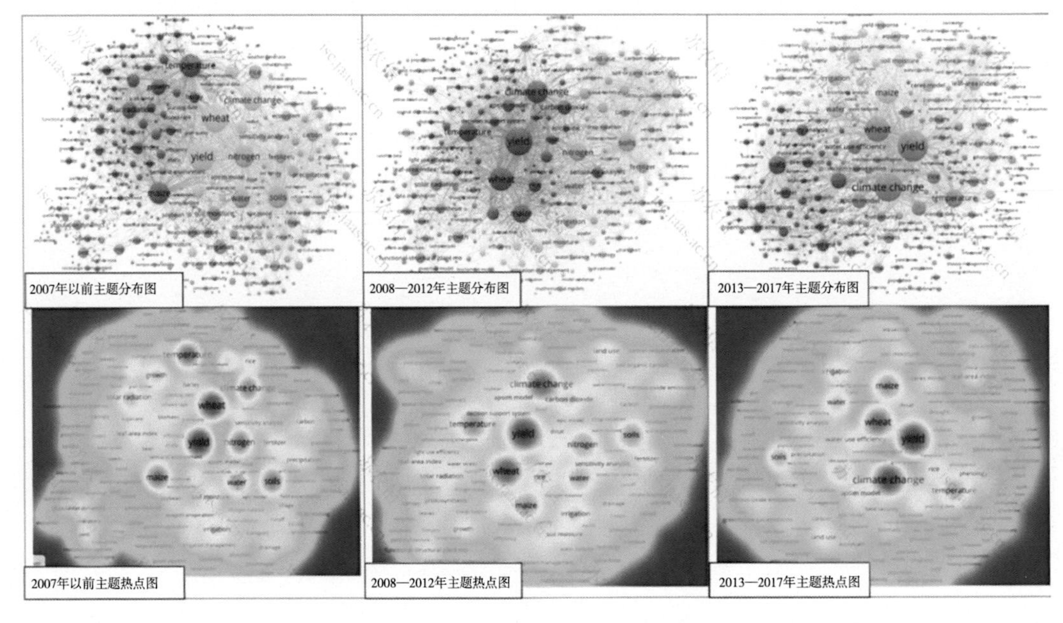

图1-8　主题时间段分布及重点对比图（频次≥5）（引自苏农信—2019）

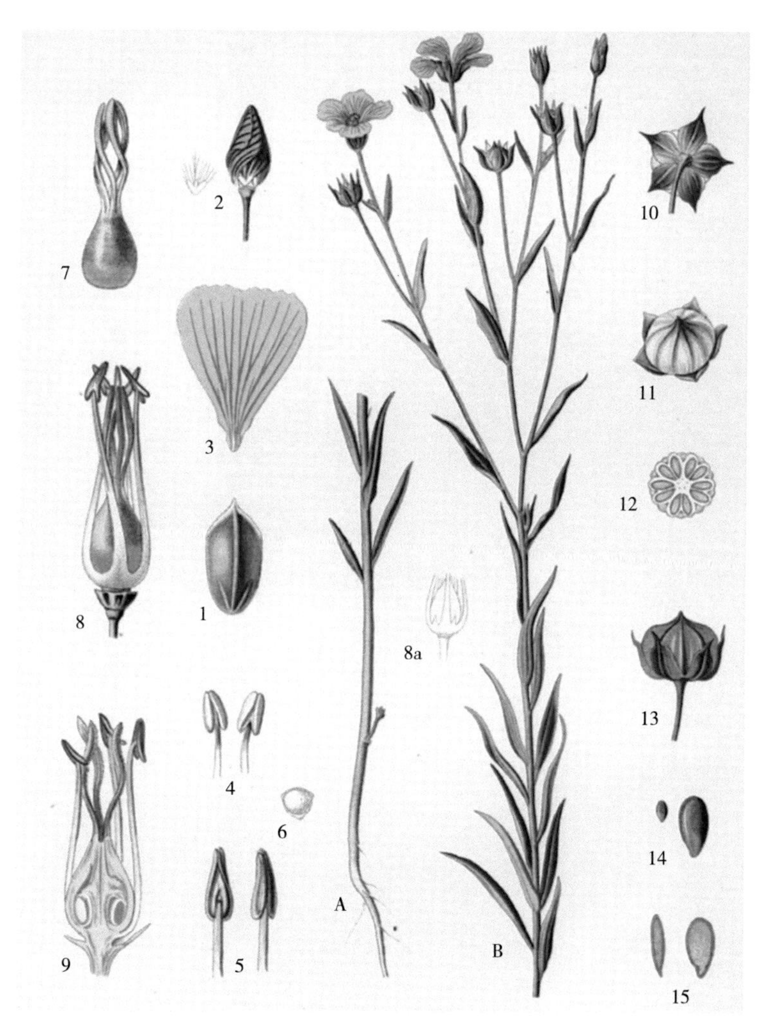

图3-1 胡麻

（A）、（B）胡麻植株：1.萼片；2.花蕾（无花萼）；3.花瓣；4、5.雄蕊（不同角度）；6.花粉粒；7.雌蕊5枚（退化）；8.雄蕊和雌蕊（无花萼、花瓣）；8a.退化雄蕊；9.雄蕊（纵剖面）；10、11.未成熟的蒴果（不同角度）；12.蒴果（横切面）；13.成熟的蒴果；14.籽粒；15.籽粒（纵剖面）

（A）、（B）Plant of oil flax：1.Sepal；2.flower bud（without calyx）；3.Petal；4 and 5.Stamens（from various angles）；6.Pollen grain；7.Five pistils（degeneration）；8.Stamens and pistils（without calyx and petal）；8a.Generation stamen；9.Pistil（profile）；10 and 11.Immature capule（from various angles）；12.Capule（transection）；13.Mature capule；14.Seed；15.Seed（profile）

——引自：**Franz Eugen Köhler. Köhler's Medizinal-Pflanzen，1883.**

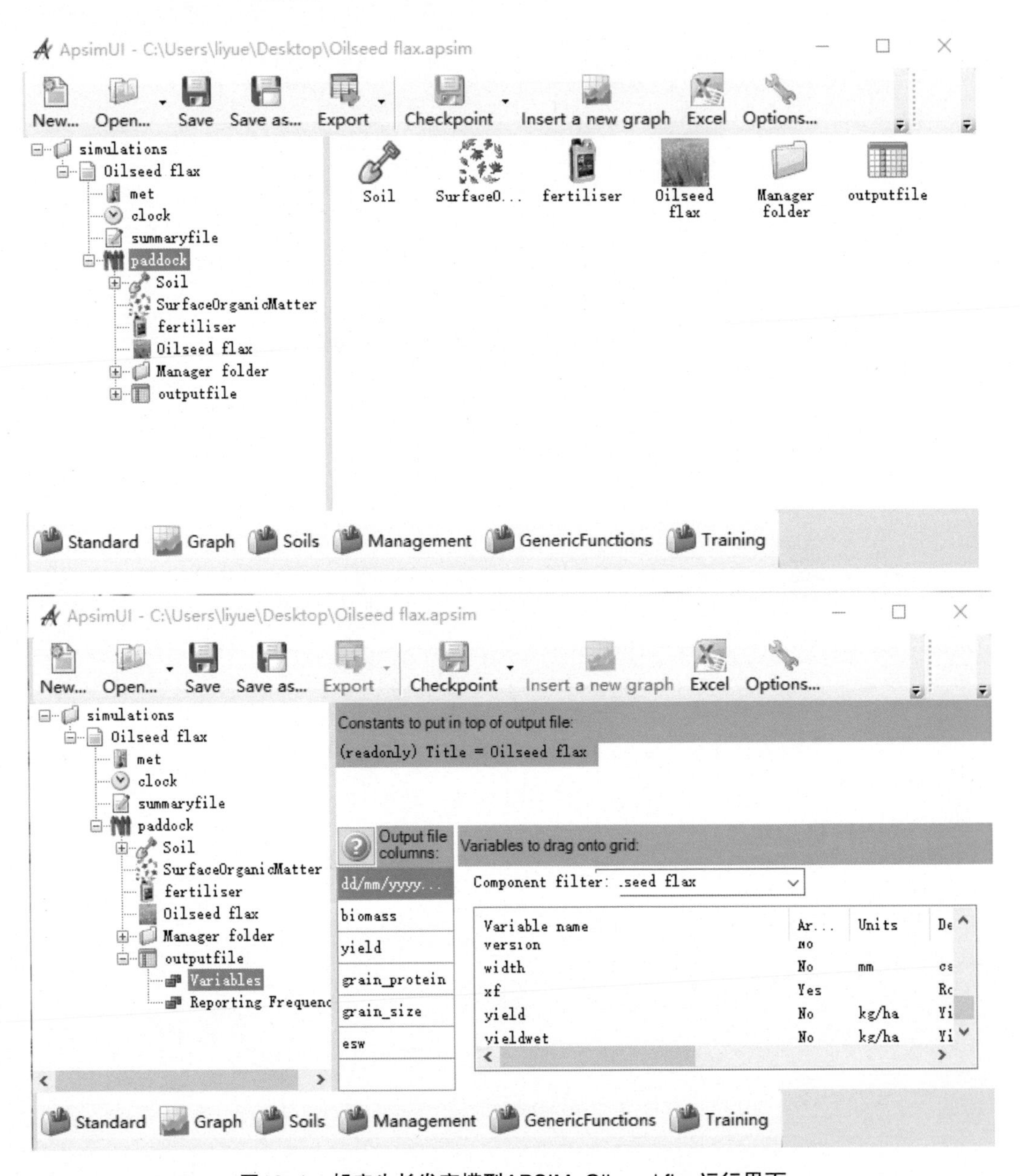

图10-1　胡麻生长发育模型APSIM-Oilseed flax运行界面